W0262906

Teubner Studienbücher

Biologie

Françon: **Physik für Biologen, Chemiker und Geologen**
Band 1: 208 Seiten. DM 16,80
Band 2: 171 Seiten. DM 14,80

Röhler: **Biologische Kybernetik**
Regelungsvorgänge in Organismen. 180 Seiten. DM 19,80

Vangerow: **Grundriß der Paläontologie**
132 Seiten. DM 14,80

Physik   Elektrotechnik

Bourne/Kendall: **Vektoranalysis**
227 Seiten. DM 15,80

Heber/Weber: **Grundlagen der Quantenphysik**
Band 1: Quantenmechanik. VI, 158 Seiten. DM 12,80
Band 2: Quantenfeldtheorie. VI, 178 Seiten. DM 13,80
(Vertrieb nur in der BRD und West-Berlin)

Lautz: **Elektromagnetische Felder**
Ein einführendes Lehrbuch. 180 Seiten. DM 15,80

Leonhard: **Statistische Analyse linearer Regelsysteme**
266 Seiten. DM 18,80

Leonhard: **Regelung in der elektrischen Antriebstechnik**
216 Seiten. DM 22,—

Mayer-Kuckuk: **Physik der Atomkerne**
Eine Einführung. 2. Aufl. 288 Seiten. DM 19,80

Walcher: **Praktikum der Physik**
366 Seiten. DM 22,—

Mechanik

Becker: **Technische Strömungslehre**
Eine Einführung in die Grundlagen und technischen Anwendungen
der Strömungsmechanik. 3. Aufl. 144 Seiten. DM 11,80

Becker/Piltz: **Übungen zur Technischen Strömungslehre**
120 Seiten. DM 10,80

Magnus: **Schwingungen**
Eine Einführung in die theoretische Behandlung von Schwingungs-
problemen. 2. Aufl. 251 Seiten. DM 18,80 (LAMM)

Magnus/Müller: **Grundlagen der Technischen Mechanik**
300 Seiten. DM 24,— (LAMM)

Müller/Magnus: **Übungen zur Technischen Mechanik**

Teubner Studienbücher der Biologie

R. Röhler
Biologische Kybernetik
Regelungsvorgänge in Organismen

Studienbücher der Biologie

Herausgegeben von
Prof. Dr. H. Stieve, Jülich, und Dr. E. Hildebrand, Jülich

Die Studienbücher der Reihe Biologie sollen in Form einzelner Bausteine grundlegende und weiterführende Themen aus allen Gebieten der Biologie umfassen. Daneben werden auch die übrigen Naturwissenschaften in einem Maße berücksichtigt, wie sie für den Umgang mit den Denk- und Arbeitsmethoden der Biologie notwendig erscheinen. Die Bände der Reihe sind wegen ihrer studienbezogenen Konzeption besonders zum Gebrauch neben Vorlesungen oder auch anstelle von Vorlesungen sowie zur Fortbildung der Lehrer geeignet. Für den Studierenden der Mathematik, Physik oder Chemie, der an biologischen Problemen interessiert ist, bietet die Reihe die Möglichkeit, sich an exemplarisch ausgewählten Themengruppen in die Biologie einführen zu lassen.

Biologische Kybernetik

Regelungsvorgänge in Organismen

Von Dr. rer. nat. Rainer Röhler
Professor an der Universität München

1974. Mit 76 Bildern und 31 Übungsaufgaben

 Springer Fachmedien Wiesbaden GmbH

Prof. Dr. rer. nat. Rainer Röhler

Geboren 1927 in Berlin. Studium der Physik von 1946
bis 1952 und Promotion 1957 in Hamburg. Von 1958
bis 1963 Assistent am Institut für medizinische Optik der
Universität München. 1963 Habilitation an der Universität
München, 1966 Ernennung zum Wissenschaftlichen Rat,
1970 Ernennung zum apl. Professor. Seit 1972 Leitung
der Abteilung für Datenverarbeitung des Institutes für
medizinische Optik der Universität München.

ISBN 978-3-519-03602-9   ISBN 978-3-322-94729-1 (eBook)
DOI 10.1007/978-3-322-94729-1

Vorwort der Herausgeber

Lange bevor der Begriff Kybernetik in die Biologie Eingang gefunden hat, sind
Regelungsvorgänge in lebenden Systemen — namentlich von Physiologen — beschrieben und untersucht worden. Erst die umfassende Anwendung von Denkmethoden
der Regelungstechnik auf biologische Vorgänge ließ es gerechtfertigt erscheinen, von
biologischer Kybernetik als einem besonderen Zweig der Biologie zu sprechen. Seit-
dem haben Begriffe und Prinzipien der Kybernetik einen festen Platz in den meisten
Vorlesungen zur Einführung in die Biologie erhalten, und in vielen Fällen werden
Grundbegriffe und Beispiele aus der biologischen Kybernetik bereits in der Ober-
stufe höherer Schulen behandelt.

Die Kybernetik, die den Studierenden der Biologie dargeboten wird, beschränkt
sich allerdings in der Regel auf eine qualitative Beschreibung biologischer Funk-
tionsmechanismen mit Hilfe kybernetischer Modelle. Die Stellung der Kybernetik
als Brücke zwischen Biologie und Technik und ihre Rolle für die Erkenntnisge-
winnung in der Biologie kann jedoch nur dort erfüllt werden, wo auch eine quantitative Betrachtung biologischer Systeme versucht wird, die über eine Beschreibung
von bereits Bekanntem hinausführt und experimentell überprüfbare Aussagen liefert.
Regelungsvorgänge in Organismen erscheinen dafür besonders geeignet. Sie stellen
ein weit verbreitetes Prinzip zur Erhaltung von Gleichgewichtszuständen in biologischen Systemen dar und haben Bedeutung nicht nur im Bereich der Physiologie,
sondern ebenso auf ökologischem Gebiet, insbesondere für die Entwicklung und
das Zusammenleben von Populationen.

Das vorliegende Studienbuch, das aus einer Vorlesung für Physiker entstanden ist,
setzt die elementaren Kenntnisse von Prinzipien der Steuerung und Regelung sowie
die Grundbegriffe der Informationstheorie, wie sie in Einführungen in die biologische Kybernetik enthalten sind, voraus. An ausgewählten Beispielen aus dem Gebiet der Physiologie wird eine quantitative Beschreibung und Analyse von Regelungsvorgängen vorgenommen, und dem Leser, der dieses Buch sorgfältig durch-
arbeitet, wird gezeigt, wie solche Mechanismen unter Anwendung regelungstech-
nischer Prinzipien erforscht und schrittweise besser verstanden werden können.

Das Buch wendet sich sowohl an fortgeschrittene Studierende der Biologie, die sich
für Probleme der Biophysik oder für Systemanalyse interessieren, als auch an
Physiker und Ingenieure, die beabsichtigen, biologische Systeme zu untersuchen.
Darüber hinaus kann es auch denjenigen, die von der Neurologie her kommend die
Funktion des Zentralnervensystems verstehen möchten, eine wertvolle Hilfe sein.

Wir meinen, daß sich der Verfasser sehr große Mühe gegeben hat, um interessierten
Biologen eine verständliche Einführung in die formale Betrachtung von Regelungs-
mechanismen in die Hand zu geben. Daran knüpft sich unsere Hoffnung, daß dieses
Bändchen dazu beitragen könnte, bereits im Rahmen der Studiengänge eine interdisziplinäre Zusammenarbeit zwischen Ingenieuren, Physikern und Biologen herbeizuführen.

Es ist zu erwarten, daß die Biologie in zunehmendem Maße wertvolle Anregungen für die Technik liefern wird. Deshalb sollte dieses Buch vor allem geeignet sein, Biologen mehr als bisher in die Lage zu versetzen, den Dialog mit Technikern zu führen.

Jülich, im Herbst 1973   H. Stieve und E. Hildebrand

Vorwort des Verfassers

Die Kybernetik wird gerne als interdisziplinäre Wissenschaft bezeichnet. Sie bietet viele verschiedene Aspekte, und man ist noch weit davon entfernt, sie in einem fest gefügten System von Begriffen und Aussagen darstellen zu können. Daher sind einige Worte über das mit diesem Büchlein verfolgte Ziel notwendig.

Wie aus dem Untertitel hervorgeht, ist der Stoff auf die Regelungsvorgänge beschränkt worden. Sie bilden ohne Zweifel denjenigen Teil der biologischen Kybernetik, der die solideste theoretische und experimentelle Basis hat und hinsichtlich praktischer Anwendungen am wichtigsten ist. Die Informationsübertragung mit den Fragen der Kodierung, Redundanz usw. wird also nicht im Zusammenhang behandelt, obwohl hin und wieder spezielle Probleme aus diesem Bereich zur Sprache kommen. Auch die kybernetischen Modelle der höheren Gehirntätigkeiten wie Lernen, Gedächtnis, Assoziation usw. sind nicht behandelt worden.

Was nun die Regelungsvorgänge betrifft, so habe ich meine Aufgabe darin gesehen, eine Einführung in die quantitative, modellmäßige Beschreibung solcher Vorgänge zu geben. Entsprechend den Gegebenheiten bei der Untersuchung und Beschreibung biologischer Systeme habe ich mich bemüht, von den experimentell zugänglichen Eigenschaften auszugehen. Daher habe ich der Darstellung der linearen Übertragungssysteme, die naturgemäß einen verhältnismäßig breiten Raum einnimmt, nicht die Theorie der linearen Differentialgleichungen zugrunde gelegt, sondern bin von der Reaktion solcher Systeme auf einfache Testsignale ausgegangen. Hiermit hoffe ich auch einem Anliegen mathematisch weniger vorgebildeter Studenten entgegenzukommen, möglichst wenig an mathematischen Vorkenntnissen vorauszusetzen.

Der Leser sollte sich allerdings keiner Täuschung darüber hingeben, daß die Materie ohne einen gewissen Aufwand an Mathematik nicht darzustellen ist, wenn man auch nur einen Schritt über eine unverbindliche qualitative Beschreibung hinausgehen will, und die Zielsetzungen der Kybernetik unterscheiden sich von den älteren Arbeiten zur biologischen Regelung gerade darin, daß quantitative Aussagen angestrebt werden. Obwohl ich mich bemüht habe, die mathematischen Methoden, soweit sie über das Schulwissen hinausgehen, im Text zu erläutern, wird es also u. U. für den Leser gelegentlich erforderlich sein, ein einschlägiges Lehrbuch zu Rate zu ziehen. Dies betrifft besonders die Theorie der komplexen Funktionen, die die klassische Grundlage der Systemtheorie bildet, und den Matrizenkalkül.

Obwohl sich in der modernen Literatur die Tendenz bemerkbar macht, die Systeme mit Hilfe von Zustandsvariablen zu beschreiben, habe ich für diese Darstellung die klassische Methode der Übertragungsfunktion gewählt, weil letztere mir weniger abstrakt und daher für den Anfänger geeigneter erscheint. Auch hoffe ich, daß dem Leser dadurch der Zugang zu den vielen ausführlichen Darstellungen über die Theorie der Regelungsvorgänge aus dem technischen Bereich erleichtert wird.

Die Übungsaufgaben, die den einzelnen Kapiteln beigefügt sind, stellen einen wichtigen Teil des Buches dar. Sie sollen nicht nur die Möglichkeit zur Selbstkontrolle des Verständnisses geben, sondern vermitteln zusammen mit den ausführlichen Anleitungen zur Lösung manchen Stoff, der im Text nicht behandelt wird, insbesondere hinsichtlich der biologischen Beispiele und der mathematischen Hilfsmittel.

Zahlreichen Kollegen, Mitarbeitern und Hörern meiner Vorlesungen bin ich für Hinweise und Kritik zu Dank verpflichtet. Besonders herzlich danke ich Herrn Dr. sci. Jean-Jacques M e y e r von der Universität Genf für viele wichtige Ratschläge und die sorgfältige Durchsicht des Manuskriptes. Meiner lieben Frau, Dipl.-Phys. Ilse R ö h l e r, danke ich für viele wertvolle Hinweise und ihre Hilfe bei der Anfertigung des Manuskriptes. Der Deutschen Forschungsgemeinschaft verdanke ich eine ideelle und materielle Förderung meiner Arbeiten zur biologischen Kybernetik, besonders im Rahmen des Schwerpunktprogramms „Rezeptorphysiologie" und des Sonderforschungsbereichs „Kybernetik", und damit die Erfüllung einer wesentlichen Voraussetzung für die Entstehung dieses Buches. Den Herausgebern danke ich für die unmittelbare Anregung zu dieser Arbeit, dem Verlag für die verständnisvolle Berücksichtigung meiner Vorschläge.

München, im Herbst 1973   Rainer Röhler

Inhalt

Einleitung: Regelungsvorgänge und kybernetische Modelle in der Biologie

Eine der wichtigsten Arbeitsmethoden der Kybernetik besteht darin, daß Analogien zwischen technischen und biologischen Systemen aufgezeigt werden. Diese Analogien regen dazu an, Kenntnisse, Untersuchungsverfahren oder Denkschemata aus dem einen Bereich auf den anderen zu übertragen und dadurch neue Einsichten zu gewinnen.

Als eine der fruchtbarsten Analogien in diesem Sinne haben sich die Regelungsvorgänge erwiesen. Ein Regelungsvorgang dient im allgemeinen dazu, den Zustand eines Systems gegen den Einfluß unvorhersehbarer Störungen zu stabilisieren. Als B e i s p i e l möge die Temperaturregelung dienen. Die Körpertemperatur von Warmblütlern wird innerhalb enger Grenzen konstant gehalten. Sie ist normalerweise höher als die der Umgebung, so daß Wärme vom Körper an die Umgebung abgegeben wird. Dieser Wärmeverlust wird durch die bei Stoffwechselprozessen entstehende Oxydationswärme ersetzt. Änderungen der Stoffwechselaktivität (z. B. körperliche Arbeit) oder Änderungen der Umgebungstemperatur können das Gleichgewicht zwischen erzeugter und an die Umgebung abgegebener Wärme verschieben, so daß sich eigentlich die Körpertemperatur ändern müßte. Hier tritt nun ein Regelsystem in Tätigkeit, das eine Änderung der Körpertemperatur verhindert bzw. auf sehr kleine Werte beschränkt. Sinkt beispielsweise die Umgebungstemperatur, so wird dies über Kälterezeptoren in der Haut dem Zentralnervensystem angezeigt. Als Reaktion darauf verengen sich die Blutgefäße der Haut, so daß die Temperatur in der Nähe der Körperoberfläche sinkt und der Wärmeverlust an die Umgebung reduziert wird. Nötigenfalls wird durch das Kältezittern zusätzliche Stoffwechselwärme erzeugt. Durch Temperaturrezeptoren im Körperinneren (Hypothalamus) werden diese Vorgänge überwacht und so eingestellt, daß die Temperatur im Inneren des Körpers innerhalb sehr enger Grenzen konstant gehalten wird.

Die enge Analogie, die zwischen diesem biologischen Regelsystem und dem technischen Regelsystem eines Thermostaten besteht, ist leicht zu sehen. Durch ein Thermometer wird die Temperatur eines Behälters kontrolliert. Sinkt dessen Temperatur – z. B. infolge einer Änderung der Außentemperatur – unter den vorgeschriebenen Wert (Sollwert), so wird vom Thermometer ein elektrisches oder mechanisches Signal ausgelöst, das die Wärmezufuhr erhöht.

Der Zustand eines Systems, der stabilisiert wird, ist in diesem Beispiel die Temperatur. Unvorhersehbare Störungen entstehen durch Schwankungen der Umgebungstemperatur. Für das Zustandekommen eines Regelungsvorganges genügt es jedoch noch nicht, daß beim Eintreten solcher Störungen Gegenmaßnahmen erfolgen, die dem Einfluß der Störungen auf den zu stabilisierenden Zustand entgegenwirken. Wesentlich ist es vielmehr, daß der Erfolg der Gegenmaßnahmen ständig überwacht wird und daß mit Hilfe dieser Überwachung die Gegenmaßnahmen optimal dosiert werden. Dies geschieht mit Hilfe einer R ü c k m e l d u n g des Regelerfolges an das regelnde System, im obigen Beispiel durch die Temperaturmessung und die Verkoppelung der Temperaturabweichung vom Sollwert mit der Stärke der Wärmezufuhr bzw. Verminderung der Wärmeabgabe.

Bereits im vorigen Jahrhundert erkannten einige Physiologen wie z. B. C l a u d e
B e r n a r d, daß im Organismus zahlreiche Regelungssysteme wirken. Sie betreffen
zum Teil Vorgänge im autonomen System, die unbewußt ablaufen und auf die
Stabilisierung zahlreicher physiologischer Parameter — des sog. i n n e r e n M i -
l i e u s — gerichtet sind, als auch Vorgänge, die bewußte Informationen der Sinnes-
organe zur O p t i m i e r u n g der Verhaltensweise des Organismus ausnutzen. Seit
N o r b e r t W i e n e r zusammen mit einigen Mitarbeitern Ende des zweiten Welt-
krieges die kybernetische Betrachtungsweise einführte, begnügt man sich nicht mit
der qualitativen Einsicht in den Wirkungszusammenhang der biologischen Regelungssysteme, sondern strebt eine quantitative Beschreibung an. Das wurde möglich,
weil zu dieser Zeit die Regelungstechnik eine solide theoretische Grundlage mit
wirksamen mathematischen Methoden erhalten hatte und man daran denken konnte, diese Methoden auch auf die Beschreibung und die Analyse biologischer Systeme anzuwenden.

Es liegt auf der Hand, daß der Ingenieur, der ein technisches Regelungssystem konstruiert, eine quantitative Beschreibung des Systems erarbeiten muß, denn er kann
sich nur auf diese Weise davon überzeugen, daß sein System in der vorgesehenen
Weise funktionieren wird. Demgegenüber ist es weit weniger deutlich, daß dem
Biologen eine quantitative, d. h. mathematisierte, Beschreibung der Regelungssysteme im Organismus zu neuen wissenschaftlichen Einsichten verhilft, da er es mit
fertigen, funktionierenden Systemen zu tun hat. Naturgemäß kann die Frage nach
dem Nutzen dieser Betrachtungsweise für den Biologen erst im Verlaufe dieser
einführenden Schrift mit einiger Gründlichkeit erörtert werden. Trotzdem soll sie
schon an dieser Stelle kurz angeschnitten werden, denn einem mit der Materie
nicht vertrauten Leser werden einige Hinweise nützlich sein, die ihm eine Vorstel-
lung vermitteln, wozu ihm die Beschäftigung mit dieser Schrift dienen kann und
ob die sicherlich nicht geringe Mühe, die für die Beherrschung des Formalismus
aufgewendet werden muß, sich für ihn lohnen kann.

Für das Verständnis eines biologischen Systems sind neben dem qualitativen Ablauf des Wirkungszusammenhanges bestimmte Konstanten von Wichtigkeit. Hierzu
gehören z. B. chemische Reaktionszeiten, Zeiten für die Signalübertragung, Diffu-
sions- und Permeabilitätskonstanten, ferner „Verstärkungsfaktoren", die den Zusammenhang zwischen Ursache und Wirkung quantitativ beschreiben, wie z. B. der
Einfluß eines Enzyms auf die Reaktionszeit, der Zusammenhang zwischen Reiz
und Rezeptorpotential usw. Nun ist aber in einem geschlossenen Regelungskreis
die Messung solcher Größen besonders schwierig, bzw. es bedarf dazu besonderer
Verfahren, denn ein Regelkreis ist ja gerade so eingerichtet, daß er gegen Einwir-
kungen von außen, also auch gegen Testsignale zum Zwecke der Messung, besonders unempfindlich ist. Die Reaktion des Systems auf solche Testreize ist also ohne
Zerstörung des Regelkreises schwer zu beobachten. Will man z. B. die elektrischen
Signale von Kälterezeptoren in der Haut messen, so ist zu bedenken, daß ein Kältereiz über den beschriebenen Regelkreis die Wärmezufuhr an die Körperoberfläche
verändert. Daher kann man den Verstärkungsfaktor zwischen dem Kältereiz und
dem dadurch ausgelösten afferenten Nervensignal im intakten Regelungssystem

nicht ohne Störung beobachten. Auch die Verzögerungszeit zwischen dem Einsetzen des Reizes und der Reaktion wird durch den Regelkreis beeinflußt, ist also nicht unmittelbar zu beobachten.

Mit den Methoden der Regelungstheorie ist es jedoch in vielen Fällen möglich, trotz dieser Schwierigkeiten die interessierenden Größen zu messen bzw. wenigstens abzuschätzen. Die Verzögerungszeit und die Verstärkung im Regelkreis haben nämlich großen Einfluß auf den Ablauf des gesamten Regelungsvorganges. Vergleicht man also das am Organismus beobachtete Regelungsverhalten mit dem eines Funktionsmodells, so kann man die Parameter des Modells (Verstärkung, Verzögerung usw.) so lange innerhalb physiologisch sinnvoller Grenzen verändern, bis eine möglichst gute Übereinstimmung erreicht ist. Aus dem richtigen Funktionieren des Modells kann man dann auf die richtige Einstellung der Parameter schließen.

Die erwähnte Abhängigkeit des Regelungsverhaltens von der Verzögerungszeit oder der Verstärkung soll schon an dieser Stelle am B e i s p i e l des Thermostaten etwas deutlicher gemacht werden.

Beispiel. Man stelle sich vor, daß die Wärmezufuhr über ein Dampfheizungssystem erfolgt. Das Signal vom Thermometer über eine vom Sollwert abweichende Temperatur möge über einen elektromechanischen Umformer die Brennstoffzufuhr zum Heizungskessel beeinflussen. Bei einer zu hohen Temperatur möge also die Brennstoffzufuhr gedrosselt werden. Da der Heizungskessel und die Heizung jedoch eine beachtliche Wärmekapazität haben, wird es eine gewisse Zeit dauern, bevor die Temperatur des Heizungskörpers im Thermostatenraum tatsächlich sinkt. Während dieser Zeit steigt dementsprechend die Temperatur weiter an, was zu einer weiteren Drosselung der Brennstoffzufuhr führt. Sinkt schließlich die Temperatur im Thermostatenraum auf die richtige Temperatur, so ist möglicherweise die Brennstoffzufuhr schon zu gering, die Temperatur wird also unter den Sollwert sinken, wodurch der umgekehrte Vorgang ausgelöst wird, der aber ebenfalls eine gewisse Zeit benötigt, so daß der Regelerfolg wieder über das Ziel hinausschießt.

Bei diesem — schlecht konstruierten — System würde die Temperatur im Thermostaten um den Sollwert pendeln, so daß der Sollwert jeweils nur während verschwindend kurzer Zeiten angenommen würde. Abhilfe könnte z. B. eine Verringerung der Verzögerungszeit oder der Verstärkung bringen, die durch technische Änderungen des Systems zu erreichen wäre. Eine andere Möglichkeit zur Verbesserung des Regelungssystems bestände darin, daß der Regler, also das Gerät, das aus dem F e h l e r s i g n a l ein Korrektursignal zur Änderung der Wärmezufuhr berechnet, gewisse voraussehende Fähigkeiten erhält. Wenn der Regler das Korrektursignal nicht nur auf Grund des Momentanwertes des Fehlersignals berechnet, sondern dessen zeitliche Änderung berücksichtigt, kann er in gewissem Grade voraussehen, wie schnell sich die Temperatur dem Sollwert nähert. Indem er rechtzeitig das Korrektursignal verkleinert, wenn auch evtl. der tatsächliche Fehler noch beträchtlich ist, kann er die beschriebenen Schwingungen verhindern. Auf das biologische System übertragen würde dies z. B. eine andere Reaktionskinetik bedeuten.

Man sieht aus der Erörterung dieses Beispiels, daß verhältnismäßig komplizierte quantitative Zusammenhänge zwischen Fehler- und Korrektursignal bestehen können und daß derartige Zusammenhänge das Funktionieren des Regelkreises entscheidend beeinflussen.

Will man also überprüfen, ob die Vorstellungen, die man sich vom Wirkungszusammenhang innerhalb eines biologischen Regelkreises macht, zutreffen, so muß man strenggenommen ein quantitatives Modell mit dem Experiment vergleichen. Oft wird man finden, daß das Modell korrekturbedürftig ist.

Umgekehrt ist es ein wichtiges Anliegen, aus dem von außen beobachtbaren Regelungsverhalten Aufschlüsse über die innere Struktur des Systems zu erhalten. Besonders bei mehreren miteinander vermaschten Regelkreisen bestehen hier prinzipielle Schwierigkeiten, die bei der Anlage und Interpretation der Experimente beachtet werden sollten.

Schließlich kann das quantitative Modell eines Regelkreises dazu dienen, pathologische Veränderungen einzelner Komponenten frühzeitig durch geeignete Kontrollen der Regelung zu erkennen, während sonst die Veränderung häufig erst beim Zusammenbruch des Regelkreises bemerkt wird. Gerade aus der neueren Theorie der mehrfach geregelten Systeme ergeben sich nicht nur für die Diagnose, sondern auch für die Therapie defekter Regelungssysteme neuartige und wichtige Anregungen, die die zukünftige Entwicklung nachhaltig beeinflussen werden.

1. Die quantitative Beschreibung linearer Übertragungssysteme

1.1. Eigenschaften linearer Übertragungssysteme

1.1.1. Übertragungssysteme und Signalfunktionen. Ein Regelungssystem entsteht, wie in der Einleitung bereits an einigen Beispielen gezeigt wurde, durch die geeignete Verknüpfung mehrerer T e i l s y s t e m e. Hierzu rechnet man u.a. Meßfühler (z.B. Temperaturmesser bzw. -rezeptoren), Übertragungsleitungen (Kabel, Nervenzellen), Schaltstellen (z.B. Synapsen). Diese Teilsysteme zeichnen sich dadurch aus, daß sie einen E i n g a n g und einen A u s g a n g haben, nämlich die Stellen, an denen ein Signal oder ein Informationsfluß in das System ein- bzw. austritt. Solche Systeme bezeichnet man als Ü b e r t r a g u n g s s y s t e m e.

Es ist naheliegend, mit der quantitativen Beschreibung bei diesen Teilsystemen zu beginnen. Sie können im Einzelfall von außerordentlich unterschiedlicher Komplexität sein, je nach dem gerade betrachteten Zusammenhang. Von ihrer inneren Struktur wird bei der weiteren Betrachtung völlig abstrahiert, wesentlich ist nur, daß sie einen Eingang und einen Ausgang besitzen. Über den Eingang kann eine physikalische oder chemische Energie auf das System einwirken und dadurch gewisse Änderungen im System hervorrufen, die über den Ausgang wiederum in der Form physikalischer oder chemischer Energie auf andere Systeme einwirken. Beispielsweise ist ein Photorezeptor ein solches Übertragungssystem, das auf die Einwirkung von Lichtenergie geeigneter Wellenlänge (Eingang) mit einer Änderung des Membranpotentials (Ausgang) reagiert. Es kann aber auch ein Mensch, der als Beobachter auf das Erkennen bestimmter optischer Signale mit manuellen Bewegungen reagiert, als Übertragungssystem aufgefaßt werden.

Weder die innere Struktur des Übertragungssystems noch die physikalische Energieform von Eingangs- bzw. Ausgangssignal sind für die kybernetische Betrachtungsweise von Bedeutung. Wichtig sind dagegen der zeitliche Verlauf von Eingangs- und Ausgangssignal und der Zusammenhang, der zwischen diesen Signalen besteht. Bezeichnet man mit x(t) bzw. y(t), den S i g n a l f u n k t i o n e n, den zeitlichen Verlauf des Eingangs- bzw. Ausgangssignals (Bild 1), so können x und y verschiedene physikalische Größen sein, wie z. B. Licht- oder Schallenergie, Temperatur, p_H-Wert,

Bild 1
Schema eines Übertragungssystems
x(t) Eingangssignal als Funktion der Zeit;
y(t) Ausgangssignal als Funktion der Zeit

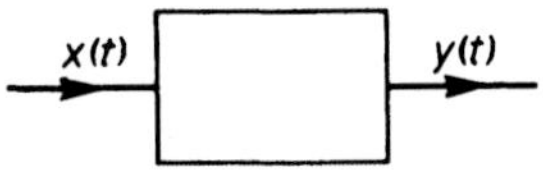

Membranpotential, Muskelspannung usw. Insbesondere soll die Nervenerregung als Anzahl der Nervenimpulse pro Zeiteinheit dargestellt und nach der Mittelung über ein geeignetes Zeitintervall als kontinuierliche Funktion der Zeit angesehen werden.

Zweifellos ist das biologische Übertragungssystem mit einem Eingang und einem Ausgang eine Abstraktion, die bestenfalls näherungsweise realisiert ist. In Wirklichkeit gibt es stets zahlreiche Größen, die als Eingangs- oder Ausgangsgrößen oder sogar als beides wirken. Es gehören Geschick und Erfahrung dazu, unter den zahlreichen Variablen, die an einem biologischen Vorgang beteiligt sind, die für eine Modellbeschreibung geeigneten auszuwählen, und der Erfolg einer Modellstudie hängt zweifellos entscheidend von dieser Auswahl ab. Der Einfluß der zahlreichen anderen Variablen, die im Modell nicht explizit auftreten, kann in später noch zu erörternder Weise als „Störung" aus der Umgebung des Systems pauschal berücksichtigt werden.

1.1.2. Systeme ohne Gedächtnis. Um die Eigenschaften eines Übertragungssystems quantitativ beschreiben zu können, benötigt man eine Methode, zu jeder beliebigen Eingangsfunktion x(t) die zugehörige Ausgangsfunktion y(t) zu finden, d. h. diejenige Funktion y(t) des Ausgangs, mit der das System auf die durch x(t) beschriebenen Variationen der Eingangsgröße reagiert.

Relativ einfach liegen die Verhältnisse, wenn man jedem Wert des Eingangssignals unmittelbar — d. h. ohne Berücksichtigung des zeitlichen Verlaufs — einen zugehörigen Ausgangswert zuordnen kann. Es besteht dann ein funktionaler Zusammenhang

$$y = f(x) \tag{1.1}$$

Der Ausgangswert $y(t_0)$ eines solchen Systems zum Zeitpunkt t_0 wird also nur von dem Eingangswert $x(t_0)$ zum gleichen Zeitpunkt t_0 bestimmt. Im Gegensatz dazu hängt bei anderen Übertragungssystemen $y(t_0)$ auch von den Werten $x(t)$, $(t<t_0)$ ab, die das Eingangssignal zu den vorhergehenden Zeiten $t<t_0$ hatte. Aus diesem Grunde bezeichnet man die Systeme, die durch (1.1) beschrieben werden, als Ü b e r t r a g u n g s s y s t e m e o h n e G e d ä c h t n i s. Die Funktion $y = f(x)$ wird auch als K e n n l i n i e des Systems bezeichnet.

Ein B e i s p i e l für einen solchen Zusammenhang aus der Stoffwechselregulation ist in Bild 2 [1] gezeigt. Es betrifft den Zusammenhang zwischen der Glukose-Kon-

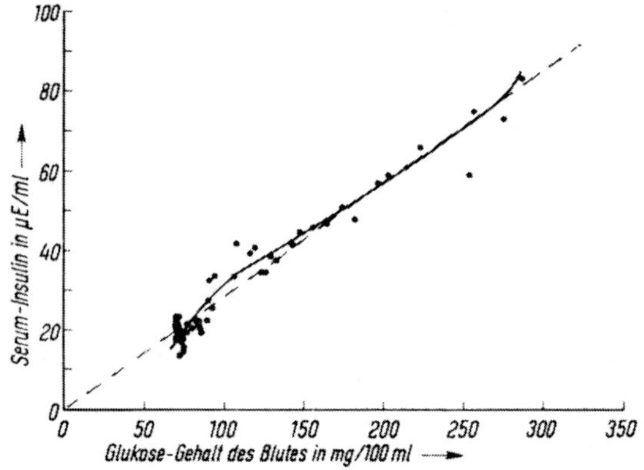

Bild 2
Zusammenhang zwischen Blutzucker- und Insulinkonzentration.
Serum-Insulin-Konzentration (in μ-Einheiten/ml) als Funktion des Glukosegehaltes des Blutes (in mg/100 ml) während eines Glukose-Toleranztests (rasche intravenöse Zufuhr von 0,5 g Glukose/kg Körpergewicht). Die gestrichelte Linie ist eine lineare Approximation der experimentellen Daten (nach C a h i l l and S o c l d n e r (1969) [1])

zentration und dem Serum-Insulin-Gehalt des menschlichen Blutes nach einer intravenösen Glukosezufuhr. Ohne auf den Mechanismus dieses komplizierten Regelungssystems an dieser Stelle näher einzugehen, kann man sehen, daß unter bestimmten experimentellen Bedingungen der Insulingehalt des Blutes durch die Blutzuckerkonzentration bestimmt ist. Kennt man also den Wert x des Eingangssignals, so ist vermöge der Kurve in Bild 2 oder einer äquivalenten Rechenvorschrift der Wert des Ausgangssignals y zu ermitteln.

Besonders einfach lassen sich Übertragungssysteme rechnerisch behandeln, bei denen der funktionale Zusammengang (1.1) die Gestalt

$$y = V\,x \tag{1.2}$$

hat, wobei V ein konstanter V e r s t ä r k u n g s - b z w. Ü b e r t r a g u n g s f a k- t o r ist, der meistens auch mit einer physikalischen Dimension behaftet ist. Das bedeutet, daß Eingangs- und Ausgangssignal einander proportional sind, was im Diagramm durch eine gerade Linie dargestellt wird, die durch den Koordinatenursprung geht. In Bild 2 ist diese Linie gestrichelt eingetragen, und man erkennt, daß dies in diesem Beispiel eine brauchbare Näherung bedeutet. Übertragungssysteme, die durch Gleichungen der Form (1.2) beschrieben werden, gehören zum einfachsten Typ der l i n e a r e n S y s t e m e. Die allgemeine Definition des linearen Systems wird in (1.5) gegeben.

Die Forderung, daß die Gerade, die den Zusammenhang zwischen y und x darstellt, durch den Nullpunkt geht, bereitet keine zusätzlichen Schwierigkeiten, weil sie durch eine geeignete Wahl der Eingangs- und Ausgangsgröße erfüllt werden kann. Die Aufgabe von Regelungssystemen besteht normalerweise darin, Störungen eines Gleichgewichtszustandes entgegenzuwirken. Man kann also bei der Wahl der Variablen davon ausgehen, daß es einen Gleichgewichtszustand gibt, bei dem sowohl das Eingangs- als auch das Ausgangssignal einen bestimmten Wert haben. Sind diese Werte nicht von vornherein gleich Null, so benennt man in einer Neudefinition die Abweichungen vom Gleichgewichtswert als Systemvariable und erreicht dadurch, daß die genannte Gerade durch den (neu festgesetzten) Nullpunkt geht.

Die durch Gleichungen der Form (1.1) bzw. (1.2) beschriebenen Systeme sind deswegen besonders einfach, weil der Zeitablauf nicht explizit berücksichtigt werden muß. Springt z. B. plötzlich das Eingangssignal von einem Wert x_1 auf einen Wert x_2, so müßte nach Aussage von Formel (1.1) das Ausgangssignal vom Wert $y_1 = f(x_1)$ auf $y_2 = f(x_2)$ springen. Tatsächlich folgt jedes physikalische oder biologische System einer „plötzlichen" Änderung der Eingangsgröße nur mit einer gewissen Verzögerung. Es kommt also wesentlich auf die Art des untersuchten Zusammenhanges und die angestrebte Genauigkeit an, ob man diese Verzögerung berücksichtigen muß oder nicht. Besonders muß man beachten, daß schon eine im mathematischen Sinne sprunghafte Änderung des Eingangssignals nicht möglich ist, da diese ebenfalls durch einen physikalischen oder chemischen Vorgang bewirkt werden muß. Es kommt also bei der Beurteilung der Frage, ob (1.1) eine angemessene Beschreibung der Systemeigenschaften darstellt, sehr auf das Verhältnis der systembedingten Verzögerungen im Eingangs- und Ausgangssignal an. Im Beispiel von Bild 2 beansprucht eine starke Änderung der Blutzuckerkonzentration mindestens einige Minuten. Die Insulinkonzentration folgt einem solchen Anstieg ohne wesentliche Verzögerung, so daß die zeitunabhängige Beschreibungsweise angemessen ist.

1.1.3. Systeme mit Gedächtnis. Anders liegen die Verhältnisse im Beispiel von Bild 3 [1], das die Blutzuckerkonzentration nach oraler Zufuhr von Glukose darstellt. Obwohl die Zufuhr der Glukose (Eingangsgröße) ebenfalls nur wenige Minuten dauert,

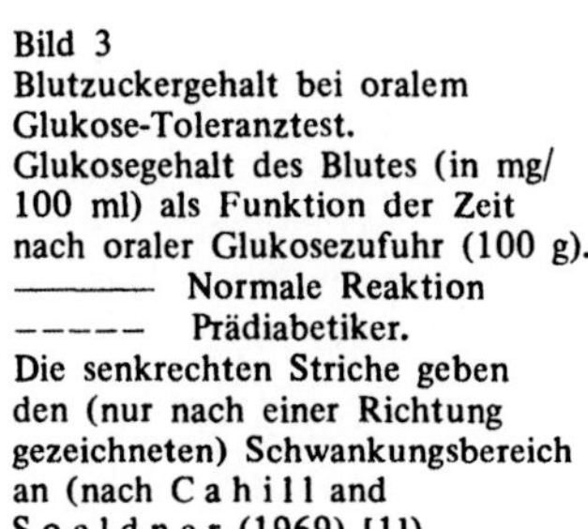

Bild 3
Blutzuckergehalt bei oralem
Glukose-Toleranztest.
Glukosegehalt des Blutes (in mg/
100 ml) als Funktion der Zeit
nach oraler Glukosezufuhr (100 g).
———— Normale Reaktion
- - - - - Prädiabetiker.
Die senkrechten Striche geben
den (nur nach einer Richtung
gezeichneten) Schwankungsbereich
an (nach C a h i l l and
S o e l d n e r (1969) [1])

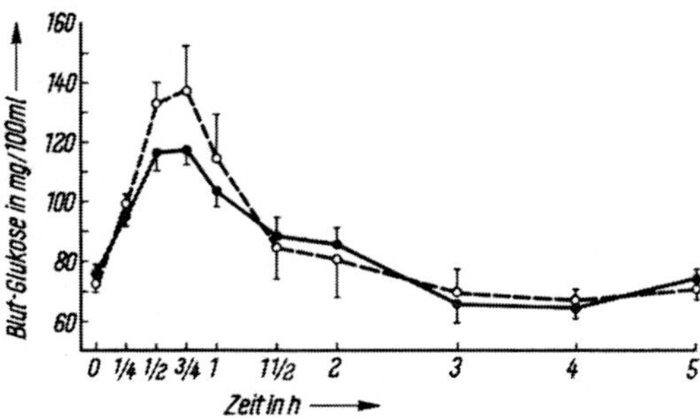

kann die Reaktion des Ausgangs (Anstieg und Abfall der Blutzuckerkonzentration) über Stunden beobachtet werden.

In einem solchen Fall hängt der Wert der Ausgangsfunktion zu einem beliebigen Zeitpunkt τ, also der Wert $y(\tau)$, nicht nur vom Wert $x(\tau)$ des Eingangssignals zum gleichen Zeitpunkt ab, vielmehr beeinflussen auch die Werte $x(t)$ zu vorhergehenden Zeiten $(t < \tau)$ diesen Wert des Ausgangssignals. In solchen Fällen, die in den folgenden Betrachtungen die größte Rolle spielen werden, ist die eingangs gestellte Aufgabe, zu jeder Eingangsfunktion $x(t)$ die zugehörige Ausgangsfunktion $y(t)$ zu finden, schwieriger. Man kann nicht mehr einzelne Funktionswerte der beiden Signale einander zuordnen, sondern muß eine Rechenvorschrift angeben, die den gesamten zeitlichen Ablauf der Funktionen erfaßt. Zur Lösung dieser Aufgabe soll der Ansatz

$$y(\tau) = \int_0^\tau x(t)\ h(\tau - t)\ dt \tag{1.3}$$

betrachtet werden. Es ist hierbei vorausgesetzt, daß die Störung $x(t)$ des Gleichgewichtszustandes erst zum Zeitpunkt $t = 0$ eingesetzt hat, d. h. daß die Funktion $x(t)$ für Zeiten $t < 0$ gleich Null ist. Da es beliebig ist, wohin man den Nullpunkt der Zeitachse legt, bedeutet diese Voraussetzung nur, daß die Störung $x(t)$ erst seit endlich langer Zeit andauert.

Im Integral (1.3) werden alle Funktionswerte $x(t)$ vom Zeitpunkt $t = 0$ bis zum Zeitpunkt $t = \tau$, an dem das Ausgangssignal beobachtet wird, berücksichtigt. Sie werden jedoch nicht unmittelbar summiert, sondern vorher mit einer G e w i c h t s f u n k - t i o n $h(\tau - t)$ multipliziert. Im allgemeinen kann man annehmen, daß $x(t_0)$, also der Wert der Eingangsfunktion zur Zeit t_0, den gegenwärtigen Ausgangszustand $y(\tau)$ um so weniger beeinflußt, je weiter $x(t_0)$ zurückliegt, je größer also die Zeitdifferenz $\tau - t_0$ ist. Die Gewichtsfunktion $h(\tau - t)$ gibt an, welchen Einfluß die Funktionswerte $x(t)$ zu den verschiedenen Zeiten t auf den Wert $y(\tau)$ haben, mit welchem „Gewicht" sie also in das Integral eingehen. Da man annehmen kann, daß ein Wert $x(t_0)$ nicht beliebig lange Nachwirkungen auf $y(t)$ hat, muß $h(\tau - t)$ mit wachsendem $\tau - t$ schließlich Null werden.

Die Werte von $x(t)$ für $t > \tau$ dürfen auf $y(\tau)$ keinen Einfluß haben, da eine Reaktion wegen des Kausalitätsprinzips nicht vor der Ursache eintreten kann. Dies ist dadurch gewährleistet, daß in (1.3) die Integration nur bis τ erstreckt wird. Diese Bedingung wäre bei den späteren Betrachtungen manchmal lästig. Dem Kausalitätsprinzip kann aber auch dadurch Genüge geschehen, daß man verabredet:

$$h(t) = 0 \qquad \text{für} \qquad t < 0 \quad {}^1) \tag{1.4}$$

Dann kann die obere Integrationsgrenze in (1.3) ins Unendliche verschoben werden, denn $h(\tau - t)$ verschwindet für $t > \tau$. Wegen der engen Verflechtung der beiden Funktionen $x(t)$ und $h(t)$, die das Integral (1.3) bewirkt, werden Integrale dieses Typs als F a l t u n g s i n t e g r a l e bezeichnet.

${}^1)$ In der Schreibweise $h(\tau - t)$ hängt die Funktion h von der Differenz zweier Zeiten, also wiederum von einer Zeit ab. Aussagen, die allein diese Funktion betreffen, können daher auch für $h(t)$ formuliert werden.

Das Integral (1.3) erfaßt keineswegs alle Möglichkeiten, die für den Zusammenhang zwischen x(t) und y(t) bestehen, sondern beschreibt nur die sog. l i n e a r e n Ü b e r t r a g u n g s s y s t e m e. Diese zeichnen sich durch folgende Eigenschaft aus. Reagiert das System auf zwei beliebige Eingangsfunktionen $x_1(t)$ und $x_2(t)$ mit den Ausgangsfunktionen $y_1(t)$ und $y_2(t)$, d. h. in symbolischer Schreibweise:

$$x_1(t) \longrightarrow y_1(t)$$
$$x_2(t) \longrightarrow y_2(t)$$

so folgt

$$\alpha\, x_1(t) + \beta\, x_2(t) \longrightarrow \alpha\, y_1(t) + \beta\, y_2(t) \tag{1.5}$$

Dabei sollen α, β reelle Koeffizienten sein. Überlagern sich also zwei Eingangsfunktionen, so überlagern sich die entsprechenden Ausgangsfunktionen in der gleichen Weise. Durch die Faktoren α, β wird gefordert, daß sich die Signale auch beliebig verstärkt oder abgeschwächt überlagern können.

Es ist leicht einzusehen, daß ein System, das durch (1.3) beschrieben werden kann, diese Bedingung erfüllt (siehe Übungsaufgabe 4). Etwas schwieriger ist zu beweisen, daß mit dem Ansatz (1.3) auch tatsächlich jedes lineare System erfaßt wird (s. z. B. [2]). Allerdings weisen die Funktionen h(t) dann möglicherweise einige Besonderheiten auf, die bei normalen Funktionen der Analysis nicht vorkommen und die später besprochen werden.

Lineare Übertragungssysteme sind eine mathematische Abstraktion und Vereinfachung der tatsächlich in der Natur realisierten Systeme. Aus (1.5) folgt z. B., daß bei beliebiger Variation eines Faktors α, d. h. bei beliebiger Verstärkung bzw. Abschwächung des Eingangssignals sich das Ausgangssignal proportional verstärkt bzw. abschwächt. In biologischen und technischen Systemen sind solchen Variationen stets Grenzen gesetzt, oberhalb derer eine S ä t t i g u n g eintritt, das Ausgangssignal also nicht mehr entsprechend dem Eingangssignal anwächst.

Bei zu kleinen Eingangssignalen dagegen entsteht kein Ausgangssignal, wenn die Übertragungssysteme eine S c h w e l l e besitzen, wie dies häufig bei biologischen Systemen (z. B. Rezeptoren, Synapsen) und in geringerem Maße auch bei technischen Systemen (toter Gang, Haftreibung) der Fall ist.

Gl. (1.3) besagt ferner, daß bei einer Vorzeichenumkehr des Eingangssignals auch das Ausgangssignal sein Vorzeichen wechselt, daß sich aber die Absolutwerte des Ausgangssignals nicht ändern. Besonders in der belebten Natur wirken positive und negative Abweichungen von einem Gleichgewichtszustand oft über verschiedene Mechanismen (Erregung – Hemmung, antagonistische Muskelpaare usw.), so daß eine strenge Gültigkeit von (1.3) nicht zu erwarten ist.

Diese wenigen Beispiele zeigen schon, daß man mit einem linearen Übertragungssystem ein biologisches System bestenfalls näherungsweise und in einem begrenzten Signalbereich beschreiben kann. Trotzdem leisten die linearen Modelle bei der Beschreibung biologischer Systeme gute Dienste. Wegen der Variabilität der Systeme und der meßtechnischen Schwierigkeiten sind nämlich die Zusammenhänge zwischen

Eingang und Ausgang oft nur mit geringer Genauigkeit bekannt, so daß ein linearer Ansatz innerhalb der Fehlergrenzen eine erste quantitative Beschreibung ermöglicht. Nichtlineare Korrekturen können später nötigenfalls angebracht werden. Der größte Teil dieses einführenden Buches beschäftigt sich daher mit linearen Systemen.

Übungsaufgaben. 1. a) Die gestrichelte Gerade in Bild 2 stellt eine lineare Approximation der Kennlinie (ausgezogene Kurve) dar. Sie wird durch die Gleichung

$$y_{ap} = V\,x \qquad y : \text{Ordinate} \qquad x : \text{Abszisse}$$

beschrieben. Man bestimme aus Bild 2 die Konstante V nach Größe, Einheit und physikalischer Dimension.

b) Ist die Gerade in Bild 2 optimal gewählt, oder gibt es eine Gerade mit anderer Neigung, die die Meßwerte besser beschreibt? Zur Prüfung der Frage verwende man das quadratische Abstandsmaß

$$K = \frac{1}{n-1} \sum_{i=1}^{n} \{\, y(x_i) - y_{ap}(x_i)\,\}^2 = \frac{1}{n-1} \sum_{i=1}^{n} \{\, y_i - V\,x_i \,\}^2$$

Hierin bedeuten $y(x_i) = y_i$ die einzelnen, von $i = 1$ bis $i = n$ durchnumerierten Meßpunkte, d. h. das Zahlenpaar (x_i, y_i) bestimmt in dem Koordinatensystem die Lage de i-ten Meßpunktes. $y_{ap}(x_i) = V\,x_i$ ist der zum gleichen Abszissenwert x_i gehörige Ordinatenwert der approximierten Geraden. Je kleiner K ist, desto besser ist die Approximation. Man berechne K für die eingezeichnete Gerade und für einige benachbarte Geraden. Man überlege sich eine Gleichung zur Berechnung des optimalen Wertes von V.

2. Man suche eine formelmäßige Approximation der ausgezogenen Kurve in Bild 3 (Blutzuckerkonzentration als Funktion der Zeit nach stoßartiger Glukosezufuhr) in der Form

$$h_{ap}(t) = A\,e^{-\alpha t}\,\sin \omega\,t$$

Dazu spalte man zunächst den Gleichgewichtswert $f(0)$ der Zuckerkonzentration ab. Die Konstanten A, α, ω können aus der Lage der Nullstellen und des Maximums der experimentellen Kurve bestimmt werden.

3. Man mache sich die Struktur des Faltungsintegrals (Gl. (1.3)) an einem Beispiel klar. Als Gewichtsfunktion wähle man die Exponentialfunktion

$$h(t) = \frac{1}{2}\,e^{-t/2} \qquad \text{für } t \geqslant 0$$

$$h(t) = 0 \qquad \text{für } t < 0$$

Das Eingangssignal $x(t)$ möge während 10 s, von Null beginnend, geradlinig ansteigen, dann während 8 s konstant bleiben und schließlich plötzlich wieder zu Null abfallen (siehe ausgezogene Linie im Bild 67, Anhang Seite 156).
Damit die Struktur des Faltungsintegrals deutlicher wird, nähere man es durch eine Summe mit einer überschaubaren Anzahl von Gliedern an. Dazu approximiere man zunächst die Kurve $x(t)$ durch eine Treppenkurve (gestrichelte Linie) und repräsentiere schließlich jede Treppenstufe durch einen kurzzeitigen Impuls (stark ausgezogene Striche) entsprechender Höhe $(x_1, x_2, \ldots, x_9)$.
Man schreibe das Faltungsintrgral als Summe über 9 Glieder, berechne daraus die Ausgangsfunktion $y(t)$ und mache sich daran klar, wie der Wert $y(t_0)$ des Ausgangssignals zu einem bestimmten Zeitpunkt t_0 von den vergangenen Werten x_i des Eingangssignals beeinflußt wird.

4. Man beweise, daß der Ansatz (1.3) die Linearitätsbedingung (1.5) erfüllt.

5. Beschreiben die Gleichungen

$$y(t) = \frac{d\ x(t)}{dt} \quad , \quad y(t) = \int_0^t x(\tau)\ d\tau.$$

lineare Übertragungssysteme?

1.2. Impulsreaktion und Frequenzcharakteristik

1.2.1. Impuls- und Stufenreaktion. Zunächst ist zu klären, wie man experimentell eine geeignete Funktion h(t) findet, die ein bestimmtes Übertragungssystem vermöge Gl. (1.3) beschreibt. Dies ist — die experimentelle Realisierbarkeit vorausgesetzt — durch die Wahl einer speziellen Eingangsfunktion

$$x(t) = \delta(t)$$

möglich. Die sog. D e l t a f u n k t i o n (δ-Funktion) stellt die mathematische Idealisierung eines kurz dauernden Impulses dar. Damit das System trotz der kurzen Dauer des Eingangssignals mit einem kräftigen Ausgangssignal reagiert, muß der Impuls um so höher sein, je kürzer er ist. In mathematischer Idealisierung erreicht er während einer verschwindend kleinen Zeit um den Nullpunkt der Zeitachse einen unendlich hohen Wert

$$\delta(t) = \begin{cases} \infty & \text{für} & t = 0 \\ 0 & \text{für} & t \neq 0 \end{cases} \tag{1.6a}$$

wobei aber

$$\int_0^\epsilon \delta(t)\ dt = 1 \tag{1.6b}$$

gilt (s. Bild 4). Hierin ist ε ein Zeitintervall, das beliebig klein gewählt werden kann [1]. Experimentell wird die Deltafunktion stets durch einen Impuls endlicher Breite und Höhe angenähert. Die Breite muß aber klein gegen die zeitliche Dauer der davon ausgelösten Ausgangsfunktion $y_0(t)$ sein. Die Höhe darf offensichtlich den zulässigen Variabilitäts- bzw. Linearitätsbereich des Systems nicht überschreiten, so daß u. U. die Normierung (1.6b) modifiziert werden muß. Im folgenden soll aber der Einfach-

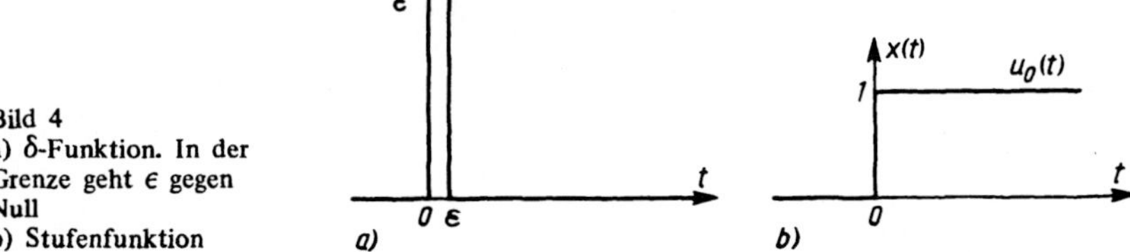

Bild 4
a) δ-Funktion. In der Grenze geht ε gegen Null
b) Stufenfunktion

---

[1]) Üblicherweise wird das Integrationsintervall in (1.6b) symmetrisch, d. h. von − ε bis + ε gelegt. Davon ist hier abgewichen worden, weil voraussetzungsgemäß die Signalfunktionen für t < 0 verschwinden.

heit halber die Gültigkeit von (1.6b) vorausgesetzt werden. Es gilt dann

$$y_0(\tau) = \int\limits_0^\tau \delta(t)\, h(\tau - t)\, dt$$

Unter Berücksichtigung von (1.6b) folgt daraus

$$y_0(\tau) = h(\tau) \tag{1.7}$$

Das bedeutet, daß mit der Reaktion des Systemausganges auf eine Deltafunktion als Eingangsfunktion die gesuchte Gewichtsfunktion $h(\tau)$ gefunden ist, die daher auch als I m p u l s r e a k t i o n des Systems bezeichnet wird. Hat man diese Funktion experimentell oder durch theoretische Überlegungen bestimmt, so kann man mit Hilfe von (1.3) zu jedem Eingangssignal $x(t)$ das entsprechende Ausgangssignal $y(t)$ berechnen.

Als B e i s p i e l für eine Bestimmung von $h(t)$ kann Bild 3 dienen. Die Zufuhr der Glukose, die in wenigen Minuten erfolgt, kann im Vergleich zum zeitlichen Ablauf der dadurch hervorgerufenen Blutzuckerkonzentration als verschwindend kurz angesehen werden. Daher ist die Kurve von Bild 3 als Impulsreaktion zu interpretieren.

In manchen Fällen bereitet die Realisierung einer δ-Funktion als Eingangsfunktion experimentelle Schwierigkeiten. Dann ist es vielleicht möglich, die ebenfalls als Testsignal sehr geeignete S t u f e n f u n k t i o n $u_0(t)$ (s. Bild 4) zu verwenden. Diese Funktion springt zum Zeitpunkt $t = 0$ von $x = 0$ auf $x = 1$, d. h.:

$$u_0(t) = \begin{cases} 0 & \text{für } t < 0 \\ 1 & \text{für } t > 0 \end{cases} \tag{1.8}$$

und bleibt dann auf diesem Wert.

Bei der experimentellen Realisierung hat man darauf zu achten, daß der Übergang vom Wert 0 auf den Wert 1 schnell gegenüber dem Einsetzen der Reaktion erfolgt und daß der Wert 1 so lange eingehalten wird, bis die Reaktion ebenfalls keine zeitlichen Änderungen zeigt.

Die Reaktion des Systems auf die Stufenfunktion soll S t u f e n r e a k t i o n genannt und mit $u(t)$ bezeichnet werden. Der Zusammenhang mit $h(t)$ ist durch

$$h(t) = \frac{du(t)}{dt} = \dot{u}(t) \qquad {}^1) \tag{1.9a}$$

bzw. $\qquad u(t) = \int\limits_0^t h(\tau)\, d\tau \tag{1.9b}$

gegeben.

---

^{1}) Entsprechend allgemeinem Brauch soll die Differentiation nach der Zeit durch einen Punkt über dem Funktionszeichen gekennzeichnet werden.

Die Stufenfunktion ist nämlich das Integral der δ-Funktion

$$u_0(t) = \int_0^t \delta(\tau)\, d\tau = \begin{cases} 0 & \text{für } t \leqslant 0 \\ 1 & \text{für } t > 0 \end{cases} \qquad (1.9c)$$

Da die Integration eine lineare Summation bedeutet, folgt durch fortgesetzte Anwendung von (1.5), daß dem Integral über die δ-Funktion als Eingangssignal das Integral über h(t) als Ausgangssignal entspricht. Daraus folgt die Gültigkeit von (1.9b) bzw. (1.9a).

Experimentell ist die Stufenfunktion in manchen Fällen einfacher als Testsignal zu verwenden als die δ-Funktion. Bei der letzteren muß während eines sehr kleinen Zeitintervalls ein so großes Signal zugeführt werden, daß die Reaktion gut meßbar ist. Dabei kann der lineare Bereich des Systems leicht überschritten werden. Bei der Stufenfunktion besteht diese Schwierigkeit nicht, wohl aber muß auch in diesem Fall die Änderung des Signalwertes sehr schnell erfolgen, was nicht bei allen biologischen Systemen mit genügender Genauigkeit erreicht werden kann. In solchen Fällen ist es angezeigt, die weiter unten zu besprechenden periodischen Testsignale zu verwenden.

Bei der Formulierung des Zusammenhanges (1.9b) zwischen Impulsreaktion und Stufenreaktion ist stillschweigend vorausgesetzt worden, daß das Integral für $t \to \infty$ gegen einen festen Wert konvergiert. Dieser Wert $u(\infty)$ ist der neue Gleichgewichtswert, auf den sich der Ausgang des Übertragungssystems einstellt, wenn am Eingang eine Stufenfunktion, also ein Sprung um eine Einheit (gemessen in geeigneten physikalischen Größen) wirksam wird. Man definiert

$$\frac{u(\infty)}{u_0(\infty)} = V \qquad (1.10)$$

als s t a t i s c h e n   V e r s t ä r k u n g s f a k t o r. Die Division durch $u_0(\infty)$ hat numerisch keine Bedeutung, weil der Zahlenwert von $u_0(\infty)$ eins ist, aber $u_0(\infty)$ ist normalerweise mit einer physikalischen Dimension behaftet und in einer bestimmten Einheit gemessen. So kann z. B. bei einem Thermoelement oder bei dem linearisierten Modell eines Wärmerezeptors der Verstärkungsfaktor in Millivolt/Grad Celsius angegeben werden. Als „statisch" wird der Verstärkungsfaktor bezeichnet, weil er das Verhalten des Übertragungssystems nach Erreichen des neuen Gleichgewichtszustandes beschreibt. Dadurch unterscheidet er sich von der später zu definierenden dynamischen Verstärkung, die sich auf die Momentanwerte bezieht. (1.10) ist eine Verallgemeinerung von (1.2), denn Systeme ohne Gedächtnis folgen der Stufenfunktion momentan, so daß die Einstellung des Gleichgewichtswertes ($t \to \infty$) nicht abgewartet werden muß.

Die Stufenreaktion beschreibt den zeitlichen Übergang des Systems von einem stationären Wert zu einem anderen und wird deswegen auch als Ü b e r g a n g s f u n k t i o n bezeichnet.

Die explizite Berücksichtigung der physikalischen Dimensionen der Signalfunktionen ist oft umständlich, so daß man sie in der Regel als dimensionslose Größen behandelt, also nur ihren Wert relativ zu einer Größe betrachtet, die in den betreffenden Einheiten den Wert Eins hat. Gelegentlich ist es aber nützlich, sich diesen Umstand deutlich zu machen.

Systeme, bei denen ein definierter Wert $u(\infty)$ existiert, heißen s t a b i l e Ü b e r t r a g u n g s s y s t e m e. Nur solche sind für die Übertragung von Nachrichten bzw. Information geeignet. In Abschn. 3 werden die Bedingungen für die Stabilität genauer untersucht.

1.2.2. Übertragung harmonischer Funktionen. Die Relation (1.3) gilt, wie in der daran anschließenden Betrachtung über die Gewichtsfunktion bzw. Impulsreaktion $h(t)$ dargelegt wurde, nur für lineare Übertragungssysteme, welche die Bedingung (1.5) erfüllen. Nur dann kann man mit der Kenntnis von $h(t)$ unter Benutzung von (1.3) zu jedem Eingangssignal das entsprechende Ausgangssignal berechnen. Daher ist es sehr wichtig, bei jedem zur Untersuchung anstehenden Übertragungssystem zunächst zu prüfen, ob oder in welcher Näherung es linear ist.

Wie man diese Prüfung vorzunehmen hat, ist der Bedingung (1.5) nicht unmittelbar zu entnehmen, denn man kann experimentell nicht die Reaktion des Systems auf alle möglichen Eingangsfunktionen und deren lineare Überlagerungen (Superpositionen) prüfen. Verhältnismäßig einfach läßt sich lediglich die Größe (Amplitude) eines Testsignals (z. B. Impuls- oder Stufenfunktion) variieren und die dadurch bewirkte Variation der Reaktion messen. Das bedeutet eine Prüfung der Relation

$$\alpha u_0(t) \longrightarrow \alpha u(t) \tag{1.11}$$

bei variablem reellen α. Ist diese Bedingung nicht erfüllt, so ist das Übertragungssystem nicht linear, jedoch muß ein System, das diese Bedingung erfüllt, nicht notwendig linear sein.

Die Prüfung auf Erfüllung der Linearitätsbedingung läßt sich leichter mit den bereits erwähnten, jetzt zu besprechenden periodischen Testsignalen vornehmen. Als Eingangssignale sollen Funktionen der Form

$$x(t) = a \cos 2 \pi \nu_0 t \qquad -\infty < t < \infty \tag{1.12}$$

betrachtet werden. Diese Funktionen kennzeichnen h a r m o n i s c h e S c h w i n g u n g e n mit der Amplitude a und der Frequenz ν_0. Beide Größen sollen als zeitlich konstant angenommen werden. Die früher eingeführte Verabredung, daß die Eingangsfunktion erst zur Zeit $t = 0$ eingeschaltet wird, muß hier zunächst aufgehoben werden, denn eine solche Schwingung kann strenggenommen weder eingeschaltet noch ausgeschaltet werden. Für das Experiment bedeutet dies natürlich nur, daß die Reaktion des Systems erst beobachtet werden soll, wenn die durch das Einschalten des Eingangssignals evtl. entstehenden Unregelmäßigkeiten abgeklungen sind.

Die Reaktion eines linearen Systems auf eine Eingangsfunktion (1.12) ist eine harmonische Funktion der g l e i c h e n F r e q u e n z, die durch

$$y(t) = M\, a\, \cos\left(2\pi\nu_0 t + \Phi\right) \tag{1.13a}$$

oder durch

$$y(t) = M\, a\, \left(\gamma_1 \cos 2\,\pi\nu_0 t - \gamma_2 \sin 2\,\pi\nu_0 t\right) \tag{1.13b}$$

bezeichnet werden kann. Wie man durch Anwendung des Additionstheorems sieht, ist

$$\gamma_1 = \cos\Phi, \qquad \gamma_2 = \sin\Phi \tag{1.13c}$$

Bei der Übertragung durch ein lineares System wird also in der Regel die Amplitude einer harmonischen Schwingung durch einen Faktor M verändert, und außerdem tritt eine durch Φ gekennzeichnete Verschiebung der Schwingungsphase ein, wie dies in Bild 5 verdeutlicht ist. Die Schwingung $y(t)$ am Ausgang hinkt in der Regel hinter

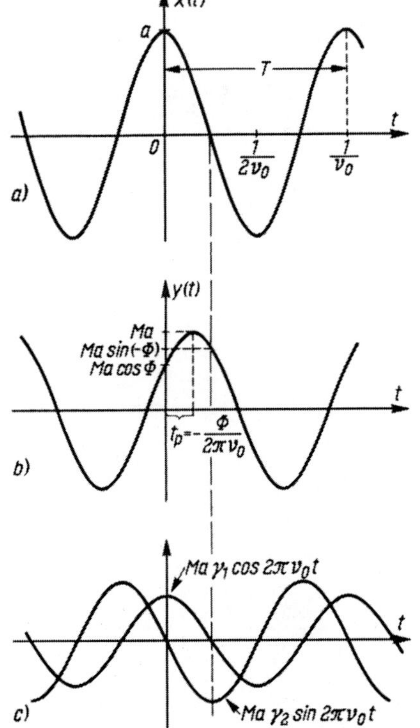

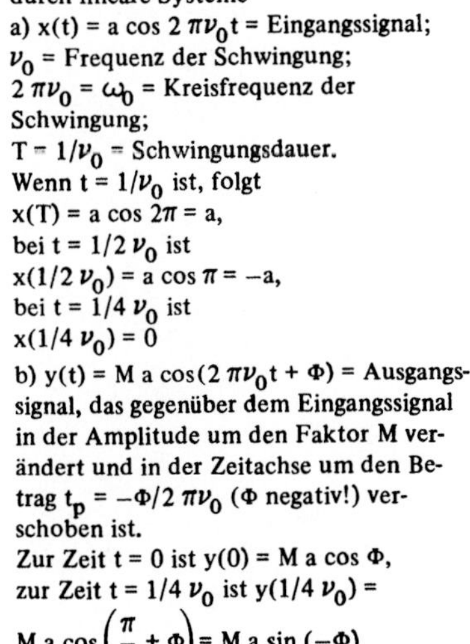

Bild 5
Übertragung von harmonischen Signalen durch lineare Systeme
a) $x(t) = a \cos 2\,\pi\nu_0 t$ = Eingangssignal;
ν_0 = Frequenz der Schwingung;
$2\,\pi\nu_0 = \omega_0$ = Kreisfrequenz der Schwingung;
$T = 1/\nu_0$ = Schwingungsdauer.
Wenn $t = 1/\nu_0$ ist, folgt
$x(T) = a \cos 2\pi = a$,
bei $t = 1/2\,\nu_0$ ist
$x(1/2\,\nu_0) = a \cos\pi = -a$,
bei $t = 1/4\,\nu_0$ ist
$x(1/4\,\nu_0) = 0$
b) $y(t) = M\,a\,\cos(2\,\pi\nu_0 t + \Phi)$ = Ausgangssignal, das gegenüber dem Eingangssignal in der Amplitude um den Faktor M verändert und in der Zeitachse um den Betrag $t_p = -\Phi/2\,\pi\nu_0$ (Φ negativ!) verschoben ist.
Zur Zeit $t = 0$ ist $y(0) = M\,a\,\cos\Phi$,
zur Zeit $t = 1/4\,\nu_0$ ist $y(1/4\,\nu_0) =$
$M\,a\,\cos\left(\dfrac{\pi}{2} + \Phi\right) = M\,a\,\sin(-\Phi)$
c) Aufspaltung des Ausgangssignals in je einen cos-Anteil und sin-Anteil ohne Phasenverschiebung

der Eingangsschwingung $x(t)$ her. Die Phasenverschiebung Φ wird in diesem Fall konventionsgemäß negativ gerechnet. Daher ist Φ in (1.13a) und (1.13c) eine negative

Größe. Die Phasenverschiebung bewirkt, daß y(t) nicht wie x(t) das Maximum bei
t = 0 (und allen Vielfachen der Schwingungsdauer T = $1/\nu_0$ hat, sondern bei
$\tau_p = -\Phi/(2\,\pi\nu_0)$ (bei negativem Φ ist t_p positiv). Bei t = 0 nimmt y(t) den Wert
M a cos Φ und bei t = $1/(4\,\nu_0)$ (wo x(t) = 0 wird) den Wert M a sin ($-\Phi$) an. Daraus
ergibt sich die in Bild 5c) dargestellte Zerlegung (1.13b).

Wichtig ist, daß die in Bild 5 für eine Frequenz ν_0 dargestellten Verhältnisse im Prinzip für alle Frequenzen gelten. Der Amplitudenfaktor M und die Phasenverschiebung
Φ haben jedoch im allgemeinen für jede Frequenz ν andere Werte, weshalb man sie
als Funktionen M(ν) und $\Phi(\nu)$ schreibt.

Die Linearität eines Systems kann man prüfen, indem man kontrolliert, ob die durch
harmonische Schwingungen ausgelösten Reaktionsfunktionen wiederum harmonische
Schwingungen darstellen. Dies sieht man den Kurven bei einiger Übung leicht an.
In Zweifelsfällen kann man die Kurven numerisch oder mit Hilfe von Zeichenschablonen prüfen. Bild 6 [3] zeigt als Beispiel die Erregung des Flußkrebs-Photorezeptors

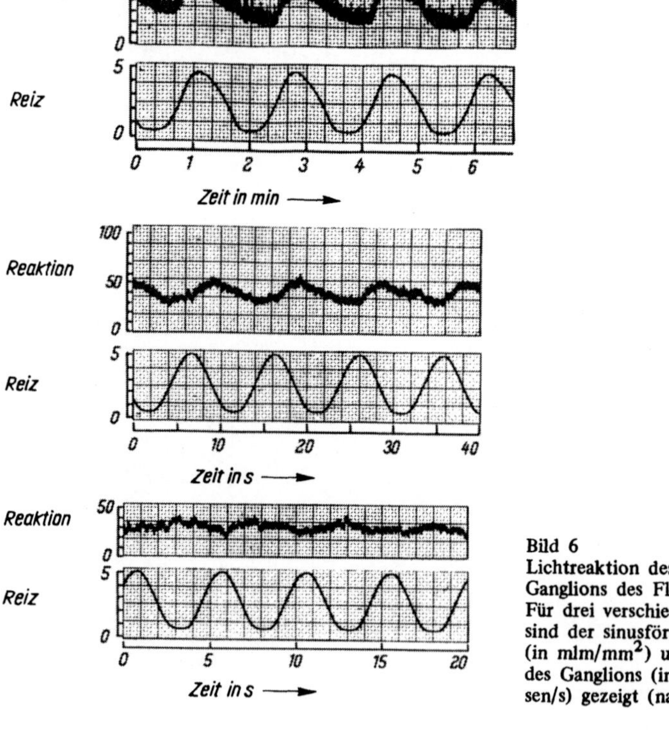

Bild 6
Lichtreaktion des abdominalen
Ganglions des Flußkrebses.
Für drei verschiedene Frequenzen
sind der sinusförmige Lichtreiz
(in mlm/mm^2) und die Reaktion
des Ganglions (in Nervenimpulsen/s) gezeigt (nach Stark (1968) [3])

bei cosinusförmigen Lichtreizen [1]). Man sieht, daß die Linearitätsbedingung nur
schlecht erfüllt ist, da die Reaktion deutliche Verzerrungen des harmonischen Verlaufes aufweist. Ebenfalls gut zu erkennen ist, daß sich der Übertragungsfaktor M
und die Phasenverschiebung Φ mit der Frequenz ändern.

Stellt man M und Φ in Abhängigkeit von der Frequenz graphisch dar, so gelangt
man zum sog. B o d e - D i a g r a m m, für das Bild 7 ein Beispiel gibt. (Die
nichtlinearen Verzerrungen dieses Systems sind dabei nicht beachtet worden.) Dabei

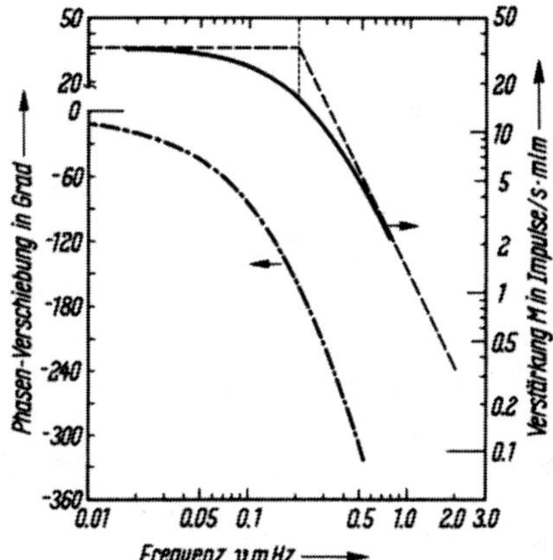

Bild 7
Bode-Diagramm des Flußkrebs-
Photorezeptors.
Die obere Kurve (zur rechten Ordi-
natenskala) gibt die dynamische
Verstärkung M (in Nervenimpulsen/
s · mlm) als Funktion der Frequenz
ν an, die untere Kurve die Phasenverschiebung in Grad (nach Stark (1968) [3])

werden die Frequenz auf der Abszisse und die Verstärkung bzw. Schwächung M
des Systems auf der Ordinate im logarithmischen Maßstab aufgetragen, die Phasenverschiebung Φ auf der zweiten Ordinatenteilung dagegen linear in Grad. Ferner
wird anstelle der Frequenz ν lieber die sog. K r e i s f r e q u e n z $\omega = 2\pi\nu$ als
Variable gewählt. Die gestrichelte Approximation der Kurve für M wird später erläutert.

Die Verstärkung M, die das Signal beim Durchgang durch das System erfährt, wird
im logarithmischen Maß gerne in der Einheit D e z i b e l (dB) ausgedrückt. Diese
Einheit ist definiert durch

$$[M]_{dB} = 20 \lg_{10} M \tag{1.14}$$

In diesem logarithmischen Maß wird die Verstärkung auch als D ä m p f u n g bezeichnet. Eine Verdoppelung von M bedeutet einen Anstieg von [M] um 6 dB (s. im
einzelnen Formel (2.34) und nachfolgende Diskussion), eine Verzehnfachung einen
um 20 dB. Wie man an Bild 7 [3] erkennt, fällt die Verstärkung bei höheren Frequenzen um 12 dB pro Oktave (d. h. bei Verdoppelung der Frequenz) ab.

---

[1]) Der Flußkrebs hat am Schwanz ein lichtempfindliches Ganglion, das die reflek-
torische Abwendung des Tieres vom Licht auslöst oder beeinflußt.

Das Dezibel war ursprünglich ein Maß für die Übertragung von Energie bzw. Leistung. Bezeichnen L_a und L_e die Leistungen am Ausgang bzw. Eingang eines für die Übertragung von Energie geeigneten Systems, so ist das Dezibel definiert durch

$$dB = 10 \ \lg \frac{L_a}{L_e}$$

In der elektrischen Nachrichtenübertragung ist die Leistung des Eingangs- bzw. Ausgangssignals jedoch oft von geringerer Bedeutung als die Spannung U oder die Stromstärke I. Nun gilt aber

$$L = \frac{U^2}{R}, \quad L = R \ J^2$$

wobei R der Widerstand am Ausgang bzw. Eingang ist. Daher schreibt man in diesem Fall z. B.

$$dB = 10 \ \lg \frac{U_a^2}{U_e^2} = 20 \ \lg \frac{U_a}{U_e}$$

was Gl. (1.14) entspricht.

In biologischen Systemen ist das Dezibel oft nicht ohne Willkür anzuwenden, da die Dimensionen von Eingangs- und Ausgangssignal nicht übereinstimmen. Beim Photorezeptor ist z. B. das Eingangssignal eine Leistung, das Ausgangssignal eine Spannung. Daher ist es zur Vermeidung von Mißverständnissen ratsam, die Einheit dB nur vorsichtig zu verwenden und lieber die Verstärkung M direkt in logarithmischer Teilung aufzutragen.

1.2.3. Frequenzcharakteristik und Fourier-Transformation. Für viele spätere Überlegungen ist es nützlich, die beiden Funktionen $M(\omega)$ und $\Phi(\omega)$ zu einer Funktion zusammenzufassen. Man bedient sich zur Darstellung dieser zusammengefaßten Funktion der Möglichkeit der komplexen Funktionen und schreibt

$$F(\omega) = M(\omega) \ e^{i\Phi(\omega)} \ , \qquad i = \sqrt{-1} \tag{1.15}$$

$M(\omega) = |F(\omega)|$ ist der B e t r a g der komplexen Funktion $F(\omega)$, $e^{i\Phi(\omega)}$ der P h a s e n a n t e i l, d. h. eine komplexe Funktion vom Betrage eins, die gemäß der E u l e r - s c h e n Formel aus sin- und cos-Funktionen zusammengesetzt ist (s. Übungsaufgabe 6).

Diese komplexe Form der Darstellung wählt man hauptsächlich deshalb, weil längere Rechnungen viel leichter mit Exponentialfunktionen als mit trigonometrischen Funktionen auszuführen sind. Tatsächlich hat aber im Endergebnis nur der reelle Teil der Funktionen eine physikalische Bedeutung. Wählt man z. B. als Eingangsfunktion die in komplexer Schreibweise einfachste harmonische Schwingung

$$x(t) = a \ e^{i\omega_0 t} \tag{1.16}$$

so ist die Ausgangsfunktion

$$y(t) = M(\omega_0) \ a \ e^{i \{\omega_0 t \ + \ \Phi(\omega_0)\}} \tag{1.17}$$

ω_0 ist hier eine beliebige, aber fest gewählte Kreisfrequenz. Zerlegt man x(t) und y(t) nach den Eulerschen Formeln in ihre Real- und Imaginärteile, so folgt

$$x(t) = a \cos \omega_0 t + i\, a \sin \omega_0 t \tag{1.18a}$$

$$y(t) = M\, a \cos (\omega_0 t + \Phi) + i\, M\, a \sin (\omega_0 t + \Phi) \tag{1.18b}$$

Beachtet man von diesen Ausdrücken nur die Realteile, so erhält man (1.12) und (1.13a) zurück. Man sieht also, daß (1.15) die gleiche Aussage über das Übertragungssystem macht wie das Bode-Diagramm.

$F(\omega)$ wird als F r e q u e n z c h a r a k t e r i s t i k (FC) des Systems bezeichnet. Diese Funktion liefert ebenso wie die Impulsreaktion h(t) eine vollständige Beschreibung der Übertragungseigenschaften. Die Kenntnis dieser Funktion ist also ebenso wie diejenige von h(t) ausreichend, zu jedem Eingangssignal x(t) das zugehörige Ausgangssignal y(t) zu bestimmen. Wie dies geschehen kann, soll im folgenden gezeigt werden.

Im Zusammenhang mit der FC (Frequenzcharakteristik) $F(\omega)$ wurden bisher nur harmonische Schwingungen als Signalformen betrachtet. Der Zusammenhang mit den früher diskutierten allgemeinen Signalformen ergibt sich daraus, daß man jede Signalfunktion x(t) (bzw. y(t)) als lineare Überlagerung von harmonischen Funktionen bzw. von Exponentialfunktionen der Form (1.16) darstellen kann. Ist x(t) eine periodische (aber nicht harmonische) Funktion, so geschieht dies in Form der Fourier-Reihe. Ist x(t) nicht periodisch (z. B. Impuls- oder Stufenfunktion), so muß die allgemeinere Form des F o u r i e r - I n t e g r a l s

$$x(t) = \frac{1}{2\pi} \int_{-\infty}^{+\infty} X(\omega)\, e^{i\omega t}\, d\omega \tag{1.19}$$

gewählt werden.

In dieser Formel ist x(t) als Summe unendlich vieler harmonischer Funktionen $e^{i\omega t}$, $-\infty < \omega < \infty$, dargestellt, wobei $X(\omega)$ angibt, mit welchen Amplituden und Phasen die einzelnen Funktionen in die Summe eingehen. $X(\omega)$ ist demnach eine Funktion von ω, in der ebenso wie in $F(\omega)$ aus (1.15) Amplituden- und Phasenanteil vereinigt sind. Daher ist $X(\omega)$ in der Regel eine komplexe Funktion. Sie wird aus x(t) durch

$$X(\omega) = \int_{-\infty}^{+\infty} x(t)\, e^{-i\omega t}\, dt \tag{1.20}$$

berechnet. $X(\omega)$ wird als F r e q u e n z s p e k t r u m oder als F o u r i e r - T r a n s f o r m i e r t e von x(t) bezeichnet.

Durch die Möglichkeit der Fourier-Darstellung ergibt sich folgender Weg zum Auffinden der Reaktion y(t):

1. Aus x(t) wird mit Hilfe von (1.20) die Fourier-Transformierte $X(\omega)$ berechnet.

2. Die FC $F(\omega)$ gibt an, wie sich beim Durchgang durch das System die Amplituden und Phasen der harmonischen Funktionen $e^{i\omega t}$ ändern. Man berechnet also das Fre-

quenzspektrum $Y(\omega)$ der Ausgangsfunktion $y(t)$ durch

$$Y(\omega) = F(\omega)\, X(\omega) \qquad (1.21)$$

3. Aus $Y(\omega)$ gewinnt man mit Hilfe der Umkehrformel (inverse Fourier-Transformation) (1.19) das Ausgangssignal

$$y(t) = \frac{1}{2\pi} \int\limits_{-\infty}^{+\infty} Y(\omega)\, e^{i\omega t}\, d\omega \qquad (1.19a)$$

In den meisten Fällen brauchen die Integrale (1.20) und (1.19a) nicht wirklich ausgerechnet zu werden, sondern man kann sie in Tabellen [4] nachschlagen. Daher ist es oft leichter, die Zuordnung zwischen $x(t)$ und $y(t)$ auf dem Wege über die FC zu finden, als die direkte Formel (1.3) zu benutzen. Kennt man die FC des Systems, so erhält man mit Hilfe vorstehender Prozedur zu jeder interessierenden Eingangsfunktion die entsprechende Ausgangsfunktion. Ist statt der FC die Impulsreaktion bekannt, so muß zuvor von dieser die Fourier-Transformierte ermittelt werden.

Da sowohl die Impulsreaktionsfunktion $h(t)$ als auch die FC $F(\omega)$ erlaubt, die Zuordnung zwischen $x(t)$ und $y(t)$ zu finden, muß es eine Beziehung zwischen diesen Funktionen geben. Sie lautet:

$$F(\omega) = \int\limits_{-\infty}^{+\infty} h(t)\, e^{-i\omega t}\, dt \qquad (1.22a)$$

$$h(t) = \frac{1}{2\pi} \int\limits_{-\infty}^{+\infty} F(\omega)\, e^{i\omega t}\, d\omega \qquad (1.22b)$$

Die FC ist also die Fourier-Transformierte der Impulsreaktion.

Gl. (1.22a), (1.22b) gelten, solange die Signalfunktionen als dimensionslose Größen betrachtet werden können. Bei Berücksichtigung der Dimensionen ist zu beachten, daß $h(t)$ die Dimension des Ausgangssignals, $F(\omega)$ gemäß (1.21) aber diejenige des Verstärkungsfaktors (1.10) hat. Dies muß dann durch einen geeigneten Dimensionsfaktor berücksichtigt werden.

Ein großer Vorteil der FC gegenüber der Impulsreaktion kommt beim Hintereinanderschalten mehrerer Übertragungssysteme zur Geltung. In Bild 8 sind die Zeit- und Frequenzfunktionen, die bei der Hintereinanderschaltung zweier linearer Systeme Bedeutung haben, angedeutet. Da derartige Zusammenschaltungen in Regelkreisen oft vorkommen, ist es wichtig, aus den Impulsreaktionen bzw. Frequenzcharakteristiken der einzelnen Komponenten diejenige des Gesamtsystems berechnen zu können. Betrachtet man zunächst die Zeitfunktionen, so folgt aus (1.3):

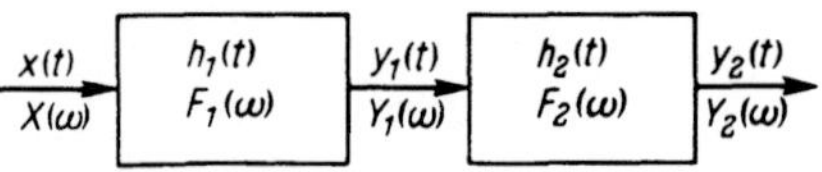

Bild 8 Serienschaltung zweier linearer Systeme.
Die Systeme werden durch die Impulsreaktionen $h_1(t)$, $h_2(t)$ oder durch die Frequenzcharakteristiken $F_1(\omega)$, $F_2(\omega)$ gekennzeichnet, die Signale durch die Zeitfunktionen $x(t)$, $y_1(t)$, $y_2(t)$ oder durch die Frequenzfunktionen $X(\omega)$, $Y_1(\omega)$, $Y_2(\omega)$

$$y_2(t) = \int_0^\infty h_2(\tau_1)\, y_1(t - \tau_1)\, d\tau_1 \qquad\qquad (1.23a)$$

$$y_1(t) = \int_0^\infty h_1(\tau_0)\, x(t - \tau_0)\, d\tau_0 \qquad\qquad (1.23b)$$

Hier ist wie früher vorausgesetzt, daß alle Signale für $t < 0$ gleich Null sind. Setzt man in (1.23a) den Ausdruck für $y_1(t - \tau_1)$ aus (1.23b) ein, so folgt

$$y_2(t) = \int_0^\infty h_2(\tau_1)\left\{ \int_0^\infty x(t - \tau_1 - \tau_0)\, h_1(\tau_0)\, d\tau_0 \right\} d\tau_1$$

Ersetzt man hierin $\tau_1 + \tau_0$ durch τ_0' und vertauscht die Integrationsreihenfolge, so erhält man

$$y_2(t) = \int_0^\infty h_2(\tau_1)\left\{ \int_0^\infty x(t - \tau_0')\, h_1(\tau_0' - \tau_1)\, d\tau_0' \right\} d\tau_1$$

$$y_2(t) = \int_0^\infty x(t - \tau_0')\left\{ \int_0^\infty h_2(\tau_1)\, h_1(\tau_0' - \tau_1)\, d\tau_1 \right\} d\tau_0'$$

Setzt man hierin

$$h(\tau_0) = \int_0^\infty h_1(\tau_0 - \tau_1)\, h_2(\tau_1)\, d\tau_1 \qquad\qquad (1.24)$$

wobei der Strich bei τ_0 wieder fortgelassen ist, so folgt

$$y_2(t) = \int_0^\infty x(t - \tau_0)\, h(\tau_0)\, d\tau_0 \qquad\qquad (1.25)$$

(1.25) hat die gleiche Gestalt wie (1.3), so daß $h(\tau_0)$ aus (1.24) die Impulsreaktion des Gesamtsystems ist.

Man erkennt aus dieser Rechnung folgendes:

Die Impulsreaktion eines Systems, das aus der Serienschaltung zweier Teilsysteme besteht, läßt sich als Faltungsintegral der Impulsreaktionen der beiden Teilsysteme darstellen.

Wesentlich einfacher liegen die Verhältnisse bei der Verwendung der Frequenzfunktionen. Unter Anwendung von (1.21) liest man aus Bild 8 ab:

$$Y_2(\omega) = Y_1(\omega)\, F_2(\omega)\ = X(\omega)\, F_1(\omega)\, F_2(\omega) \qquad\qquad (1.26a)$$

Daher ist

$$F(\omega) = F_1(\omega)\, F_2(\omega) \qquad\qquad (1.26b)$$

d. h. es gilt: *Die FC des Gesamtsystems ist gleich dem Produkt der Frequenzcharakteristiken der Teilsysteme.*

Es müssen noch einige Bemerkungen zum praktischen Gebrauch der Transformations-
formeln (1.19), (1.20) gemacht werden. Man erkennt aus (1.19), daß sich der Integrationsbereich für ω von $-\infty$ bis $+\infty$ erstreckt. Das deutet darauf hin, daß $F(\omega)$
auch für negative Werte der Kreisfrequenz bzw. der Frequenz definiert werden muß,
während normalerweise nur positive Frequenzen eine physikalische Bedeutung haben.
Es handelt sich hier um eine die mathematische Behandlung vereinfachende Schreibweise, denn man kann die Funktionswerte $F(-\omega)$ aus den Werten $F(\omega)$ berechnen.
Spaltet man nämlich $F(\omega)$ in seinen Real- und Imaginärteil auf:

$$F(\omega) = R(\omega) + iQ(\omega) \qquad R(\omega),\ Q(\omega) \text{ reelle Funktionen}, \qquad (1.27)$$

so schreibt sich (1.19)

$$x(t) = \frac{1}{2\pi} \int_{-\infty}^{+\infty} \{ R(\omega) + iQ(\omega)\}\{\cos\omega t + i\sin\omega t\}d\omega$$

$$= \frac{1}{2\pi} \int_{-\infty}^{+\infty} \{ R(\omega)\cos\omega t - Q(\omega)\sin\omega t\}d\omega +$$

$$+ \frac{i}{2\pi} \int_{-\infty}^{+\infty} \{ R(\omega)\sin\omega t + Q(\omega)\cos\omega t\}d\omega$$

Da $x(t)$ eine reelle Funktion ist, muß das zweite Integral in der letzten Formel verschwinden. Dies ist nur möglich, wenn

$$R(-\omega) = R(+\omega), \qquad Q(-\omega) = -Q(\omega) \qquad (1.28a)$$

bzw. $\qquad F(-\omega) = \cdot F^{*}(\omega) \qquad\qquad\qquad\qquad\qquad\qquad (1.28b)$

gilt. Der Stern am Funktionszeichen kennzeichnet den Übergang zum konjugiert-
komplexen Wert. Mit (1.28) kann man in (1.19) die negativen Frequenzen vermeiden, indem man schreibt

$$x(t) = \frac{1}{2\pi} \int_{0}^{\infty} \{ F(\omega)\, e^{i\omega t} + F^{*}(\omega)\, e^{-i\omega t}\}d\omega$$

oder $\quad x(t) = \dfrac{1}{\pi} \displaystyle\int_{0}^{\infty} R(\omega)\cos\omega t\, d\omega - \dfrac{1}{\pi} \displaystyle\int_{0}^{\infty} Q(\omega)\sin\omega t\, d\omega \qquad (1.29)$

In dieser Form ist die Fourier-Transformation in manchen Tabellen dargestellt.
Das Frequenzspektrum $X(\omega)$ ist nach (1.20) nur dann zu berechnen, wenn das
Signal $x(t)$ für $t \to -\infty$ und $t \to +\infty$ hinreichend schnell gegen Null geht. Diese
Bedingung verursacht für $t \to -\infty$ normalerweise keine Schwierigkeiten, da voraussetzungsgemäß die Signale $x(t)$ für $t < 0$ verschwinden sollen. Die vorher betrachteten periodischen Funktionen bereiten dabei keine Schwierigkeiten, weil man bei
ihnen an Stelle des Fourier-Integrals die Fourier-Reihe verwenden kann. Wesentlich
ist, daß die Funktion $x(t)$ auch für positive Zeiten nicht beliebig lange von Null
verschieden sein darf. Dies schließt z. B. die Stufenfunktion $u_0(t)$ von der Betrachtung aus. Man muß vielmehr zu einer modifizierten Stufenfunktion

$$\hat{u}_0(t) = u_0(t) - u_0(t - t_0) \tag{1.30}$$

übergehen, bei der das Signal zur Zeit $t = 0$ eingeschaltet und zur Zeit $t = t_0$ wieder abgeschaltet wird. Mit Hilfe der später zu besprechenden Laplace-Transformation können auch Signale in die Betrachtung einbezogen werden, die für $t \to \infty$ nicht gegen Null gehen.

Setzt man in (1.22a) $\omega = 0$, so folgt mit (1.9b)

$$F(0) = \int\limits_{-\infty}^{+\infty} h(t)\, dt = u(\infty) \tag{1.30a}$$

bzw. bei Berücksichtigung der Dimensionen

$$F(0) = \frac{u(\infty)}{u_0(\infty)} = V \tag{1.30b}$$

$F(0)$ ist also gleich dem statischen Verstärkungsfaktor (s. (1.10.)). Dies ist sehr gut verständlich, denn eine Sinusschwingung der Frequenz Null ist eine Zeitfunktion, die sich unendlich langsam ändert, so daß am Ausgang des Übertragungssystems stets der Gleichgewichtswert, der dem jeweiligen Eingangswert entspricht, gemessen wird. Im Unterschied zum statischen Verstärkungsfaktor bezeichnet man $|F(\omega_0)|$ bei einem festen Wert ω_0 gemäß (1.21) auch als d y n a m i s c h e n   V e r s t ä r k u n g s f a k - t o r .   Dieser hat die gleiche physikalische Dimension wie $F(0)$, aber in der Regel einen anderen, von der Kreisfrequenz ω_0 des übertragenen sinusförmigen Signals abhängigen Zahlenwert.

Weiter oben wurden die experimentellen Vorteile bei der Bestimmung der FC gegenüber derjenigen der Impulsreaktion hervorgehoben. Es muß dabei bemerkt werden, daß in anderen Fällen erhebliche Nachteile auftreten können. Es dauert nämlich bedeutend länger, eine FC als eine Impulsreaktion aufzunehmen, da eine hinreichend große Anzahl von Frequenzwerten geprüft und bei jeder neuen Frequenz der eingeschwungene Zustand abgewartet werden muß. Dies ist nur dann möglich, wenn sich das System während dieser längeren Meßzeit nicht verändert und wenn die Zuführung des Signals sowie die Beobachtung der Reaktion keine zu große Störung des Systems bedeuten. Beispielsweise wäre bei dem in Bild 3 beschriebenen System die Aufnahme der FC nicht angezeigt.

Übungsaufgaben. 6. a) Man schreibe eine komplexe Zahl, die in der Form

$$z = a + ib, \qquad a, b \text{ reelle Zahlen}$$

gegeben ist, in der Form

$$z = M\, e^{i\varphi}, \qquad M, \varphi \text{ reell}$$

Wie berechnet man M, φ aus a, b und umgekehrt? Man deute die Größen a, b, M, φ in der Gaußschen Zahlenebene.

b) Man berechne den Betrag und die Phase der komplexen Zahl

$$z = \frac{a + ib}{c + id}, \qquad a, b, c, d \text{ reelle Zahlen}$$

7. a) Man berechne die Stufenreaktion zu der in Bild 3 dargestellten Impulsreaktion unter der Voraussetzung, daß das System linear ist. Dazu benutze man die in Übungsaufgabe 2 berechnete approximative Impulsreaktion $h_{ap}(t)$ und schreibe sie mit Hilfe der Eulerschen Formeln in der Form

$$h_{ap}(t) = A\,e^{\alpha t} + B\,e^{\beta t}$$

wobei A, B, α, β eventuell komplexe Zahlen sind.

b) Man interpretiere die resultierende Gleichung in Form einer physiologischen Aussage.

c) Man berechne die FC des Systems durch Fourier-Transformation von $h_{ap}(t)$.

8. Wie lautet die Impulsreaktion eines Systems, für das zwischen einer beliebigen Eingangsfunktion $x(t)$ und der zugehörigen Ausgangsfunktion $y(t)$ die Beziehung

$$y(t) = \int_0^t x(\tau)\,\mathrm{d}\tau$$

gilt? Zur Beantwortung schreibe man die Beziehung als Faltungsintegral.

9. a) Wie lautet die Fourier-Transformierte der Funktion $f(t - t_0)$, wenn $F(\omega)$ die Fourier-Transformierte von $f(t)$ ist?

b) Man berechne die Fourier-Transformierte der modifizierten Stufenfunktion

$$\hat{u}_0(t) = u_0(t) - u_0(t - t_0) = \begin{cases} 0 & \text{für} & t < 0 \\ 1 & \text{für} & 0 \leqslant t \leqslant t_0 \\ 0 & \text{für} & t > t_0 \end{cases}$$

und interpretiere das Ergebnis mit dem Ergebnis von Übungsaufgabe 9a), indem man die modifizierte Stufenfunktion als Differenz zweier zeitlich gegeneinander versetzter Stufenfunktionen auffaßt. Man wird dadurch auf eine Funktion von ω geführt, die man formal als Fourier-Transformierte der Stufenfunktion ansehen kann.

10. Man interpretiere Gl. (1.21) für den Fall, daß das Eingangssignal eine δ-Funktion ist.

Ergänzende und weiterführende Literatur

B r a j n e s, S. N.; S v e č i n s k i j, V. B.: [6]
C a r s l a w, H. S.: Indroduction to the theory of Fourier's series and integrals. 3. Aufl. New York 1950
D r i s c h e l, H.; T i e d t, N.: Biokybernetik. Band III. Jena 1971
M u r p h y, G. J.: Control engineering, New York 1959
P a p o u l i s, A.: The Fourier integral and its applications. New York 1962
S m i r n o w, W. L.: Lehrgang der höheren Mathematik. Teil II. 10. Aufl. Berlin 1971
W u n s c h, G.: Moderne Systemtheorie. Leipzig 1962

2. Der einfache lineare Regelkreis

2.1. Blockschaltbild des geschlossenen Regelkreises

Der lineare geschlossene Regelkreis besteht aus einer Reihe von Teilsystemen, die
in geeigneter Weise zusammengeschaltet sind. Diese Teilsysteme sind lineare Übertragungssysteme und führen lineare mathematische Operationen aus. Dies soll
zunächst an einem leicht verständlichen technischen Beispiel, nämlich dem schon
erwähnten geregelten Thermostaten erläutert werden (Bild 9).

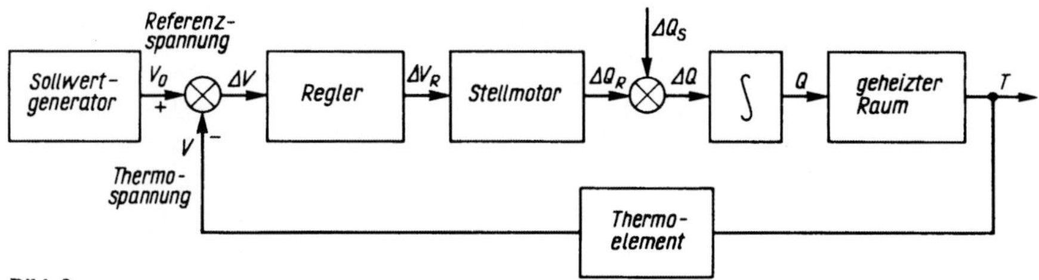

Bild 9
Blockschaltbild eines geregelten Thermostaten

Beispiel. Zur Regelung ist zunächst ein Meßinstrument erforderlich, das den augen-
blicklichen Wert der zu regelnden Größe — in diesem Falle also die Temperatur —
mißt. Das Meßgerät wird auch als Fühler, Sensor oder im biologischen System als
Rezeptor bezeichnet. Ferner muß der Meßwert in eine für die weitere automatische
Verarbeitung geeignete physikalische Größe umgesetzt werden. Im Beispiel ist angenommen worden, daß die Temperatur von einem Thermoelement gemessen und durch
die Thermospannung V angezeigt wird. Das Thermoelement ist in guter Näherung
als ein lineares Übertragungssystem anzusehen, das auf eine Änderung der Tempera-
tur (Eingang) mit einer Änderung der Thermospannung (Ausgang) reagiert.
Ein zweiter wichtiger Bestandteil des Regelkreises ist der Sollwertgenerator. Da der
Thermostat auf eine bestimmte Temperatur T_0 eingeregelt werden soll, muß dem
System in geeigneter Weise Information über diese Größe eingegeben werden. Im
Beispiel geschieht dies durch die Referenz- oder Bezugsspannung V_0, die gleich der
Thermospannung bei der Temperatur T_0 ist. Offensichtlich ist eine konstante Span-
nung, z. B. mit Hilfe einer Batterie, leichter technisch zu realisieren als ein Wärme-
bad von bestimmter konstanter Temperatur.
Eine Stelle, an der zwei Signale summiert bzw. voneinander subtrahiert werden, ist
durch einen mit einem Kreuz ausgefüllten Kreis gekennzeichnet. Das Vorzeichen,
mit dem die Signale am Summationspunkt in die Summe eingehen, ist neben der
Signalzuführungsleitung angegeben, wobei positive Vorzeichen auch fortgelassen werden. Die Richtung des Signalflusses entspricht der Pfeilrichtung. In den linken Sum-

mationspunkt in Bild 9 fließen also die Signale V_0 und $-V$. Das Signal $V_0 - V = \Delta V$ verläßt den Summationspunkt. In der Literatur werden zur Kennzeichnung des Summationspunktes auch ein offener Kreis oder ein Kreis mit einbeschriebenem Σ verwendet. Es wird formal vorausgesetzt, daß der Summationspunkt kein Gedächtnis hat. Ein etwa tatsächlich vorhandenes Gedächtnis kann rechnerisch bei dem in Richtung des Signalflusses folgenden System berücksichtigt werden. Die Größe ΔV wird als Regelfehler bezeichnet. Sie gibt auf dem Weg über die Thermospannung die Abweichung der tatsächlichen Temperatur vom Sollwert an.

Dieses Fehlersignal wird dem Regler zugeleitet. Hier wird es verstärkt und evtl. durch weitere lineare mathematische Operationen (z. B. Integration, Differentiation) so umgeformt, daß es geeignet ist, den Regelmechanismus zu betätigen. Das vom Regler kommende Signal ΔV_R wird im Beispiel einem Stellmotor zugeleitet. Dieser beeinflußt den Wärmestrom Q zu dem Raum, dessen Temperatur stabilisiert werden soll. Nimmt man an, daß die Wärmezufuhr durch eine Dampfheizung erfolgt, so kann der Stellmotor beispielsweise ein Ventil öffnen oder schließen, das den Dampfstrom reguliert. Je nachdem, ob das Reglersignal ΔV_R positiv oder negativ ist, wird das Ventil mehr geöffnet oder geschlossen, so daß eine Vergrößerung oder Verkleinerung des Wärmestromes Q, mithin eine positive oder negative Änderung ΔQ_R entsteht. Der Stellmotor einschließlich der Heizungsregulierung kann wiederum als lineares Übertragungssystem (mit Gedächtnis) angesehen werden. Oft wird er formal mit zum Regler gezählt.

Im eingeregelten Zustand verliert der geheizte Raum genau so viel Wärme an die Umgebung, wie ihm durch das Heizungssystem zugeführt wird, und die Temperatur T ist gleich der Solltemperatur. Dann sind ΔV und ΔQ_R gleich Null, und der Regelvorgang ist beendet.

Man könnte auf den ersten Blick glauben, daß das System im weiteren zeitlichen Verlauf in diesem Idealzustand verharrt. Tatsächlich ist dies jedoch nicht der Fall, denn es entstehen an vielen Stellen des Regelsystems Störungen, die zu Abweichungen vom eingeregelten Zustand führen.

Die offensichtlichste Störung des Gleichgewichtes entsteht durch Schwankungen der Wärme, die vom geheizten Raum an die Umgebung abgegeben wird, verursacht z. B. durch Änderungen der Temperatur oder Luftbewegung in der Umgebung. Diese Schwankungen sind im Schema durch ein Störungssignal ΔQ_S berücksichtigt, das zum Regelsignal ΔQ_R addiert wird. Ist also zu einem bestimmten Zeitpunkt $T = T_0$ und infolgedessen $\Delta Q_R = 0$, so kann durch ein positives oder negatives ΔQ_S wieder eine Abweichung vom stabilisierten Zustand und ein neuer Regelvorgang ausgelöst werden.

Neben der Schwankung in der abgegebenen Wärme gibt es weitere Störungsursachen. Die Temperatur oder der Druck des Heizdampfes können z. B. schwanken, und es entsteht dann ohne Änderung der Ventilstellung eine Änderung ΔQ des Wärmestromes. Ferner entsteht in jedem elektrischen Übertragungssystem, also z. B. auch im Thermoelement und im Regler, ein Rauschen, also eine zufällige zeitlich veränderliche Ausgangsspannung, die nicht von einem entsprechenden Eingangssignal verursacht wird. Diese elektrischen Störungssignale führen auch zu unbeabsichtigten Störungen des Wärmestromes Q.

Es wäre sehr mühsam, alle Störquellen explizit im Schema des Regelsystems zu berücksichtigen. Daher faßt man formal alle Störungen in ihrer Wirkung auf den zugeführten Wärmestrom zusammen und kennzeichnet sie insgesamt durch die Störgröße ΔQ_S .

Der Wärmestrom Q wird durch das Korrektursignal ΔQ verändert. Da die Änderung durch Verstellung eines Ventils erfolgt, bleibt sie nach dem Abklingen des Korrektursignals bestehen. Der Zusammenhang zwischen ΔQ und Q wird daher durch ein Zeitintegral beschrieben, und zwar bezeichnet ΔQ genauer die pro Zeiteinheit erfolgende Änderung des Wärmestromes, d. h. es gilt

$$\Delta Q = \frac{dQ}{dt} \quad \text{und} \quad Q = \int \frac{dQ}{dt} \, dt$$

Der Integrationsprozeß, der von ΔQ zu Q führt, ist in Bild 9 durch einen Block mit einem Integralzeichen gekennzeichnet.

Dem eben besprochenen technischen Beispiel soll jetzt ein biologisches folgen, das zu einem der Standardbeispiele für die biologische Regelung geworden ist, weil das System leicht zu beobachten und in gewissem Maße zu beeinflussen ist, nämlich der Pupillenregelkreis.

Beispiel. Die Pupille des (menschlichen) Auges verändert sich mit der Gesichtsfeldleuchtdichte, und zwar wird die Pupille kleiner, wenn die Leuchtdichte ansteigt und umgekehrt (Pupillenreflex). Da diese Verkleinerung eine Abnahme der Netzhautbeleuchtungsstärke bewirkt, gleicht der Pupillenreflex Schwankungen der Netzhautbeleuchtungsstärke bis zu einem gewissen Grade aus, er bewirkt die Stabilisierung der Netzhautbeleuchtungsstärke auf einen Sollwert. Die Photorezeptoren der Netzhaut bilden die Fühler des Systems, die beteiligten Nervenzentren besorgen die Signalverarbeitung, wirken also als Regler, und die Pupillenmuskulatur entspricht dem Stellmotor oder allgemeiner dem Stellglied.

Diese (stark vereinfachten) Vorstellungen liegen dem Blockschaltbild in Bild 10 zugrunde. Die mittlere Netzhautbeleuchtungsstärke B, also die stabilisierte Größe, wird von den Photorezeptoren gemessen und führt zur Entstehung eines elektrischen Potentials S, das mit einem hypothetischen Sollwert S_0 verglichen wird [1]. Unterschiede zwischen dem tatsächlichen Wert und dem Sollwert des Potentials werden als afferentes Fehlersignal ΔS an bestimmte Nervenzentren gemeldet, wodurch ein efferentes Signal zur Betätigung der Pupillenmuskulatur ausgesandt wird. Daraufhin ändert sich die Pupillenfläche A um einen Betrag ΔA, was zu einer Änderung

$$\Delta B_g = V E \Delta A$$

---

[1] Bei biologischen Systemen kann man gewöhnlich keinen echten Sollwertgenerator als lokalisierbare Struktur angeben. Vielmehr wird der Sollwert vermöge weiterer, mit dem gerade betrachteten Regelkreis vermaschter Regelsysteme eingestellt. Dieses Problem wird später noch ausführlicher besprochen.

der Netzhautbeleuchtungsstärke B führt. E ist hier die mittlere Hornhautbeleuchtungsstärke, die dem ungestörten Zustand entspricht, V ein Faktor, der die Geometrie

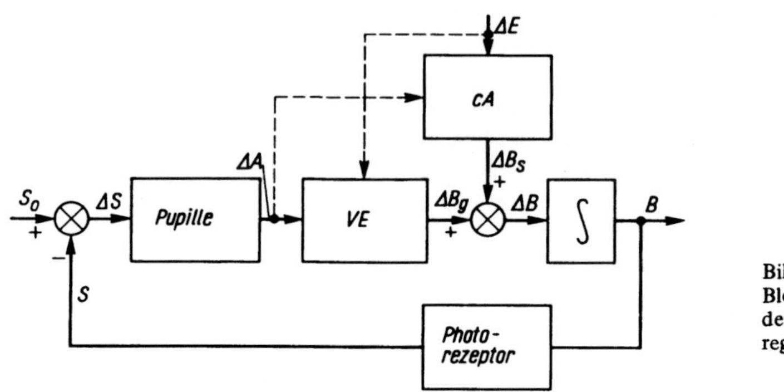

Bild 10
Blockschalbild
des Pupillenregelkreises

der Beleuchtung und die Einheiten bei der Umrechnung der Hornhautbeleuchtungsstärke in die Netzhautbeleuchtungsstärke berücksichtigt. Auf die geometrisch —
nämlich durch die Pupillenöffnung — bedingte Variation der Netzhautbeleuchtungsstärke weist der Index g hin. An dieser Stelle gelangt das Störsignal in den Regelkreis,
indem es durch eine Änderung ΔE der Hornhautbeleuchtungsstärke eine Änderung

$$\Delta B_S = c\ A\ \Delta E$$

der Netzhautbeleuchtungsstärke bewirkt. A bezeichnet hier die dem ungestörten
Zustand entsprechende Pupillenfläche, c wiederum einen konstanten Faktor, der
die Geometrie und die Einheiten berücksichtigt. Die gesamte Änderung der Netzhautbeleuchtungsstärke,

$$\Delta B = V\ E\ \Delta A + c\ A\ \Delta E$$

wird über die Zeit integriert, wobei die mittlere wirksame Netzhautbeleuchtungsstärke
B gebildet wird, die ihrerseits das Potential S bestimmt.

An den beiden Blockschaltbildern in Bild 9 und 10 erkennt man deutlich, daß die
beiden besprochenen Systeme in ihren funktionellen Grundzügen sehr ähnlich aufgebaut sind, so daß eine formal gleichartige quantitative Behandlung gerechtfertigt erscheint. Es muß aber wieder betont werden, daß das biologische System hier sehr
stark vereinfacht dargestellt ist. Einige der Komplikationen, die bei einer genaueren
Betrachtung zu berücksichtigen sind und insbesondere die Linearität beeinträchtigen,
sollen wenigstens erwähnt werden.

Es bestehen Kopplungen zwischen Komponenten des Regelkreises und des Zweiges
für das Störsignal, die durch gestrichelte Linien in Bild 10 angedeutet sind. Eine
Veränderung ΔA der Pupillenweite bewirkt auch eine Änderung von A im Block
c A, so daß das Fehlersignal nicht ΔB_S, sondern

$$\Delta \widetilde{B}_S = c\ A\ \Delta E + c\ \Delta A\ \Delta E$$

ist. Diese Relation führt zu einer Abweichung von der Linearität. Sieht man aber ΔA als klein gegenüber A an, so kann man das zweite Glied im obigen Ausdruck für $\Delta \tilde{B}_S$ vernachlässigen. Das gleiche gilt für die Kopplung zwischen ΔE und E. Das Öffnen und Schließen der Pupille wird von zwei verschiedenen Muskeln bewirkt, und zwar von dem in radiären Fasern verlaufenden musculus dilatator iridis bzw. von dem ringförmig um die Pupille verlaufenden musculus sphincter iridis. Beide Muskeln bilden zusammen mit der Pigmenteinlagerung und dem Epithelgewebe die Iris. Die beiden Muskeln werden über verschiedene Nervenbahnen erregt, und zwar der Dilatator durch Fasern des Sympathikus und der Sphincter durch Fasern des Parasympathikus. Die momentane Pupillenweite stellt sich durch das Gegenspiel der beiden Muskeln bzw. der sie innervierenden Systeme ein. Normalerweise ist keiner der beiden Muskeln erschlafft; eine Pupillenerweiterung kann daher sowohl durch eine stärkere Erregung des Dilatators als auch durch eine Hemmung des Sphincters erreicht werden.

Der Stellmotor einschließlich des zugehörigen Teils des Reglers ist demnach im Pupillenkreis als ein Paar von Antagonisten ausgebildet, deren gegenseitige Anteile am Regelungsprozeß noch von höheren Nervenzentren (und z. B. auch durch Drogen) beeinflußt werden können. Da die beiden Zweige im allgemeinen ein unterschiedliches dynamisches Verhalten haben, ist ein lineares Übertragungsverhalten nicht zu erwarten, ganz abgesehen von den Nichtlinearitäten in der neuronalen Signalverarbeitung. Diese antagonistische Organisation des Stellgliedes ist typisch für biologische Systeme.

Eine weitere, ebenfalls für biologische Systeme typische Komplikation liegt in der Einstellung des Sollwertes. Die Netzhautbeleuchtungsstärke (bzw. die ihr entsprechende Einstellung zwischen gebleichtem und ungebleichtem Rhodopsin) ist nicht auf einen unveränderlichen Sollwert festgelegt, vielmehr kann sich der Sollwert während der Adaptation um viele Größenordnungen verändern. Von einer Stabilisierung der Netzhautbeleuchtungsstärke auf einen festen Wert kann also nur bei Änderungen der Gesichtsfeldleuchtdichte bzw. der Hornhautbeleuchtungsstärke, die schnell gegen die neuronale Adaptation verlaufen, gesprochen werden. In dem verhältnismäßig schnellen Verlauf der Pupillenreaktion (ca. 0,2 s) gegenüber der langsameren Adaptation ist auch ihr physiologischer Nutzen zu sehen, denn der Bereich der Regelung zwischen ca. 2,5 mm und 7,8 mm Pupillenweite bewirkt nur eine Veränderung der Netzhautbeleuchtungsstärke um eine Zehnerpotenz, überdeckt also keineswegs den ganzen Adaptationsbereich.

Schließlich muß noch erwähnt werden, daß die Pupillenweite nicht nur von der Netzhautbeleuchtungsstärke beeinflußt wird. Außer der bereits angedeuteten Abhängigkeit von dem allgemeinen Erregungszustand des Sympathikus und des Parasympathikus besteht ein Einfluß der Akkomodation des Auges auf die Pupillenweite. Es greifen also mehrere Regelkreise ineinander, was ebenfalls typisch für biologische Systeme ist.

Die genannten Schwierigkeiten zeigen, daß bei der Aufstellung von Blockschaltbildern biologischer Regelsysteme und besonders bei der Interpretation von quantitativen Folgerungen Vorsicht und Sorgfalt geboten sind. Diese Schwierigkeiten berechtigen aber, wie sich bei der weiteren Behandlung noch zeigen wird, nicht dazu, die Nützlichkeit quantitativer Modelle für die Biologie überhaupt anzuzweifeln, wie dies früher oft geschehen ist.

2.2. Festwert- und Folgeregelung

In Bild 11 sind nochmals die wesentlichen Merkmale eines Regelsystems, soweit sie in den beiden vorangehenden Beispielen deutlich geworden sind, zusammengefaßt.
Es ist ein fester Sollwert x_0 vorgegeben, mit dem die geregelte Größe $y(t)$ verglichen wird, nachdem letztere noch ein lineares Übertragungssystem durchlaufen hat. Dieses

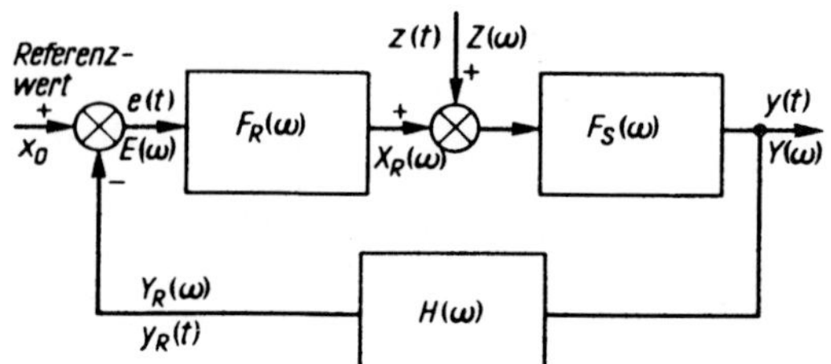

Bild 11
Festwertregelung.
Der Einfluß von Störungen z(t) auf den Systemausgang y(t) wird durch Vergleich mit dem Referenzwert x_0 ausgeregelt. Die Beschreibung des Systems erfolgt zweckmäßig in der Frequenzdarstellung

Übertragungssystem kann wie jedes andere derartige System durch seine FC (Frequenzcharakteristik) $H(\omega)$ gekennzeichnet werden. Wegen der statistischen oder systematischen Störungen, die in den Regelkreis in Form der zeitlich veränderlichen Störfunktion $z(t)$ hineingelangen, ist auch $y(t)$ nicht konstant, sondern zeitlich veränderlich. Der Regler und das zu regelnde System sind ebenfalls als lineare Übertragungssysteme vorausgesetzt und durch ihre Frequenzcharakteristiken $F_R(\omega)$ bzw. $F_S(\omega)$ gekennzeichnet. Anstelle der Zeitfunktionen $z(t)$, $y(t)$, $y_R(t)$ und $e(t)$ (Fehlersignal) kann man auch die Fourier-Transformierten dieser Funktionen: $Z(\omega)$, $Y(\omega)$, $Y_R(\omega)$, $E(\omega)$ zur Beschreibung der Signale verwenden, denn wie in Abschn. 1.2.3 erläutert wurde, besteht zwischen einer Zeitfunktion und ihrer Fourier-Transformierten eine umkehrbar eindeutige Beziehung (1.19). Die Verwendung der Frequenzfunktionen erleichtert entsprechend Bild 8 und (1.26) die quantitative Behandlung.

Diese Art der Regelung bezeichnet man als F e s t w e r t r e g e l u n g und unterscheidet sie von der im Anschluß zu besprechenden F o l g e r e g e l u n g. Die Festwertregelung entspricht dem Begriff der H o m ö o s t a s e. Die Aufgabe eines solchen Regelungssystems ist es, eine bestimmte Zustandsgröße möglichst gegen die Einflüsse aus der Umgebung abzuschirmen. Die Störfunktion $z(t)$ soll also nach Möglichkeit ohne Einfluß auf $y(t)$ bleiben, oder, da dies meistens nicht zu erreichen ist, es soll dieser Einfluß so schnell und so gut wie möglich mit Hilfe des Reglers wieder beseitigt werden.

Zur quantitativen Beschreibung des Regelsystems ist es erforderlich, den Zusammenhang zwischen einer beliebigen Störfunktion z(t) und der dadurch hervorgerufenen Änderung der geregelten Größe y(t) zu formulieren. Man kann unter diesem Aspekt den gesamten Regelkreis als Übertragungssystem mit dem Eingang z(t) und dem Ausgang y(t) betrachten. Da die Komponenten des Regelkreises lineare Systeme sind, ist auch der gesamte Regelkreis ein lineares System und kann daher durch eine FC beschrieben werden. Diese FC ist leicht aus den Frequenzcharakteristiken der Teilsysteme zu berechnen. Aus Bild 11 liest man ab:

$$Y(\omega) = F_S(\omega) \left\{ Z(\omega) + X_R(\omega) \right\}$$

Dabei ist $X_R(\omega)$ das Signal, das den Regler verläßt und zu $Z(\omega)$ als Korrektursignal addiert wird. Drückt man $X_R(\omega)$ durch $Y(\omega)$ und die zwischengeschalteten Systeme aus, so folgt

$$Y(\omega) = F_S(\omega) \ Z(\omega) + F_R(\omega) \left\{ x_0 - H(\omega) \ Y(\omega) \right\}]$$

oder nach $Y(\omega)$ aufgelöst:

$$Y(\omega) = \frac{F_S(\omega)}{1 + F_S(\omega) \ F_R(\omega) \ H(\omega)} \ Z(\omega) +$$

$$+ \frac{F_S(\omega) \ F_R(\omega)}{1 + F_S(\omega) \ F_R(\omega) \ H(\omega)} \ x_0 \tag{2.1}$$

Man erkennt an dieser Formel, daß sich $Y(\omega)$ aus zwei Anteilen zusammensetzt. Der zweite Term gibt den durch x_0 bestimmten Gleichgewichtswert von $Y(\omega)$ für $\omega = 0$ an, der sich einstellt, wenn $Z(\omega) = 0$ ist. Wenn x_0 zeitlich konstant ist, folgt daraus, daß die Fourier-Transformierte $X_0(\omega)$ für alle Werte ω außer $\omega = 0$ verschwindet. Dann nimmt $Y(\omega)$ den nur für $\omega = 0$ von Null verschiedenen Gleichgewichtswert an. Dieser Wert berechnet sich aus den statischen Verstärkungsfaktoren der einzelnen Übertragungssysteme. Da für den Regelungsvorgang in erster Linie die Abweichungen vom Gleichgewichtszustand interessant sind, kann man den zweiten Term von (2.1) unberücksichtigt lassen, was formal dadurch geschieht, daß $x_0 = 0$ gesetzt wird. Man betrachtet also als Ausgangssignal $Y(\omega)$ nur die Abweichung vom Gleichgewichtswert.

Der erste Term von (2.1) gibt den Zusammenhang zwischen der Störung und der Abweichung vom Gleichgewichtswert in der Form

$$Y(\omega) = G_{fest}(\omega) \ Z(\omega) \tag{2.2}$$

$$G_{fest}(\omega) = \frac{F_S(\omega)}{1 + F_S(\omega) \ F_R(\omega) \ H(\omega)} \tag{2.3}$$

an. $G_{fest}(\omega)$ ist also die FC des Regelkreises.

An dieser Formel erkennt man, daß die Frequenzcharakteristik $H(\omega)$ des Rückführungszweiges nur im Produkt mit $F_R(\omega)$ vorkommt. Daher ist es für die weiteren

Betrachtungen einfacher, $H(\omega) = 1$ zu setzen, bzw. die FC der Rückführung in diejenige des Reglers aufzunehmen. Das Übertragungssystem im Rückführungszweig wird auch als **R ü c k w ä r t s r e g l e r** bezeichnet. Es hat im einfachen Regelkreis nur geringe praktische Bedeutung. Lediglich sein statischer Verstärkungsfaktor ist, wie in Abschn. 2.4 erläutert wird, von Interesse. Bei mehrfach geregelten Systemen kommt dem Rückwärtsregler größere Bedeutung zu (s. Abschn. 5.3 und 5.4).

Um den Nutzen des Regelkreises für die Unterdrückung von Störungen beurteilen zu können, muß man $G_{fest}(\omega)$ mit der Frequenzcharakteristik $F_S(\omega)$ des zu regelnden Systems vergleichen. Würde nämlich kein Regelkreis existieren oder der Regelkreis „aufgeschnitten" sein, so wäre die Einwirkung von $Z(\omega)$ auf $Y(\omega)$ durch

$$Y(\omega) = F_S(\omega)\, Z(\omega) \tag{2.4}$$

gegeben.

Offensichtlich ist die Regelwirkung um so besser, je kleiner der Betrag von $G_{fest}(\omega)$ ist, und man erkennt beim Vergleich von (2.3) und (2.4), daß der Betrag von $G_{fest}(\omega)$ im allgemeinen wesentlich kleiner als der von $F_S(\omega)$ ist, vor allem dann, wenn $F_R(\omega)$ einen großen Betrag hat, wenn also die Verstärkung im Regler groß ist. Eine Ausnahme gibt es, wenn $F_S(\omega)\, F_R(\omega) \approx -1$ ist, weil $G_{fest}(\omega)$ dann unendlich wird. Vor einer genaueren Erörterung der Formeln (2.2), (2.3) soll aber zunächst die Folgeregelung besprochen werden.

Das Blockschaltbild einer Folgeregelung ist in Bild 12 dargestellt. Hier wird im Gegensatz zur Festwertregelung angenommen, daß der Sollwert x eine mit der Zeit ver-

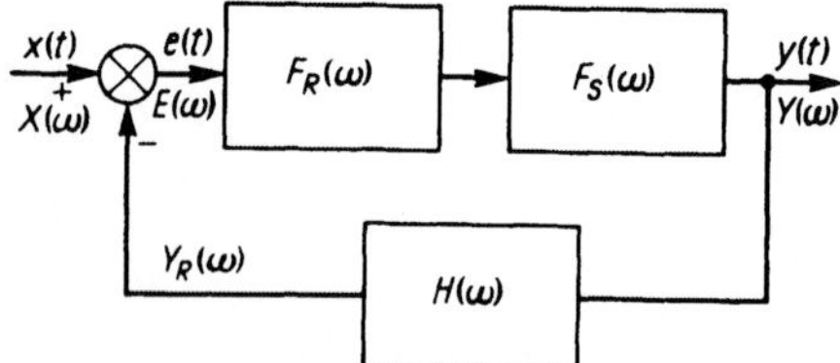

Bild 12
Folgeregelung.
Abweichungen der Folgegröße y(t) vom Verlauf der Führungsgröße x(t) werden als Regelfehler e(t) ermittelt und zur Korrektur der Folgegröße benutzt

änderliche Funktion x(t) ist. x(t) kann als Eingangssignal aufgefaßt werden. Die Störungen z(t), die selbstverständlich auf einen Folgeregelkreis in der gleichen Weise einwirken wie auf einen Festwertregelkreis, sollen hier der Einfachheit halber unberücksichtigt bleiben. Sie können bei Bedarf in der gleichen Weise wie beim Festwertregelkreis berücksichtigt werden.

Das Eingangssignal x(t) kann wie jede Zeitfunktion auch durch die Fourier-Transformierte $X(\omega)$ gekennzeichnet werden. Die zeitliche Änderung des Sollwertes bewirkt offensichtlich eine entsprechende Änderung des geregelten Wertes, so daß x(t) und y(t) wiederum als Eingang bzw. Ausgang eines linearen Übertragungssystems aufgefaßt werden können. Entsprechend dieser Auffassung spricht man auch von der **F ü h r u n g s g r ö ß e** x(t) und der **F o l g e g r ö ß e** y(t).

Ein t e c h n i s c h e s B e i s p i e l für die Folgeregelung ist leicht in Abwandlung des Thermostaten (Bild 9) zu geben, wenn man sich als temperierten Raum einen Reaktionskessel für eine chemische Reaktion vorstellt. Soll dieser Kessel eine bestimmte zeitliche Temperaturkurve durchlaufen, so kann man als Führungsgröße bequem einen entsprechenden zeitlichen Spannungsverlauf x(t) erzeugen und muß den Regler so auslegen, daß die Temperatur als Ausgangsgröße der vorgegebenen Kurve möglichst gut folgt.

Als einfaches b i o l o g i s c h e s B e i s p i e l für die Folgeregelung können Blickfolgebewegungen gelten. Die Führungsgröße ist ein bewegtes Objekt und die geregelte Größe die Blickrichtung, die möglichst genau auf das Objekt gerichtet sein soll. Auch manuelle Nachführbewegungen können in der gleichen Weise interpretiert werden.[1]

Für das Verständnis der biologischen Vorgänge wesentlich wichtiger als vereinzelte Beispiele von biologischen Folgeregelungen scheint jedoch die Verknüpfung der Adaptation mit der Folgeregelung zu sein. Bereits bei der Besprechung des Pupillenreflexes wurde angedeutet, daß der Sollwert für die Netzhautbeleuchtungsstärke infolge der Adaptation sich verändert. Hier scheint ein sehr allgemeines Prinzip der Organisation biologischer Systeme deutlich zu werden. Zwar sind die biologischen Regelkreise, wie schon mehrfach bemerkt, in vielfältiger Weise ineinander vernetzt, es lassen sich jedoch deutlich drei hierarchische Stufen erkennen [6]. Die unterste Stufe bilden die Festwertregelungen, die die Aufgaben der Homöostase erfüllen. Auf der nächsten Stufe werden die Sollwerte ermittelt, die für den Organismus in einer gegebenen Situation optimal sind. Diese Stufe ist also für Adaptationsvorgänge verantwortlich, indem sie die Sollwerte geeignet variiert und damit Folgeregelungen auslöst. Auf der dritten und höchsten Stufe der Hierarchie werden schließlich die Kriterien festgesetzt, nach denen die Sollwerte in der zweiten Stufe optimiert werden.

Die FC eines Folgeregelkreises kann in ähnlicher Weise aus den Frequenzcharakteristiken der Komponenten berechnet werden, wie dies beim Festwertregelkreis geschehen ist. Aus Bild 12 liest man ab:

$$Y(\omega) = F_S(\omega) \, F_R(\omega) \, \{ X(\omega) - H(\omega) \, Y(\omega) \}$$

oder bei Auflösung nach Y(ω):

$$Y(\omega) = G_{folge}(\omega) \, X(\omega) \tag{2.5}$$

$$G_{folge}(\omega) = \frac{F_R(\omega) \, F_S(\omega)}{1 + F_R(\omega) \, F_S(\omega) \, H(\omega)} \tag{2.6}$$

---

[1] Das Problem der Nachführbewegungen hat sogar eine wichtige Rolle bei der Entstehung der Kybernetik als Wissenschaft gespielt. Norbert W i e n e r [5] und seine Mitarbeiter bemerkten nämlich Analogien zwischen dem Ablauf solcher Bewegungen und dem Prozeßablauf bei Zielverfolgungsgeräten, die mit Hilfe von Radar automatisch, d. h. über ein Folgeregelungssystem, betätigt wurden. Hieraus entstanden einige der fruchtbarsten Ideen zur quantitativen Behandlung biologischer Regelungssysteme.

Die FC des Folgeregelkreises unterscheidet sich, wie man sieht, von derjenigen des Festwertregelkreises nur dadurch, daß im Zähler zusätzlich die Frequenzcharakteristik $F_R(\omega)$ des Reglers auftritt.

Auch beim Folgeregelkreis ist es nützlich, seine Übertragungsfunktion mit derjenigen des aufgeschnittenen Kreises, der durch

$$Y(\omega) = F_R(\omega)\, F_S(\omega)\, X(\omega) \tag{2.7}$$

beschrieben wird, zu vergleichen. Offensichtlich gilt dabei das gleiche, was im Anschluß an (2.4) ausgeführt wurde.

Auch im Folgeregelkreis kann man die FC des Rückführungszweiges formal gleich Eins setzen, wenn man die FC des Reglers geeignet modifiziert. Setzt man nämlich für die modifizierte FC des Reglers

$$\widetilde{F}_R(\omega) = \frac{F_R(\omega)}{1 + F_R(\omega)\, F_S(\omega)\, \{H(\omega) - 1\}} \tag{2.8}$$

ein, so erhält man als FC des Regelkreises (mit $H(\omega) = 1$)

$$G_{folge}(\omega) = \frac{\widetilde{F}_R(\omega)\, F_S(\omega)}{1 + \widetilde{F}_R(\omega)\, F_S(\omega)} = \frac{F_R(\omega)\, F_S(\omega)}{1 + F_R(\omega)\, F_S(\omega)\, H(\omega)}$$

d. h. man gewinnt die FC (2.6) mit $H(\omega)$ als FC des Rückführungszweiges zurück. Die modifizierte FC des Reglers ist aber in diesem Falle komplizierter als im Falle der Festwertregelung und enthält vor allem auch die FC des zu regelnden Systems.

Vom Standpunkt des Ingenieurs aus gesehen, der die FC des Reglers und des Rückführungszweiges innerhalb gewisser Grenzen selbst wählen kann und dessen Aufgabe vor allem in einer möglichst einfachen Realisierung einer bestimmten FC des Reglers besteht, bedeutet dies, daß der Einbau einer speziell gewählten FC in den Rückführungszweig u. U. günstiger als die Wahl $H(\omega) = 1$ ist.

Der Biologe, der in erster Linie vorgegebene Systeme analysieren will, hat normalerweise wenigstens bei einfachen Regelkreisen keine Möglichkeiten, das System zu verändern. Auch für ihn ist es jedoch nützlich, diesen Zusammenhang zu kennen. Bei mehrfach geregelten Systemen zeichnen sich, wie in Abschn. 5 näher ausgeführt wird, Möglichkeiten zur gezielten Beeinflussung der Regelungsvorgänge ab, die eine große praktische Bedeutung erlangen können und die u. a. gerade den Rückführungszweig betreffen.

Bis auf weiteres wird vorausgesetzt, daß $H(\omega) = 1$ ist, da dies wegen der durch (2.8) ausgedrückten Möglichkeit keine Einschränkung bedeutet.

In den folgenden Abschnitten soll genauer erörtert werden, in welcher Weise die Frequenzcharakteristiken der einzelnen Komponenten eines Regelkreises seine Wirksamkeit beeinflussen. Insbesondere werden verschiedene einfache Modelle des Reglers besprochen werden. Der Erfolg der Regelung wird letztlich am verbleibenden Regelfehler, also der Differenz zwischen tatsächlichem Wert (Istwert) und Sollwert gemessen, so daß die Diskussion des Regelfehlers eine wichtige Rolle spielen wird.

Übungsaufgabe 11. a) Man gebe die FC des in Bild 68a im Anhang Seite 156 abgebildeten Systems mit zwei Rückführungsschleifen an.
b) Man bestimme $R(\omega)$ im abgebildeten Regelkreis so, daß die FC des in Bild 68b dargestellten Regelkreises mit der FC des Systems von Übungsaufgabe 11a) übereinstimmt.

2.3. Modellbeschreibung auf der Basis der Impulsreaktion; die Ordnung des Systems

Die Reaktion eines Regelkreises auf Störungen bzw. Veränderungen des Sollwertes wird bei biologischen Systemen in der Regel experimentell ermittelt. Zur modellmäßigen Beschreibung ist es dann notwendig, die experimentell ermittelten Kurven durch geeignete mathematische Funktionen zu approximieren. Nun gibt es grundsätzlich viele Möglichkeiten, solche Approximation durchzuführen, z. B. durch verschiedene Polynome oder durch trigonometrische Funktionen. Geht man etwa von dem konkreten Fall aus, daß die Reaktion eines Folgeregelkreises auf eine Deltafunktion als Eingangsfunktion beobachtet ist, so besteht die Aufgabe, diese Kurve in geeigneter Weise zu beschreiben. Die Funktionen, die als mögliche Impulsreaktionsfunktionen in Frage kommen, unterliegen entsprechend den Erörterungen von Abschn. 1.2 keinen wesentlichen Einschränkungen. Es ist aber vorteilhaft, bei der Auswahl passender Funktionen gleich an eine modellmäßige Beschreibung des Regelkreises bzw. seiner Komponenten zu denken.

Eine m o d e l l m ä ß i g e B e s c h r e i b u n g biologischer Systeme soll sich so weit wie möglich auf die tatsächlich ablaufenden physikalischen und chemischen Prozesse stützen. Wo diese noch nicht genügend geklärt sind, können oft Analogien zu einfachen mechanischen oder elektrischen Systemen zu einer phänomenologischen Beschreibung herangezogen werden.

Sofern ein System ein Gedächtnis hat, findet innerhalb des Systems eine Signalspeicherung statt. Diesen Vorgang kann man sich an dem hydromechanischen Modell, das in Bild 38 dargestellt ist und später noch genauer besprochen wird, veranschaulichen. Einem δ-Impuls als Eingangssignal entspricht es in diesem Modell, daß plötzlich (innerhalb sehr kurzer Zeit) eine Volumeneinheit der Flüssigkeit in das vorher leere Gefäß eingebracht wird. Der Ausfluß der Flüssigkeit (Ausgangssignal) erfolgt allmählich, die Flüssigkeit (das Signal) wird während des Ausflußprozesses im Gefäß gespeichert. Die Volumenmenge, die pro Zeiteinheit aus dem Gefäß ausfließt, wird als Funktion der Zeit durch eine Exponentialfunktion $e^{-\alpha t}$ beschrieben und stellt die Impulsreaktion des Systems dar.

Mathematisch läßt sich der Prozeß der Signalspeicherung in der Form einer linearen Differentialgleichung beschreiben[1]). Die Lösung einer solchen Gleichung gibt

---

[1]) A n m e r k u n g. Die Theorie der linearen Differentialgleichungen wird in diesem Buch nicht behandelt und ihre Kenntnis wird nicht vorausgesetzt. Trotzdem ist für jemanden, der sich eingehender mit Regelungsvorgängen beschäftigen will, die Kenntnis der Theorie der linearen Differentialgleichungen unerläßlich. Es gibt darüber zahlreiche gute Bücher.

analog zum obigen Beispiel die Impulsreaktion des Systems an und läßt sich als Linearkombination von Funktionen der Gestalt

$$e^{-\alpha t} \quad \text{und} \quad e^{-\beta t} \sin(\gamma t + \varphi)$$

ausdrücken. Man kann also schreiben

$$h(t) = \sum_j A_j \, e^{-\alpha_j t} + \sum_k B_k \, e^{-\beta_k t} \sin(\gamma_k \, t + \varphi_k) \tag{2.9}$$

Hierin sind A_j, α_j, B_k, β_k, γ_k, φ_k eine endliche Anzahl reeller Konstanten.
Die Fuktion $e^{-\alpha_j t}$ beschreibt ein exponentielles Abklingen des Signals, die Funktion $e^{-\beta_k t} \sin(\gamma_k t + \varphi_k)$ beschreibt eine Sinusschwingung, deren Amplitude $e^{-\beta_k t}$ mit der Zeit exponentiell abklingt.
Mit Hilfe der Eulerschen Formeln lassen sich die Sinusfunktionen als Exponential-funktionen mit komplexem Exponenten schreiben:

$$B_k \, e^{-\beta_k t} \sin(\gamma_k \, t + \varphi_k)$$

$$= - \frac{i \, B_k}{2} \, e^{i\varphi_k} \, e^{(-\beta_k + i\gamma_k)t} + \frac{i \, B_k}{2} \, e^{-i\varphi_k} \, e^{(-\beta_k - i\gamma_k)t} \tag{2.10}$$

Daher kann man (2.9) auch in der Form

$$h(t) = \sum_{j=1}^{m} C_j \, e^{-a_j t}, \quad t > 0 \tag{2.11}$$

schreiben. Hier können die a_j komplexe Zahlen der Form

$$a_j = -\beta_k + i \, \gamma_k \tag{2.12}$$

sein, und auch die Koeffizienten C_j können komplex sein:

$$C_j = - \frac{i}{2} \, e^{i\varphi_k} \, B_k \tag{2.13}$$

Man sieht aber aus (2.10), daß dann aus jeder Sinusfunktion zwei Exponentialfunktionen entstehen und daß zu jedem Glied mit einem Exponenten a_j nach (2.12) auch ein Glied mit dem konjugiert-komplexen Exponenten

$$a_{j+1} = a_j^* = -\beta_k - i \, \gamma_k \tag{2.14}$$

auftritt, das dann den Koeffizienten

$$C_{j+1} = C_j^* = \frac{i}{2} \, e^{-i\varphi_k} \, B_k \tag{2.15}$$

hat.

Will man also die experimentell ermittelte Impulsreaktion eines linearen Übertragungssystems durch mathematische Funktionen beschreiben, so ist es ratsam, eine Darstellung der Form (2.9) bzw. (2.11) anzustreben (s. Übungsaufgabe 2). Man kann aus dieser Darstellung dann verhältnismäßig leicht eine modellmäßige Beschreibung des Systems gewinnen. Denkt man beispielsweise an eine Realisierung des Modells mit elektronischen Schaltelementen, so brauchen nur solche Schaltungen herangezogen zu werden, die aus diskreten linearen Bauteilen (Kapazitäten, Induktivitäten, Widerständen, linearen Verstärkern) aufgebaut sind. Insbesondere brauchen keine Laufzeiteffekte, Wanderwellen, Kabelübertragungen usw. in Betracht gezogen zu werden. Einige wichtige Ausnahmen, also lineare Systeme, die sich nicht auf diese Weise interpretieren lassen, werden später besprochen (s. Abschn. 3.6).

Die Zahl der Glieder in (2.11), die zur Darstellung der Impulsreaktion benötigt werden, d. h. die Zahl m nennt man die O r d n u n g des Übertragungssystems (bzw. der zugehörigen Differential-, Integral- oder Integrodifferentialgleichung).

Die Ordnung eines Übertragungssystems bezeichnet zugleich ein Konstruktionsmerkmal des zugehörigen Modells. Sie gibt nämlich die Zahl der im Modell benötigten Signalspeicherelemente an.

Die einfachsten Systeme gemäß dieser Einteilung sollen im folgenden besprochen werden. Dabei beginnt man zweckmäßigerweise bei den Systemen „nullter" Ordnung. Bei ihnen tritt gemäß der Definition in (2.11) keine Exponentialfunktion auf. Es findet also auch keine Signalspeicherung statt. Die Reaktion auf eine δ-Funktion ist dann wieder eine δ-Funktion, lediglich die Höhe des Impulses kann sich infolge einer Verstärkung geändert haben.

Es folgen dann die Systeme 1. und 2. Ordnung, bei denen in (2.11) eine bzw. zwei Exponentialfunktionen erforderlich sind.

Übungsaufgabe 12. Welche Ordnung hat ein Übertragungssystem mit der Impulsreaktion

$$h(t) = a \, e^{-\beta_1 t} \sin \omega_0 t + b \, e^{-\beta_2 t} \cos \omega_0 t$$

a) im Falle $\beta_1 = \beta_2$, b) im Falle $\beta_1 \neq \beta_2$?

2.4. Regelkreise nullter Ordnung

Bei einem System nullter Ordnung besteht zwischen Eingangs- und Ausgangsfunktion der Zusammenhang

$$y(t) = V \, x(t), \quad V = \text{const}$$

Es handelt sich also um ein bereits in Abschn. 1.1 erwähntes System ohne Gedächtnis, das nur durch die Verstärkung V gekennzeichnet ist. In Bild 13 ist ein Folgeregelkreis dargestellt, bei dem Regler und geregeltes System in einem System nullter Ordnung mit der Verstärkung V_1 zusammengefaßt sind. Im Rückführungszweig möge zusätzlich ein System nullter Ordnung mit der Verstärkung V_2 vorhanden sein. Der Zusammenhang zwischen x(t) und y(t) im geschlossenen Regelkreis ist in diesem ein·

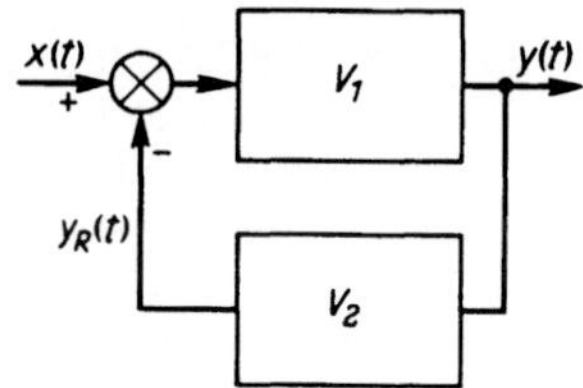

Bild 13
Folgeregelkreis nullter Ordnung.
Die Verstärkungen V_1, V_2 der Übertragungssysteme im direkten bzw. Rückmeldungszweig hängen nicht von der Frequenz der übertragenen Signale ab

fachen Fall leicht im Bereich der Zeitfunktionen darzustellen. Es gilt, wie man unmittelbar aus der Figur abliest,

$$y(t) = V_1 \left\{ x(t) - V_2\, y(t) \right\}$$

woraus $$y(t) = \frac{V_1}{1 + V_1 V_2}\, x(t) \tag{2.16}$$

folgt. Beim aufgeschnittenen Regelkreis gilt demgegenüber

$$y(t) = V_1\, x(t) \tag{2.17}$$

Die Gesamtverstärkung V im geschlossenen Kreis ist

$$V = \frac{V_1}{1 + V_1 V_2} \tag{2.18}$$

Dies stimmt mit (2.6) überein, da V nicht von der Zeit abhängt und daher in diesem speziellen Fall (2.5) unmittelbar die Fourier-Transformierte von (2.16) ist.

Wie in Abschn. 1.2.1 bereits erörtert wurde, können die Verstärkungsfaktoren V_1, V_2 mit physikalischen Dimensionen behaftet sein. In solchen Fällen hat die Ausgangsfunktion y(t) eine andere Dimension als der Sollwert x(t), und die beiden Funktionen können nicht unmittelbar miteinander verglichen werden. Als I s t - w e r t bezeichnet man daher die mit x(t) dimensionsgleiche Größe $y_R(t)$, die aus y(t) durch einen geeigneten Meßprozeß gewonnen wird. Es würde die Darstellung verwirren, wenn die physikalischen Dimensionen im folgenden stets explizit berücksichtigt würden. Daher sollen entsprechend der in Abschn. 1.2.1 angeführten Weise nur dimensionslose Signalfunktionen und Verstärkungsfaktoren verwendet werden.

Wenn für die Verstärkung im Rückführungszweig gilt

$$V_2 \geqslant 1$$

ist V immer kleiner als eins, wie man aus (2.18) abliest. Gilt dagegen

$$V_2 < 1$$

so kann V jeden beliebigen Verstärkungsgrad erreichen.

Als R e g e l f e h l e r bezeichnet man die Differenz zwischen Sollwert x(t) und Istwert $y_R(t)$:

$$e(t) = x(t) - y_R(t) = \left\{ 1 - \frac{V_1}{1 + V_1 \, V_2} \right\} x(t)$$

$$= \frac{1 + V_1 \, (V_2 - 1)}{1 + V_1 \, V_2} \; x(t) \tag{2.19}$$

Wie man erkennt, ist der Regelfehler im allgemeinen proportional zu x(t), d. h. bei
Veränderungen des Sollwertes wird der Istwert $y_R(t)$ nicht genau auf den Sollwert
eingestellt, sondern weicht um so stärker davon ab, je größer die Sollwertverstellung
ist. Bei spezieller Wahl von V_2 kann allerdings der Regelfehler zu Null gemacht
werden. Es muß dann gelten:

$$V_2 = \frac{V_1 - 1}{V_1}$$

Besondere Bedeutung kommt dem Fall

$$V_2 = 1$$

zu, weil dann der Sollwert unmittelbar mit dem Ausgangswert y(t) verglichen wird.
In diesem Fall ist der Regelfehler

$$e(t) = \frac{1}{1 + V_1} \; x(t) \tag{2.20}$$

er ist also um so kleiner, je größer V_1 ist.

Bereits dieser einfachste Regelkreis, an dem nur Systeme ohne Gedächtnis beteiligt
sind, spielt für Organismen eine große Rolle. Man muß nämlich bedenken, daß die
Verstärkung in biologischen Systemen verhältnismäßig großen Schwankungen unter-
liegt. Man denke beispielsweise an enzymatisch katalysierte chemische Reaktionen,
bei denen im allgemeinen eine starke Abhängigkeit der Reaktionsgeschwindigkeit
von der Enzymkonzentration besteht! Die Verstärkung ist ein Ausdruck für die
Mittelwerte der Zahlen der reagierenden Moleküle. Im Einzelfall können Abweichungen z. B. infolge statistischer Schwankungen entstehen, die um so größer sind, je
kleiner die Zahl der beteiligten Moleküle ist. Die Verstärkung des Systems, nämlich
das Verhältnis zwischen Reaktionsgeschwindigkeit und Enzymkonzentration, ist
also besonders in einzelnen Zellen oder Zellorganellen eine verhältnismäßig stark
schwankende Größe.

Ein Regelkreis der in Bild 13 dargestellten Art stabilisiert die Gesamtverstärkung
eines Systems gegen Schwankungen des Verstärkungsgrades V_1 im direkten Zweig,
so daß eine Schwankung von V_1 eine verhältnismäßig geringe Schwankung von V
hervorruft (s. Übungsaufgabe 13). Diese Möglichkeit zur Stabilisierung der Verstärkung eines Systems spielt im Organismus mit Sicherheit eine wesentliche Rolle.
Anders wäre es nicht zu verstehen, daß — in technischer Ausdrucksweise — mit

Bauelementen sehr großer Fertigungstoleranz, wie sie Zellen, Synapsen usw. darstellen, derartig präzise Übertragungssysteme konstruiert werden, wie sie z. B. bei den sensorischen Systemen oder bei der DNS-Replikation beobachtet werden.

Bild 14 zeigt einen Festwertregelkreis nullter Ordnung. Die Beziehung zwischen Störfunktion z(t) und Ausgang y(t) in diesem Kreis ergibt sich gemäß (2.1) zu

$$y(t) = \frac{V_2}{1 + V_1 \, V_2} \, z(t) \tag{2.21}$$

Während die Verstärkung des Störsignals im aufgeschnittenen Kreis V_2 beträgt, ist sie, sofern

$$V_1 \geqslant 1$$

gilt, im geschlossenen Kreis stets kleiner als eins. Durch Vergrößerung von V_1 kann die Verstärkung sogar beliebig klein gemacht werden, d. h. die stabilisierte Größe y(t) ist dann kaum von der Störung abhängig.

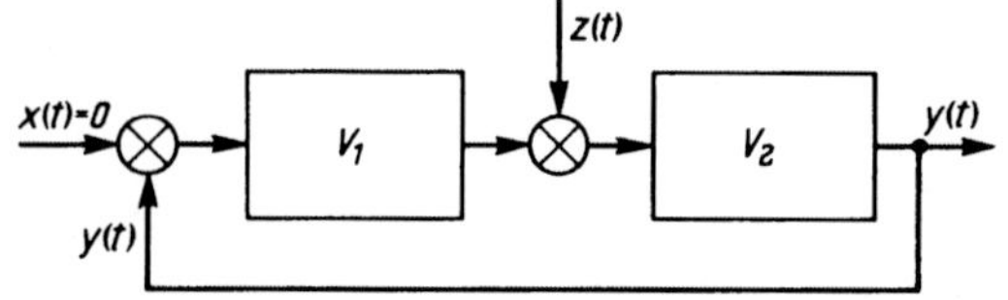

Bild 14
Festwertregelkreis nullter Ordnung

Ein geringer Einfluß der Störung bleibt allerdings bestehen. Dieser restliche Einfluß spielt in älteren Arbeiten zu Problemen der biologischen Homöostase als „Restreiz" eine wichtige, wenn auch zuweilen etwas geheimnisvolle Rolle. Man hatte intuitiv erkannt, daß der Einfluß einer aufgetretenen Störung nur dann durch ein Korrektursignal des Reglers kompensiert werden kann, wenn die Rezeptoren eine Abweichung des Istwertes vom Sollwert melden. Also kann der Regelvorgang nach dieser Meinung auch nur so lange in Gang gehalten werden, wie ein Fehlersignal, also der sog. Restreiz, wirksam ist. Soweit hier die stets vorhandene sensorische Schwelle der Rezeptoren angesprochen wird, ist diese Schlußfolgerung sicherlich richtig. Es ist aber, wie später noch gezeigt wird, nicht allgemein zutreffend, daß der Restreiz in einem festen Verhältnis zur Störung stehen und als „treibende Kraft" für den Regelkreis wirken muß.

Übungsaufgabe 13. Man berechne die relative Änderung dV/V der Verstärkung V im Folgeregelkreis von Bild 13, die durch eine Änderung dV_1 der Verstärkung V_1 im Vorwärtszweig ausgelöst wird. Man vergleiche die relativen Änderungen dV_1/V_1 und dV/V miteinander unter Benutzung der Werte V_1 = 1000, V_2 = 0,009.

2.5. Regelkreise erster Ordnung

Bei einem Übertragungssystem erster Ordnung hat die Impulsreaktion gemäß (2.9)
die Gestalt

$$h(t) = A\, e^{-\alpha t}, \qquad \alpha \text{ positiv, reell} \tag{2.22}$$

Es ist leicht zu sehen, daß der Exponent negativ sein muß, weil sonst $h(t)$ im Laufe
der Zeit über alle Grenzen wachsen, sich also immer mehr von der Ruhelage entfernen würde. Da der Exponent aus physikalischen Gründen eine reine Zahl sein muß,
also nicht mit einer physikalischen Dimension behaftet sein darf, muß α die Dimension einer reziproken Zeit haben. Man schreibt daher auch

$$h(t) = A\, e^{-t/\tau} \tag{2.23}$$

wo τ eine Konstante mit der Dimension einer Zeit, die sog. Z e i t k o n s t a n t e
ist. τ gibt an, in welcher Zeit $h(t)$ vom Maximalwert A bei $t = 0$ auf den e-ten
Teil abgefallen ist.

Es sollen jetzt die Eigenschaften eines Folgeregelkreises entsprechend Bild 12 untersucht werden, bei dem das zu regelnde System ein System erster Ordnung ist, der
Regler und die Rückführung jedoch Systeme nullter Ordnung mit $F_R(\omega) = V_1$,
$H(\omega) = V_2$ sind. Da die Verstärkung im direkten Zweig des Regelkreises in Form
von V_1 berücksichtigt ist, empfiehlt es sich zur Vermeidung unnötig vieler Konstanten, die Verstärkung des zu regelnden Systems auf eins zu normieren. Dazu setzt
man fest, daß

$$\int_0^\infty h(t)\, dt = 1 \tag{2.24}$$

gilt, was der Normierung des δ-Impulses

$$\int \delta(t)\, dt = 1$$

entspricht. Zum Verständnis der Bedingung (2.24) muß man sich daran erinnern,
daß in einem System erster Ordnung nach den Ausführungen in Abschn. 2.3 eine
Signalspeicherung stattfindet. Ändert sich die physikalische Größe, die Träger des
Signals ist (Substanzmenge, Energie usw.) beim Durchlaufen des Systems nicht und
bleibt auch deren Gesamtmenge gleich, so ist die statische Verstärkung des Systems
gleich Eins. (2.24) sagt aus, daß die gleiche Signalquantität, die durch den δ-Impuls
in das System eingeflossen ist, es auch wieder verläßt, wenn auch in anderer zeitlicher Verteilung. Man findet aus der Bedingung (2.24)

$$A = \frac{1}{\tau}$$

Die FC des Systems erster Ordnung erhält man durch Fourier-Transformation von
$h(t)$; sie lautet (s. Übungsaufgabe 7c):

$$F(\omega) = \frac{1}{1 + i\,\omega\,\tau} \qquad\qquad (2.25)$$

Daraus ergibt sich nach (2.6) die FC des geschlossenen Regelkreises zu

$$G(\omega) = \frac{\dfrac{V_1}{1 + i\,\omega\,\tau}}{1 + \dfrac{V_1\,V_2}{1 + i\,\omega\,\tau}} = \frac{\dfrac{V_1}{1 + V_1\,V_2}}{1 + \dfrac{i\,\omega\,\tau}{1 + V_1\,V_2}}$$

Setzt man

$$\frac{V_1}{1 + V_1\,V_2} = V, \qquad \frac{\tau}{1 + V_1\,V_2} = \tau' \qquad\qquad (2.26)$$

so kann man schreiben

$$G(\omega) = \frac{V}{1 + i\,\omega\,\tau'} \qquad\qquad (2.27)$$

Diese FC hat die gleiche Form wie die FC des aufgeschnittenen Regelkreises:

$$V_1\,F(\omega) = \frac{V_1}{1 + i\,\omega\,\tau}$$

jedoch mit dem Unterschied, daß die Verstärkung und die Zeitkonstante gemäß (2.26) durch den Faktor $(1 + V_1\,V_2)$ dividiert sind.

Die Verstärkung wird durch das Schließen des Regelkreises offensichtlich in der gleichen Weise beeinflußt wie beim System nullter Ordnung gemäß (2.18), so daß die dortige Diskussion auch unmittelbar auf dieses System übertragen werden kann. Die Zeitkonstante τ' des geschlossenen Regelkreises ist gemäß (2.26) kleiner als die des offenen Kreises, d. h. des direkten Übertragungssystems. Die Verkleinerung der Zeitkonstanten ist genau wie die der Verstärkung durch den Faktor

$$\frac{1}{1 + V_1\,V_2}$$

mithin von der Verstärkung

$$V_c = V_1\,V_2 \qquad\qquad (2.28)$$

bestimmt, die ein Signal bei einmaligem Durchlaufen des gesamten Regelkreises erfährt. V_c (c weist auf den durchlaufenen Zyklus hin) ist eine reine Zahl da ein Signal, das den gesamten Regelkreis durchlaufen hat, wieder die gleiche physikalische Dimension haben muß wie zu Beginn des Umlaufes. Wenn V_c von der Größenordnung eins oder größer ist, entsteht durch das Schließen des Regelkreises eine bemerkenswerte Verkleinerung der Zeitkonstanten. Dies ist für technische Systeme in der Regel erwünscht, denn es bedeutet eine größere Genauigkeit bei der Übertragung zeitlich veränderlicher Signale von der Führungsgröße x(t) auf die Folgegröße y(t). Man darf allerdings nicht vergessen, daß der Gewinn an zeitlicher Auflösung durch Verkleinerung der Zeitkonstanten nur auf Kosten einer geringeren Verstärkung V möglich ist. Der Quotient

$$\frac{\tau}{V_1} = \frac{\tau'}{V} \tag{2.29}$$

ist unabhängig von den Veränderungen, die beim Schließen des Rückführungszweiges entstehen.

Beispiel. Es ist nützlich, sich diesen Zusammenhang z. B. an Hand der Reaktion des Systemausganges auf eine Stufenfunktion am Eingang zu verdeutlichen. Nach (1.9b) ist die Stufenreaktion als Integral der Impulsreaktion zu berechnen. Da nach (2.23), (2.24)

$$h_{offen}(t) = V_1 \frac{1}{\tau} e^{-t/\tau}$$

die Impulsreaktion des offenen Kreises ist, folgt für die Stufenreaktion

$$u_{offen}(t) = V_1 \int_0^t \frac{1}{\tau} e^{-t'/\tau} \, dt'$$

$$u_{offen}(t) = V_1 \{ 1 - e^{-t/\tau} \} \tag{2.30}$$

Dagegen ist unter Berücksichtigung von (2.26), (2.27) für den geschlossenen Regelkreis

$$h_{geschl}(t) = V \frac{1}{\tau'} e^{-t/\tau'}$$

und $\quad u_{geschl}(t) = V \{ 1 - e^{-t/\tau'} \}$ $\hspace{3cm}$ (2.31)

In Bild 15 ist für $V_1 = 1$, $\tau = 1$ die Funktion $u_{offen}(t)$ sowie für $V_2 = 1$, d. h.

$$V = 0,5 \, V_1, \qquad \tau' = 0,5 \, \tau$$

die Funktion $u_{geschl}(t)$ dargestellt. Wie man sieht, nähert sich $u_{geschl}(t)$ ihrem Endwert 0,5 schneller als $u_{offen}(t)$ ihrem Endwert 1. Trotz der kleinen Zeitkonstanten steigt $u_{geschl}(t)$ nicht schneller an als $u_{offen}(t)$. Vielmehr beginnen infolge der gleichzeitig geänderten Verstärkung beide Kurven ihren Anstieg mit der gleichen Steigung.

Man erkennt, daß mit Hilfe einer Rückführung sowohl die Verstärkung als auch die Zeitkonstante eines Übertragungssystems in weiten Grenzen verändert werden kann. Typisch für das System bleibt dabei aber der Quotient (2.29).

Bei der Analyse biologischer Systeme ist man sich häufig zunächst nicht klar, über welche Mechanismen bestimmte Prozesse ablaufen. In solchen Fällen ist es üblich,

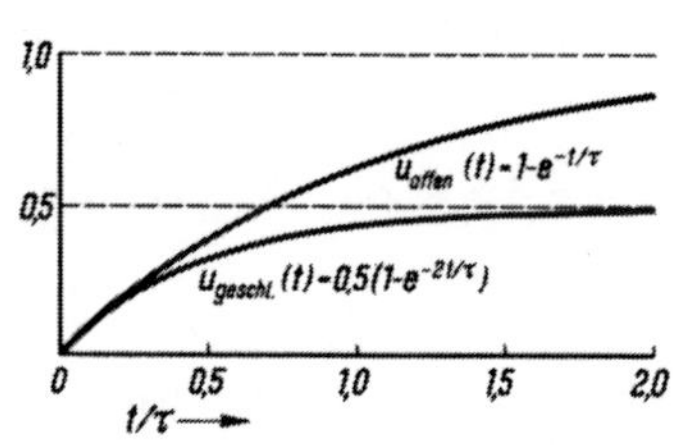

Bild 15
Reaktion eines Folgeregelkreises auf eine Stufenfunktion.
$u_{offen}(t)$ Stufenreaktion eines Regelkreises erster Ordnung mit aufgeschnittener Rückführungsleitung; $u_{geschl}(t)$ Stufenreaktion des gleichen Regelkreises mit geschlossener Rückführungsleitung. Die Rückführung besteht aus einem System nullter Ordnung. Der Verkleinerung der Zeitkonstanten τ' des geschlossenen Kreises entspricht eine Verkleinerung der statischen Verstärkung

die Zeitkonstanten möglicher Mechanismen (chemische Reaktionen, Diffusion usw.) mit der beobachteten Zeitkonstanten des Prozesses zu vergleichen. Man leitet daraus eine Bestätigung bzw. eine Widerlegung bestimmter Hypothesen ab. Aus der vorhergehenden Diskussion ergibt sich, daß man dabei bestehende Regelkreise sorgfältig beachten muß. Wenn man die Rückkopplungsmechanismen nicht quantitativ kennt, ist bei der Beurteilung von Zeitkonstanten große Vorsicht geboten! Man sollte dann lieber versuchen, den Quotienten aus Verstärkung und Zeitkonstante zur Beurteilung heranzuziehen.

Entsprechend (1.15) läßt sich die FC in der Form des Bode-Diagramms darstellen, indem man Betrag und Phase der FC als Funktion der Frequenz aufträgt. Die FC eines Regelkreises erster Ordnung ist durch (2.27) gegeben, daher findet man für den Betrag

$$|G(\omega)| = \sqrt{G(\omega)\, G^*(\omega)} = M(\omega) = \frac{V}{\sqrt{1 + \omega^2\, \tau'^2}} \tag{2.32}$$

und für die Phase

$$\tan \Phi(\omega) = + \frac{\text{Imaginärteil}\ \{G(\omega)\}}{\text{Realteil}\ \{G(\omega)\}} = -\omega\, \tau'$$

$$\Phi(\omega) = -\arctan \omega\, \tau' \tag{2.33}$$

$M(\omega)$ wird als d y n a m i s c h e   V e r s t ä r k u n g bezeichnet. Sie geht für $\omega \to 0$ in die bisher betrachtete statische Verstärkung über. $M(\omega)$ und $\Phi(\omega)$ sind in Bild 16 als Bode-Diagramm dargestellt.

Bei nicht zu großen Anforderungen an die Genauigkeit kann man die Funktionen $M(\omega)$ und $\Phi(\omega)$ durch die gestrichelt eingezeichneten Linien approximieren. Wie man sieht, tritt dann die Bedeutung der Frequenz $\omega_0 = 1/\tau$, der sog. „Eckfrequenz", besonders deutlich hervor. Die dynamische Verstärkung ist für kleine Frequenzen $\omega < \omega_0$ konstant und fällt für große Frequenzen $\omega > \omega_0$ bei dem gewählten logarithmischen Maßstab linear ab, d. h. es ist nach der Definition (1.14)

$$[M(\omega)] = 20\, \lg M(\omega) \simeq 20\, \lg V \qquad \text{für } \omega \ll \omega_0$$

$$[M(\omega)] = 20\, \lg M(\omega) \simeq 20\, \lg V - 20\, \lg \omega\, \tau \ \text{für } \omega \gg \omega_0 \tag{2.34}$$

Der Abfall der dynamischen Verstärkung bei großen Frequenzen beträgt, wie bereits bei (1.14) erwähnt, 6,02 dB pro Oktave, denn es gilt

$$20 \lg 2 = 6{,}02$$

Die Phase $\Phi(\omega)$ springt in der angenäherten Darstellung an der Exkfrequenz um $-\pi/2$, d. h. bei großen Frequenzen ist eine harmonische Schwingung am Ausgang des Systems gegenüber der Schwingung am Eingang um eine Viertelschwingung verzögert.

Die Darstellung einer experimentell aufgenommenen FC im Bode-Diagramm ist für die Analyse von biologischen Systemen von großer Bedeutung. Sollten sich die experimentellen Daten durch die in Bild 16 gezeigten Kurven approximieren lassen, so ist erwiesen, daß es sich bei dem untersuchten System um ein System erster Ordnung handelt. Den Wert der Zeitkonstanten kann man aus der Eckfrequenz unmittelbar ablesen.

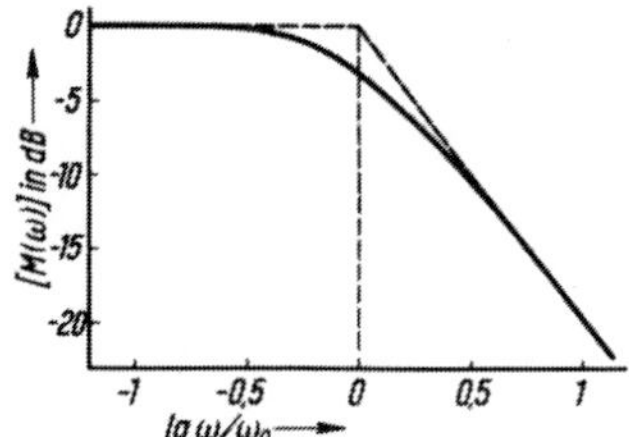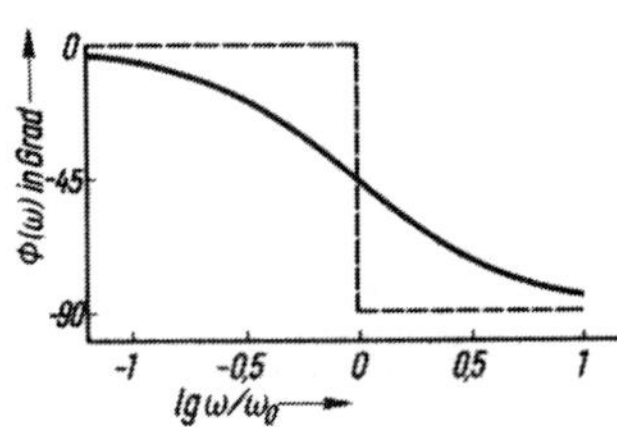

Bild 16   Bode-Diagramm eines Übertragungssystems erster Ordnung.
Zur Darstellung der Frequenzcharakteristik

$$G(\omega) = \frac{1}{1 + i\,\omega\,\tau'}$$

sind der Betrag $[M(\omega)]$ in dB und die Phase $\Phi(\omega)$ gegen $\lg \omega/\omega_0$ mit $\omega_0 = 1/\tau'$ aufgetragen. Die gestrichelt eingetragenen Approximationen sind an der Eckfrequenz $\omega = \omega_0$ orientiert.

Der Regelfehler

$$e(t) = x(t) - y(t)$$

eines Folgeregelkreises erster Ordnung läßt sich für eine Stufenfunktion als Eingangsfunktion leicht mit Hilfe von (2.31) berechnen, denn es ist

$$e_{\text{Stufe}}(t) = 1 - u(t) = 1 - V(1 - e^{-t/\tau'}) \tag{2.35}$$

Dies bedeutet, daß das Ausgangssignal erst mit der Zeitkonstanten τ' der Stufenfunktion folgt. Der a s y m p t o t i s c h e R e g e l f e h l e r, der sich nach langer Zeit einstellt, ist gleich

$$e(\infty) = 1 - V = 1 - \frac{V_1}{1 + V_1\,V_2} = \frac{1 + V_1\,(V_2 - 1)}{1 + V_1\,V_2} \tag{2.36}$$

Man erhält also das gleiche Ergebnis wie beim Regelkreis nullter Ordnung (s. (2.19)). Insbesondere ergibt sich für den wichtigen Fall, daß $V_2 = 1$ ist, daß sich der Regelfehler mit der Zeit vermindert, daß aber immer ein restlicher Regelfehler von

$$e(\infty) = \frac{1}{1 + V_1} \qquad (2.37)$$

bestehen bleibt. Dies ist in Bild 17 veranschaulicht.

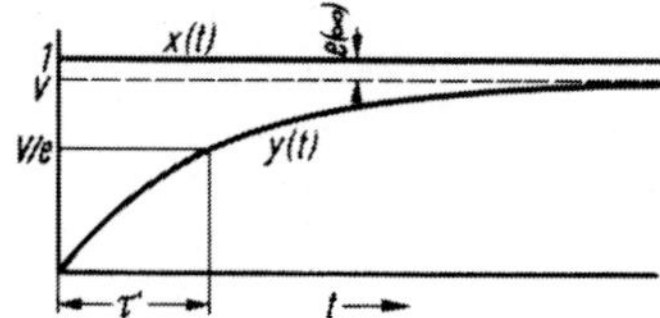

Bild 17
Stufenreaktion eines Systems erster Ordnung
$e(\infty)$ asymptotischer Fehler; V statische Verstärkung;
τ' Zeitkonstante

Die Eigenschaften des Festwertregelkreises können in ähnlicher Weise wie die des Folgeregelkreises untersucht werden (s. Übungsaufgabe 14).

Übungsaufgabe 14. Man berechne die Übertragungsfunktion des in Bild 69, im Anhang Seite 156, abgebildeten Festwertregelkreises für den Übergang von $Z(\omega)$ nach $Y(\omega)$. Man gebe die durch die Rückführung modifizierte Zeitkonstante und Verstärkung an.

2.6. Regelkreise zweiter Ordnung

Ein Übertragungssystem zweiter Ordnung kann gemäß (2.11) durch eine Impulsreaktion

$$h(t) = C_1\, e^{a_1 t} + C_2\, e^{a_2 t} \qquad (2.38)$$

beschrieben werden. Die Exponenten a_1, a_2 können reell oder komplex sein, müssen aber jedenfalls negative Realteile haben, damit $h(t)$ mit wachsender Zeit gegen Null geht, das System also in seinen Ausgangszustand zurückkehrt.

Mit diesem Ansatz kann eine wesentlich größere Mannigfaltigkeit experimenteller Kurven beschrieben werden als mit dem Ansatz erster Ordnung. Nach Bild 18 können drei Typen von Kurven unterschieden werden:

a) Ein Abfall gemäß der Überlagerung von zwei Exponentialfunktionen. In diesem Fall sind die Koeffizienten C_1, C_2 von (2.38) beide positiv und a_1, a_2 reell.

b) Ein Anstieg bis zu einem Maximum und ein anschließender Abfall. Auch in diesem Fall sind a_1, a_2 reell, aber C_1 und C_2 haben entgegengesetztes Vorzeichen. Insbesondere gilt $C_1 = -C_2$, wenn der Anstieg vom Nullpunkt aus erfolgt.

c) Eine gedämpfte Schwingung. a_1, a_2 sowie C_1, C_2 sind in diesem Fall konjugiert komplex (s. (2.14) (2.15)).

Für die Anpassung der Konstanten an eine experimentell gegebene Kurve $h(t)$ gibt es verschiedene graphische Verfahren. Nach einiger Erfahrung wird man mit etwas

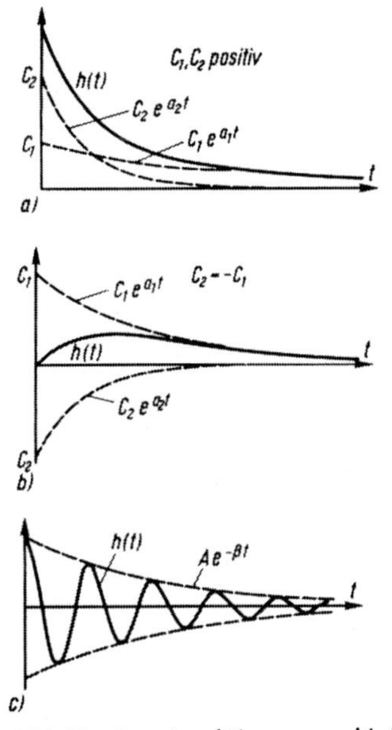

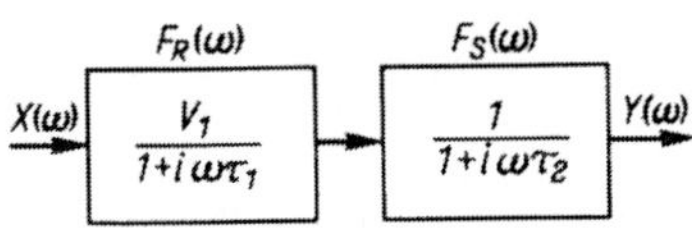

Bild 19   Zur Entstehung eines Systems zweiter Ordnung aus zwei Systemen erster Ordnung durch Reihenschaltung

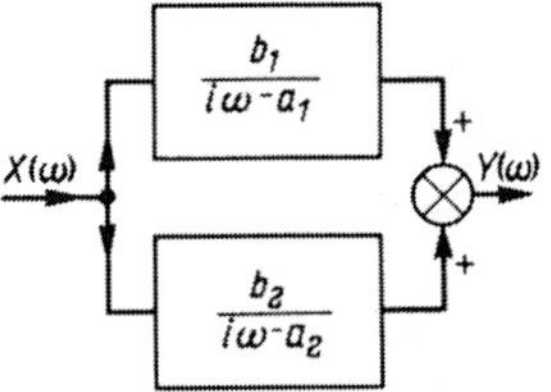

Bild 20   Zur Entstehung eines Systems zweiter Ordnung aus zwei Systemen erster Ordnung durch Parallelschaltung

Bild 18   Impulsreaktionen verschiedener Systeme zweiter Ordnung

Probieren in der Regel zurechtkommen (s. Übungsaufgabe 2). Gelingt die Anpassung mit zwei Exponentialfunktionen nicht befriedigend und ist man deshalb gezwungen, Systeme dritter und höherer Ordnung heranzuziehen, so wird die optimale Bestimmung der Konstanten mühsam, weil die Exponentialfunktionen kein Orthogonalsystem bilden. In solchen Fällen ist der Einsatz eines Computers anzuraten.

Ein Übertragungssystem zweiter Ordnung kann in verschiedener Weise in Teilsysteme gegliedert sein, und die Art der Gliederung hat, wie jetzt näher erörtert werden soll, Einfluß darauf, welcher der drei Typen der Funktion h(t) realisiert ist.

Sei $F(\omega)$ die Übertragungsfunktion des direkten Zweiges eines Regelkreises. Der Rückführungszweig wird also zunächst als aufgeschnitten angesehen. Kann man entsprechend Bild 12 einen Regler und ein geregeltes System unterscheiden, so gilt

$$F(\omega) = F_R(\omega)\, F_S(\omega) \tag{2.39}$$

$F(\omega)$ soll ein System zweiter Ordnung sein, also gemäß (2.38) und (2.25) die Form

$$F(\omega) = C_1\,\frac{1}{i\,\omega - a_1} + C_2\,\frac{1}{i\,\omega - a_2} \tag{2.40}$$

haben. Diese Form kann entstehen, wenn entweder $F_S(\omega)$ ein System zweiter Ordnung und $F_R(\omega)$ ein System nullter Ordnung beschreibt (bzw. umgekehrt) oder wenn $F_S(\omega)$ und $F_R(\omega)$ beide von erster Ordnung sind. Um letzteres zu erkennen, muß man den entsprechend Bild 19 durch (2.39) gegebenen Ausdruck

$$F(\omega) = \frac{V_1}{(1 + i\,\omega\,\tau_1)\,(1 + i\,\omega\,\tau_2)} \qquad (2.41)$$

in die Form

$$F(\omega) = \frac{C_1}{(i\,\omega - a_1)} + \frac{C_2}{(i\,\omega - a_2)} \qquad (2.42)$$

umschreiben. Wie man leicht nachrechnet, ist dies möglich, wenn man

$$a_1 = -\frac{1}{\tau_1}, \qquad a_2 = -\frac{1}{\tau_2}, \qquad C_1 = \frac{V_1}{\tau_1 - \tau_2}, \qquad C_2 = -\frac{V_1}{\tau_1 - \tau_2} \qquad (2.43)$$

wählt.

Diese Anordnung führt, da $C_1 = -C_2$ ist, auf den Fall b von Bild 18. Ein Grenzfall entsteht, wenn $\tau_1 = \tau_2 = \tau$ ist, wenn also die beiden Prozesse erster Ordnung mit der gleichen Zeitkonstanten ablaufen. Dann werden in (2.43) C_1 und C_2 unendlich, so daß ein unbestimmter Ausdruck entsteht. Eine genauere Betrachtung führt dann auf die Impulsreaktion

$$h(t) = \frac{V_1}{\tau^2}\, t\ e^{-t/\tau} \qquad (2.44)$$

mit der zugehörigen FC

$$F(\omega) = \frac{V_1}{(1 + i\,\omega\,\tau)^2} \qquad (2.45)$$

Es handelt sich hierbei um den sog. a p e r i o d i s c h e n   G r e n z f a l l, bei dem, bezogen auf die Lage des Maximums der Kurve h(t), der schnellste exponentielle Abfall erfolgt, der möglich ist, ohne daß die Kurve unter die Nullinie schwingt, also ohne daß sie in den Typ c von Bild 18 übergeht.

Der Fall a von Bild 18 entsteht, wenn sich das System zweiter Ordnung in zwei parallele Zweige erster Ordnung aufteilen läßt, wie dies in Bild 20 angedeutet ist. Die FC hat dann die Gestalt

$$F(\omega) = (b_1 + b_2)\,\frac{i\,\omega - C}{(i\,\omega - a_1)(i\,\omega - a_2)} \qquad (2.46)$$

mit $\qquad C = \dfrac{b_1 a_2 + b_2 a_1}{b_1 + b_2}$

Die Bode-Diagramme zu den Frequenzcharakteristiken von (2.41), (2.45) und (2.46) sind einfach zu ermitteln (s. Übungsaufgabe 15).

Wichtiger und etwas schwieriger ist der Fall c von Bild 18, der dann entsteht, wenn a_1, a_2 in (2.40) komplexe Zahlen sind. In diesem Fall hat die Impulsreaktion die Form

$$h(t) = A\ e^{-\beta t}\ \sin(\gamma\,t + \Psi) \qquad (2.47)$$

und man bezeichnet das System als s c h w i n g u n g s f ä h i g.

Für das Folgende soll $\Psi = 0$ angenommen werden, da an diesem vereinfachten Fall bereits alles Wesentliche zu erkennen ist. Wie Bild 18c) zeigt, stellt die Impulsreaktion eine gedämpfte Schwingung dar. Es erweist sich als günstig, die Eigenschaften des Systems durch zwei neue Größen, nämlich die E i g e n f r e q u e n z ω_0 und die D ä m p f u n g ζ anstelle der Größen β und γ zu kennzeichnen. Diese Größen sind durch

$$\omega_0 = \sqrt{\beta^2 + \gamma^2}, \qquad \zeta = \frac{\beta}{\sqrt{\beta^2 + \gamma^2}} \tag{2.48}$$

definiert.

Die B e d e u t u n g d e r E i g e n f r e q u e n z ω_0 läßt sich am besten an mechanischen oder elektrischen Modellen erläutern. Bei derartigen Systemen wirken die Ursachen für die Dämpfung (z.B. Reibung, Ohmscher Widerstand) in der Regel unabhängig von den sonstigen, die Schwingungseigenschaften des Systems bestimmenden Größen und werden oft als Störung eines idealen — nämlich ungedämpften — Zustandes empfunden. Die Eigenfrequenz ω_0 beschreibt das Schwingungsverhalten eines solchen ungedämpften Systems. Eine hinzutretende Dämpfung bewirkt ein exponentielles Abklingen der Schwingungsamplitude und außerdem eine Veränderung der Frequenz — jetzt als γ bezeichnet — gegenüber ω_0.

Die Dämpfung ζ drückt, wie man an der Formel

$$\zeta = \frac{\beta}{\omega_0}$$

erkennt, den exponentiellen Abfall der Amplitude, bezogen auf die Eigenfrequenz, aus.

Die Nützlichkeit der neuen Parameter erkennt man z. B. bei der Beschreibung der Stufenreaktion u(t), die in Bild 21 dargestellt ist. Für die phänomenologische Be-

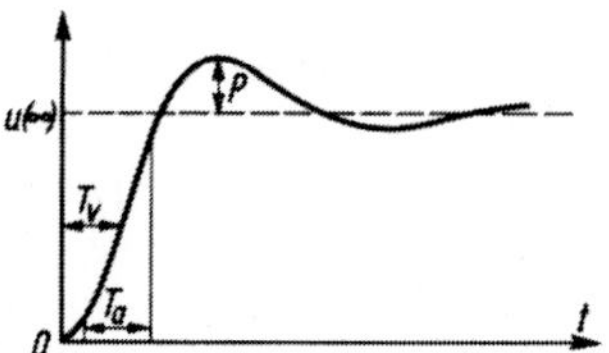

Bild 21
Stufenreaktion eines schwingungsfähigen Systems zweiter Ordnung
T_a Anstiegszeit; T_v Verzögerungszeit; P prozentuales Überschwingen

schreibung dieser Kurve sind folgende experimentell leicht zu ermittelnde Parameter wichtig[1]):

---

[1]) Die Größen T_a und T_v sind auch für Systeme erster Ordnung von Bedeutung und lassen sich in diesem Fall leicht aus der Zeitkonstanten berechnen.

1. Die Anstiegszeit T_a benötigt die Impulsreaktion, um von 10% bis auf 90% des endgültigen Wertes $u(\infty)$ anzusteigen.

2. Die Verzögerungszeit T_v vergeht nach dem Einschalten der Stufenfunktion, bis 50% des endgültigen Wertes $u(\infty)$ erreicht sind.

3. Das Überschwingen P kennzeichnet die relative Überhöhung des Maximums von $u(t)$ über den Endwert:

$$P = \frac{u_{max} - u(\infty)}{u(\infty)} \qquad (2.49)$$

Diese charakteristischen Größen können mit Hilfe der Parameter (2.48) näherungsweise ausgedrückt werden:

$$\left.\begin{array}{l} \omega_0\, T_a \simeq 1{,}02 + 0{,}48\ \zeta + 1{,}15\ \zeta^2 + 0{,}76\ \zeta^3 \\[2mm] \omega_0\, T_v \simeq 1{,}047 + 0{,}37\ \zeta + 0{,}2\ \zeta^2 + 0{,}067\ \zeta^3 \\[2mm] P = \exp\left\{-\dfrac{\pi\zeta}{\sqrt{1-\zeta^2}}\right\} \end{array}\right\} \qquad (2.50)$$

In diesen Formeln kommt zum Ausdruck, daß die Eigenfrequenz ω_0 im wesentlichen die Schnelligkeit bestimmt, mit der das System einer Stufenfunktion folgt. Die FC zu (2.47) ist

$$F(\omega) = A\ \frac{\omega_0\sqrt{1-\zeta^2}}{\omega_0^2 - \omega^2 + 2\,i\,\zeta\,\omega_0\,\omega} \qquad (2.51)$$

Dabei wird $\zeta < 1$ vorausgesetzt (bei $\zeta \geq 1$ gibt es keine Oszillationen in der Stufenreaktion).

Zur Darstellung dieser FC im Bode-Diagramm benötigt man den Betrag und die Phase von $F(\omega)$. Es ist

$$|F(\omega)|^2 = \frac{A^2\ \omega_0^2\ (1-\zeta^2)}{(\omega_0^2 - \omega^2)^2 + 4\ \zeta^2\ \omega_0^2\ \omega^2} \qquad (2.52)$$

Man sieht, daß dieser Ausdruck ein Maximum in der Nähe von $\omega_0 = \omega$ hat. Dieses ist um so höher und schärfer, je kleiner die Dämpfung ist. Ermittelt man die FC experimentell durch Anregung des Systems mit Sinussignalen verschiedener Frequenzen, so beobachtet man eine Resonanzerscheinung.

Diese Phase $\Phi(\omega)$ beginnt bei Null mit kleinen Frequenzen, erreicht bei $\omega = \omega_0$ den Wert $-\pi/2$ und nähert sich für große ω dem Wert $-\pi$ (siehe Bild 22).

Jetzt soll untersucht werden, wie sich die Eigenschaften eines Übertragungssystems durch das Schließen einer Rückführungsleitung ändern. Gemäß (2.6) muß man also mit $F(\omega)$ die FC

$$G(\omega) = \frac{F(\omega)}{1 + F(\omega)} \qquad (2.53)$$

vergleichen. Hier ist $H(\omega) = 1$ gesetzt. Mit

$$F(\omega) = \frac{1}{(i\,\omega - a_1)\,(i\,\omega - a_2)}$$

wird $\quad G(\omega) = \dfrac{1}{1 + (i\,\omega - a_1)\,(i\,\omega - a_2)} = \dfrac{1}{(i\omega - a_1')\,(i\omega - a_2')}$

Nimmt man zunächst wieder an, daß a_1, a_2 reell sind (Fall a und b in Bild 18), so zeigt eine einfache Rechnung, daß a_1', a_2' reell oder komplex sind, je nachdem, ob

$$|a_1 - a_2| \geqslant 2 \quad \text{oder} \quad |a_1 - a_2| < 2$$

gilt. Der Fall reeller Wurzeln a_1', a_2' ist leicht zu übersehen. Die Wurzeln a_1', a_2' liegen dichter beisammen als a_1, a_2; das System nähert sich also durch das Schließen der Rückführung dem Grenzfall (2.45).

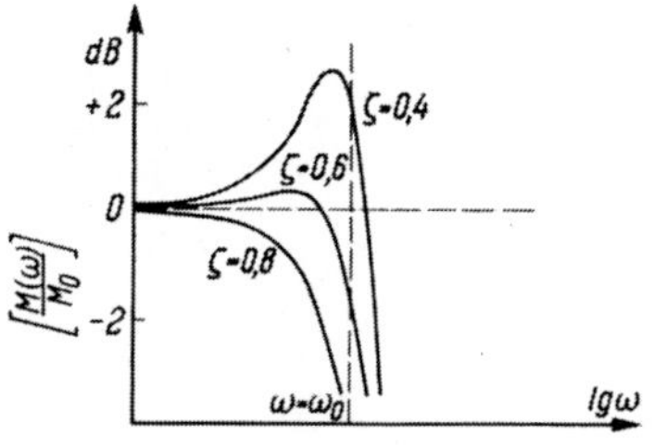

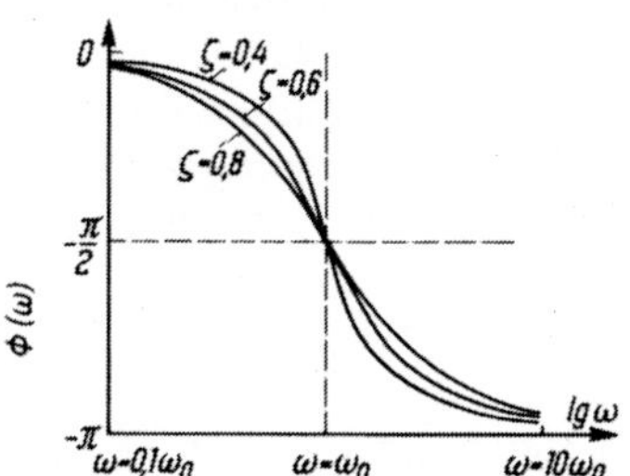

Bild 22
Bode-Diagramm eines schwingungsfähigen Systems zweiter Ordnung.
Die Kurven gelten für verschiedene Werte der Dämpfung ζ. Die Verstärkung ist mit Hilfe von $M_0 = \{M(\omega)\}_{\omega = 0}$ normiert

Ähnlich lassen sich die anderen Möglichkeiten behandeln, von denen noch der allgemeine Fall zweier komplexer Wurzeln betrachtet werden soll. Setzt man für $F(\omega)$ den Ausdruck (2.51) ein, so folgt

$$G(\omega) = \frac{A\,\omega_0\,\sqrt{1 - \zeta^2}}{\omega_0^2 + A\,\omega_0\,\sqrt{1 - \zeta^2} - \omega^2 + 2\,i\,\zeta\,\omega\,\omega_0} \qquad (2.54)$$

Dies kann man auch schreiben:

$$G(\omega) = \frac{A' \, \omega_0' \, \sqrt{1 - \zeta'^2}}{\omega_0'^2 - \omega^2 + 2 \, i \, \zeta' \, \omega_0' \, \omega} \tag{2.55}$$

mit geänderten Werten für die Eigenfrequenz und die Dämpfung:

$$\omega_0'^2 = \omega_0^2 + A \, \omega_0 \, \sqrt{1 - \zeta^2}, \qquad \zeta' = \zeta \, \frac{\omega_0}{\omega_0'} \tag{2.56}$$

und einem gegen A geringfügig geänderten Wert A′.

Die FC (2.55) des geschlossenen Regelkreises hat die gleiche Form wie die FC (2.51) des offenen Kreises, jedoch mit dem Unterschied, daß gemäß (2.56) die neue Eigenfrequenz vergrößert und die Dämpfung verkleinert ist. Eine Vergrößerung der Eigenfrequenz bedeutet gemäß (2.50), daß die Reaktion des Systems schneller wird. Das Schließen des Regelkreises wirkt also beim System zweiter Ordnung ähnlich wie beim System erster Ordnung, wo eine Verkleinerung der Zeitkonstanten resultiert. Außerdem nimmt jedoch die Dämpfung des Systems ab, d. h. es dauert länger, bis die Oszillationen zur Ruhe kommen. Gemäß der zweiten Gl. von (2.56) bleibt das Produkt $\zeta \, \omega_0 = \beta$ bei der Schließung des Regelkreises ungeändert. Das bedeutet, daß die Zeitkonstante $1/\beta$ der Einhüllenden der Impulsreaktion (s. Bild 18c) nicht von der Rückkopplung beeinflußt wird.

Die Verstärkung V des Systems erhält man, wenn man in (2.54) $\omega = 0$ setzt:

$$V = \frac{A \, \sqrt{1 - \zeta^2}}{\omega_0 + A \, \sqrt{1 - \zeta^2}} \tag{2.57}$$

Die Verstärkung ist kleiner als eins, wie dies schon bei den Regelkreisen nullter und erster Ordnung für den Fall $H(\omega) = 1$ gefunden worden war.

Gleichung (2.57) gibt auch Auskunft über den asymptotischen Regelfehler bei Anlegen einer Stufenfunktion. Da die Verstärkung kleiner als eins ist, fehlt nach Erreichen der neuen Ruhelage am Ausgang ein Betrag

$$1 - V = \frac{\omega_0}{\omega_0 + A \, \sqrt{1 - \zeta^2}} \tag{2.58}$$

gegenüber der Einheitsstufe am Eingang. Der Regelfehler folgt damit der gleichen Gesetzmäßigkeit wie bei den Systemen nullter und erster Ordnung (s. (2.20) und (2.37)).

Übungsaufgaben. 15. Man berechne Betrag und Phase der folgenden Frequenzcharakteristiken:

$$F_1(\omega) = V_1 \, \frac{1}{(1 + i \, \omega \, \tau_1) \, (1 + i \, \omega \, \tau_2)} \tag{2.41}$$

$$F_2(\omega) = V_1 \, \frac{1}{(1 + i \, \omega \, \tau)^2} \tag{2.45}$$

$$F_3(\omega) = V_1 \, \frac{(1 + i\,\omega\,\tau_3)}{(1 + i\,\omega\,\tau_1)\,(1 + i\,\omega\,\tau_2)}$$

Um in $F_3(\omega)$ die Übereinstimmung mit (2.46) zu erreichen, setze man

$$V_1 = (b_1 + b_2)\,\frac{\tau_1 + \tau_2}{\tau_3}, \qquad a_1 = -\frac{1}{\tau_1}, \qquad a_2 = -\frac{1}{\tau_2}, \qquad c = -\frac{1}{\tau_3}$$

Man zeichne die Bode-Diagramme der drei Frequenzcharakteristiken unter Benutzung von Bild 16 und setze dabei $\tau_1 = 1/\omega_0$, $\tau_2 = 1/80\,\omega_0$, $\tau_3 = 1/8\,\omega_0$.

16. Aus der FC der Blut-Glukose-Regulation (s. Übungsaufgabe 7c)) berechne man die Dämpfung ζ und die Eigenfrequenz ω_0 des Systems. Bei welchem Wert $\omega = \omega_m$ liegt das Maximum des Betrages $M(\omega)$ und wie groß ist die Überhöhung $M(\omega_m)/M(0)$?

2.7. Ein Beispiel: Der Pupillenregelkreis

Die physiologischen Grundlagen und das Blockschaltbild des Pupillenregelkreises sind bereits in Abschn. 2.1 besprochen worden. Daran anknüpfend soll hier untersucht werden, wie und wie weit die in den vorhergehenden Abschnitten angestellten Überlegungen zu einer quantitativen Beschreibung des Regelkreises benutzt werden können. Das hier zu entwickelnde Modell des Regelkreises muß als erste, noch grobe Annäherung betrachtet werden. Einige Verfeinerungen werden später noch zu ergänzen sein.

Die Hauptschwierigkeit bei der Analyse eines biologischen Regelkreises liegt darin, daß man den Signalfluß im System nur an wenigen Stellen bequem messen kann. Vom Pupillenregelkreis sind die Pupillenfläche und die Hornhaut-Beleuchtungsstärke einfach zu messen, während z. B. die mittlere Netzhautbeleuchtungsstärke schon nicht mehr so einfach der unmittelbaren Beobachtung zugänglich ist. Noch problematischer sind die Rückmeldung der Photorezeptoren und der Sollwert des Rhodopsin-Gleichgewichtes.

Glücklicherweise lassen sich die Änderungen ΔB der Netzhautbeleuchtungsstärke B, die durch Änderungen ΔA der Pupillenfläche A und Änderungen ΔE der Hornhaut-Beleuchtungsstärke E bewirkt werden, leicht rechnerisch erfassen. Es gilt nämlich entsprechend den einfachen Gesetzen der optischen Abbildung

$$B = \text{const } E\,A \tag{2.59}$$

Die durch Änderungen von E und A erzeugte Änderung von B läßt sich nach Abschn. 2.1 schreiben

$$\Delta B = V\,E\,\Delta A + c\,A\,\Delta E \tag{2.60}$$

In diesem Ausdruck ist $c\,A\,\Delta E = \Delta B_s$ die Änderung der Netzhaut-Beleuchtungsstärke infolge einer Eingangsstörung ΔE. Entsprechend ist ΔA die Reaktion, also die Ausgangsgröße des Systems, die durch Multiplikation mit $V \cdot E$ ebenfalls die Dimension einer Netzhaut-Beleuchtungsstärke erhält. Unter normalen Beleuchtungsbedingungen, d. h. wenn die ganze Pupille gleichmäßig mit Licht ausgefüllt ist, gilt in (2.60) $V = c$. Weiter unten werden jedoch andere Beleuchtungsbedingungen besprochen, bei denen $V \neq c$ wird. Da nur die gesamte Änderung $\Delta B = \Delta B_s + \Delta B_g$ der Netzhaut-Beleuchtungstärke physiologisch wirksam wird, kann ΔB_g als Rückführungsgröße eines Regelkreises aufgefaßt werden, die auf die Eingangsstörung zurückwirkt. Da ein positives ΔB_s ein negatives ΔB_g zur Folge hat, kann ΔB als Regelfehler angesehen werden.

Unter diesem Gesichtspunkt ist das Blockschaltbild des Pupillenregelkreises in Bild 23 dargestellt. Dieses Schaltbild stellt eine Umzeichnung von Bild 10 dar, die sich

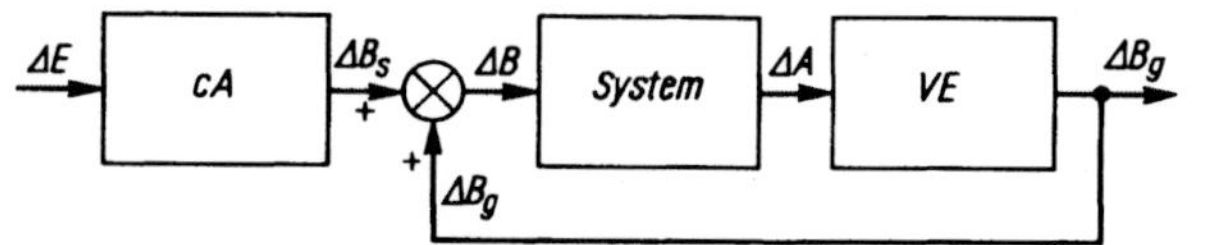

Bild 23
Blockschema des Pupillenregelkreises, reduziert auf beobachtbare Größen

auf die beobachtbaren bzw. leicht berechenbaren Größen bezieht, während in Bild 10 die funktionellen Gesichtspunkte betont sind. Der Summationspunkt in Bild 23 entspricht demjenigen für die Beleuchtungsstärke in Bild 10. Da der Sollwertvergleich des Rezeptorpotentials nicht explizit beobachtbar ist, sind Integrator, Photorezeptor, Sollwertgenerator, Regler und Pupille von Bild 10 im „System" von Bild 23 zusammengefaßt worden.

Wie aus den Überlegungen der vorhergehenden Abschnitte zu ersehen ist, kann man auf wesentliche Eigenschaften eines Regelkreises bereits schließen, wenn man die FC des aufgeschnittenen Systems kennt (s. insbesondere (2.53), (2.37)). Gerade am Pupillenregelkreis läßt sich das „Aufschneiden" überaus einfach erreichen, indem man sich der sog. Maxwellschen Beleuchtungsart bedient, die im Bild 24 schematisch dargestellt ist. Eine kleine Lichtquelle wird durch eine Sammellinse so in die Pupille

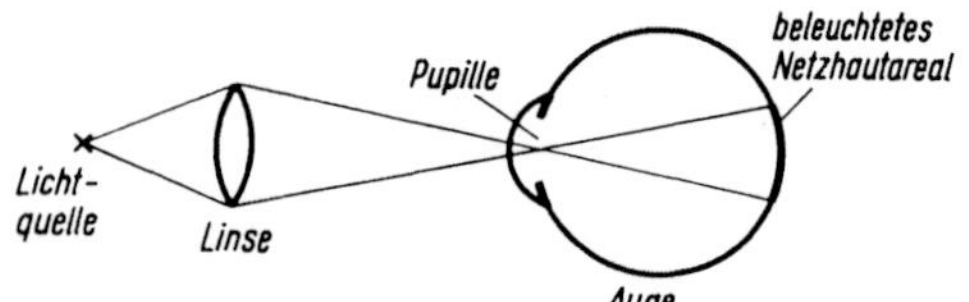

Bild 24
Schema der Maxwellschen Beleuchtung der Netzhaut

abgebildet, daß das Bild der Lichtquelle dort kleiner als die kleinste mögliche Pupillenfläche (Durchmesser ca. 2 mm) ist. Verändert man dann die Netzhaut-Beleuchtungsstärke, indem man z. B. absorbierende Filter in den Strahlengang bringt, so entsteht zwar eine entsprechende Veränderung der Pupillenfläche, diese Veränderung hat aber keine Rückwirkung auf die Netzhautbeleuchtung, weil das ins Auge eindringende Lichtbündel bei dieser Anordnung nicht von der Pupille begrenzt wird.

Die FC des offenen Regelkreises kann unter diesen Bedingungen ermittelt werden, indem man eine sinusförmige Modulation des einfallenden Lichtes mit verschiedenen

Frequenzen ω vornimmt und die Pupillenfläche während dieser Zeit registriert. Da die Messung der Pupillenfläche in der Regel die Beleuchtung des Auges behindert, benutzt man die zwischen den Pupillen der beiden Augen bestehende Kopplung und registriert die Pupillenfläche des einen Auges, während man das andere beleuchtet. Ein Beispiel für derartige Messungen gibt Bild 25.

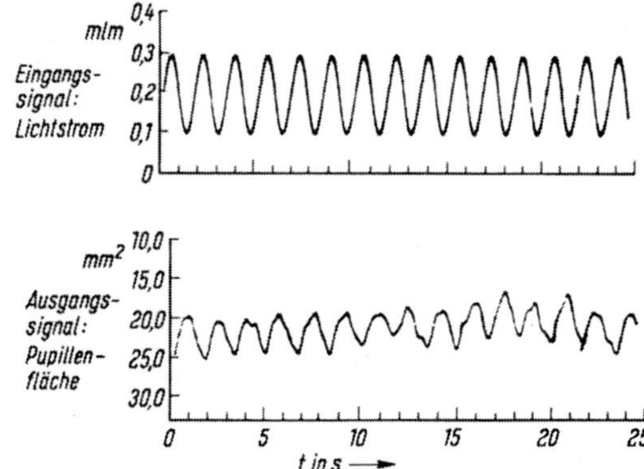

Bild 25
Die Pupillenreaktion.
Experimentelle Beobachtung der
Pupillenfläche bei sinusförmiger
Variation der Beleuchtung.
Eingangssignal: Lichtstrom durch
die Pupille in mlm; Ausgangssignal:
Momentane Pupillenfläche in mm²
als Funktion der Zeit (nach S t a r k
(1968) [3])

Mit wachsender Frequenz der Lichtmodulation nimmt die Variation der Pupillenfläche ab. Außerdem tritt zwischen Reiz und Reaktion eine mit der Frequenz wachsende Phasenverschiebung auf. Ferner verläuft die Variation der Pupillenfläche nicht rein sinusförmig, ein Zeichen dafür, daß das System nicht linear ist. Die Abweichungen von der Linearität sollen aber hier unberücksichtigt bleiben, indem nur jeweils die sinusförmige Grundwelle der Reaktion für die weitere Analyse herangezogen wird. Im Blockschaltbild 23 erfolgt das Aufschneiden des Kreises dadurch, daß im Block V·E der Faktor V gleich Null wird, weil eine Änderung von A keine tatsächliche Änderung von B bewirkt. Um die FC des offenen Kreises später mit derjenigen des geschlossenen Kreises vergleichen zu können, kann man nicht bei der Beobachtung von ΔA stehenbleiben, sondern muß ein fiktives Signal ΔB_{offen} berechnen, das unter den normalen Bedingungen des geschlossenen Regelkreises über den Rückführungszweig als ΔB_g wieder auf das System wirken würde. Dies geschieht mit der Beziehung $\Delta B_{\text{offen}} = c\, E\, \Delta A$, wo für V der unter normalen Beleuchtungsbedingungen gültige Wert c eingesetzt worden ist.

Außerdem berechnet man aus ΔE das tatsächlich am Orte der Netzhaut wirksame Signal $\Delta B_s = c\, A\, \Delta E$. Dann ist sowohl das Eingangs- als auch das Ausgangssignal auf die gleiche Stelle des Kreises bezogen, und sie haben die gleiche physikalische Dimension. Das ist eine wichtige Voraussetzung für die FC des aufgeschnittenen Kreises. Man erhält

$$F(\omega) = \frac{Y(\omega)}{X(\omega)} = \frac{\Delta B_{\text{offen}}}{\Delta B_s} = \frac{c\, E\, \Delta A}{c\, A\, \Delta E} = \frac{\Delta A/A}{\Delta E/E} \qquad (2.61)$$

In der Schreibweise von F(ω) im letzten Ausdruck von (2.61) kommt die bereits erwähnte Möglichkeit zum Ausdruck, die Variationen von Eingangs- und Ausgangssignal durch Division mit einem Gleichgewichts- oder Bezugswert dimensionslos zu machen. Man erspart sich damit automatisch die vorher diskutierte Berücksichtigung von statischen Verstärkungs- und Dimensionsfaktoren. Die relativen Variationen ΔA/A bzw. ΔE/E werden auch als M o d u l a t i o n s g r a d bezeichnet. Ist der Bezugs- oder Gleichgewichtswert gleich Null, so ist diese Methode nicht verwendbar.

Ist also z. B. der zeitliche Verlauf des ins Auge fallenden Lichtstromes E + ΔE = E(1 + α sin ω t), so lautet der Modulationsgrad

$$\frac{\Delta E}{E} = \alpha \sin \omega\, t \tag{2.62}$$

Dabei muß α < 1 sein, da der Lichtstrom nicht negativ sein kann.

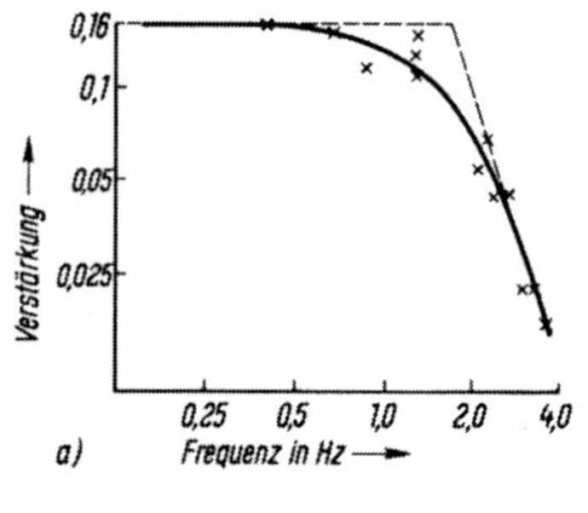

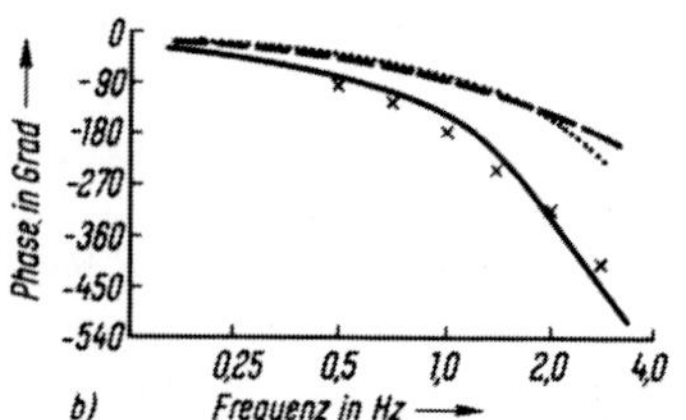

Bild 26
Bode-Diagramm des aufgeschnittenen Pupillenregelkreises.
a) Verstärkung als Funktion der Frequenz, beide Skalen logarithmisch geteilt. Die Verstärkung ist dimensionslos
b) Phasengang

——————— nach experimentellen Werten interpoliert

– – – – – Minimalphasenanteil entsprechend der Verstärkung

·········· Phasengang eines Totzeit-Systems mit T = 0,22 s

x x x x x Phasengang des Modells, berechnet als Summe des Minimalphasenanteils und des Totzeit-Anteils, als Approximation der experimentellen Kurve (nach S t a r k and S h e r m a n [18])

In Bild 26 sind Messungen der FC des aufgeschnittenen Pupillenkreises als Bode-Diagramm dargestellt [18]. Da die Verstärkung kein Resonanzmaximum hat, ist die Dämpfung ζ des Systems größer als 1 (s. (2.51), (2.52)), was gleichbedeutend damit ist, daß in der Impulsreaktion nach der Darstellung (2.11) keine komplexen Exponenten auftreten. Aus dem Abfall der Verstärkung bei großen Frequenzen schließt man auf ein System dritter Ordnung. Es kann durch

$$F(\omega) = \frac{0{,}16\ e^{-0,22 i\omega}}{(1 + 0{,}1\ i\ \omega)^3} \tag{2.63}$$

beschrieben werden. Bei Messungen anderer Autoren hat sich für den Betrag der FC ein deutliches Maximum bei ca. 1 Hz ergeben [19], so daß die Frage der Dämpfung noch nicht endgültig geklärt ist.

Die Diskussion dieses Ausdrucks und insbesondere des Phasenverlaufes muß noch zurückgestellt werden, bis weitere theoretische Grundlagen erarbeitet worden sind. Bei sehr niedrigen Frequenzen gelangt man jedoch zum Grenzfall eines Systems nullter Ordnung mit der Verstärkung V = 0,16.

Ergänzende und weiterführende Literatur

B a y l i s s, L. E.: Living control systems. London 1966
B u t u s o v, I. V.: Automatic control measuring and regulating devices. Oxford 1965
C l a r k, R.: Automatic control systems. New York 1962
E f f e r t z, F. H.; K o l b e r g, F.: Einführung in die Dynamik selbsttätiger Rege-
lungssysteme. Düsseldorf 1963
S t a r k, L.: [3]
T s i e n, H. S.: Technische Kybernetik. Stuttgart 1957

3. Regelfehler, Stabilität und Instabilität

3.1. Erweiterung der Frequenzdarstellung: Die komplexe Übertragungsfunktion

Bevor die für Regelungsvorgänge außerordentlich wichtigen Fragen der Stabilität behandelt werden können, müssen in diesem Abschnitt einige mathematische Grund-lagen besprochen werden.

Wie in Abschn. 2.3 erörtert wurde, lassen sich die Impulsreaktionen von Übertra-gungssystemen, wie sie hier untersucht werden, in der Form (2.11)

$$h(t) = \sum_{j=1}^{m} C_j \, e^{a_j t} \, , \qquad t > 0 \tag{2.11}$$

darstellen. Die zugehörige FC erhält man durch Fourier-Transformation:

$$F(\omega) = \sum_{j=1}^{m} \frac{C_j}{i\,\omega - a_j} \tag{3.1}$$

Dieser Ausdruck läßt sich auch schreiben:

$$F(\omega) = A \frac{(i\,\omega - b_1)\,(i\,\omega - b_2) \cdots (i\,\omega - b_\ell)}{(i\,\omega - a_1)\,(i\,\omega - a_2) \cdots (i\,\omega - a_m)} \tag{3.2}$$

also in der Form einer sog. rationalen Funktion, in der Zähler und Nenner des Bruches ein Produkt von ℓ bzw. m linearen Faktoren (i $\omega - b_k$) bzw. (i $\omega - a_j$) bilden. Dabei muß $\ell < m$ gelten, wenn man (3.1) berücksichtigt. Beispiele für die Darstellung (3.2) sind in (2.25) ($\ell = 0$, m = 1, $a_1 = -1/\tau$), in (2.46) ($\ell = 1$, m = 2) und in (2.51) aufgetreten. In (2.51) ist die Form (3.2) leicht herzustellen, wenn man berücksichtigt, daß für den Nenner

$$\{i\,\omega - (-\beta + i\,\gamma)\}\,\{i\,\omega - (-\beta - i\,\gamma)\} = \beta^2 + \gamma^2 - \omega^2 + 2\,i\,\beta\,\omega \qquad (3.3)$$

gilt. Unter Berücksichtigung der Definition von ω_0 und ζ in (2.48) folgt dann die in (2.51) verwendete Schreibweise.

Wie schon mehrfach erwähnt und wie insbesondere aus (3.3) hervorgeht, können die a_j (und ebenfalls die b_k) komplexe Zahlen sein. A ist reell und bestimmt über den Ausdruck[1]

$$V = A\,\frac{\Pi\,b_k}{\Pi\,a_j}$$

den statischen Verstärkungsfaktor V. Die Funktion $F(\omega)$ nimmt also komplexe Werte an, obwohl sie nur von einer reellen Variablen ω abhängt. An den aufgeführten Beispielen zeigt sich aber bereits, daß $F(\omega)$ eigentlich nicht von ω, sondern von i ω abhängt.

Es ist nun vorteilhaft, die Variable i ω zu einer komplexen Variablen

$$s = \eta + i\,\omega \qquad (3.4)$$

zu ergänzen. η soll hier ebenso wie ω eine reelle Variable bedeuten. Die Frequenzcharakteristik $F(\omega)$ wird dann zur sog. Ü b e r t r a g u n g s f u n k t i o n (ÜF) $F(s)$ erweitert, indem man z. B. in (3.2) rechts überall i ω durch s ersetzt und für s beliebige komplexe Werte zuläßt.

Durch die Spezialisierung von s auf i ω kann aus der Übertragungsfunktion jederzeit die Frequenzcharakteristik zurückgewonnen werden. Konsequenterweise müßte man die FC dann als $F(i\,\omega)$ bezeichnen. Dies soll aber nicht eingeführt werden, weil es gegenüber dem Vorhergegangenen zu Unklarheiten führen würde und weil durch den Buchstaben ω deutlich genug auf die FC hingewiesen wird.

Der Grund für diese zunächst rein formale Verallgemeinerung liegt darin, daß komplexe Funktionen einer komplexen Variablen mathematisch wesentlich übersichtlicher sind als komplexe Funktionen einer reellen Variablen. So ist es z. B. für die praktischen Anwendungen sehr störend, daß für eine Reihe wichtiger Funktionen wie z. B. die Stufenreaktion, die für $t \to \infty$ nicht gegen Null gehen, wie wir gesehen haben, keine Frequenzdarstellung, d. h. keine Fourier-Transformation existiert. Wohl aber lassen sich in die verallgemeinerte Frequenzdarstellung solche Funktionen einbeziehen.

---

[1] Π kennzeichnet eine fortgesetzte Produktoperation, z. B.

$$\prod_{k=1}^{\ell} b_k = b_1 \cdot b_2 \cdot b_3 \cdots b_\ell$$

Setzt man in der Übertragungsfunktion (ÜF)

$$F(s) = A \frac{(s - b_1)(s - b_2) \cdots (s - b_\varrho)}{(s - a_1)(s - a_2) \cdots (s - a_m)} \tag{3.5}$$

$s = b_k$, so wird einer der Linearfaktoren im Zähler gleich Null, es gilt daher

$$F(b_k) = 0 \tag{3.6}$$

Die Werte b_k sind **N u l l s t e l l e n** der ÜF. Setzt man dagegen $s = a_j$, so wird ein Faktor im Nenner gleich Null, so daß

$$F(a_j) = \infty \tag{3.7}$$

gilt. Die Werte a_j sind sog. **P o l e** der ÜF, an denen die Funktion unendlich wird. Abgesehen von dem konstanten Faktor A ist die ÜF (3.5) durch ihre Pole und Nullstellen vollständig festgelegt. Es kann natürlich vorkommen, daß zwei oder mehrere der b_k oder der a_j untereinander gleich sind. Dann spricht man von einer zweifachen (bzw. mehrfachen) Nullstelle oder einem zweifachen (bzw. mehrfachen) Pol. Im allgemeinen wird, wenn nichts anderes gesagt ist, angenommen, daß die Pole und Nullstellen einfach sind. Fällt ein Pol mit einer Nullstelle zusammen, so lassen sich diese beiden Faktoren offensichtlich kürzen; sie heben sich gegenseitig auf, so daß wir diesen Fall ausschließen können.

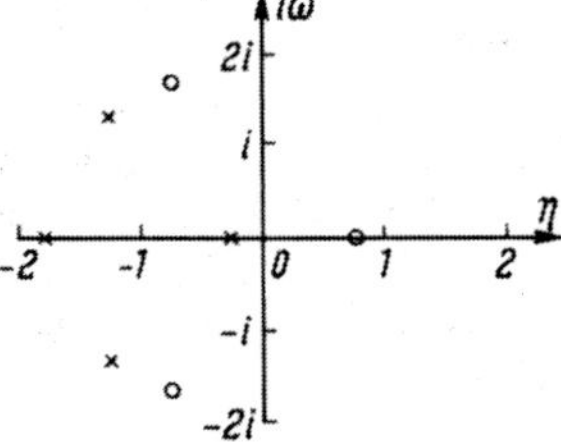

Bild 27
Komplexe s-Ebene $(s = \eta + i\,\omega)$ mit Polen (x) und Nullstellen (O) einer Übertragungsfunktion
η und ω in s^{-1}

Eine graphische Darstellung der ÜF gewinnt man, wenn man in der komplexen s-Ebene (= Gaußsche Zahlenebene mit allen möglichen Werten der Variablen s) alle Pole und Nullstellen einträgt (s. Bild 27). Man kann nämlich, indem man die Werte der Pole und Nullstellen aus Bild 27 ermittelt, die Darstellung (3.5) mit Ausnahme des unbestimmt bleibenden Faktors A berechnen und daraus z. B. das Bode-Diagramm der ÜF gewinnen. Zahlreiche Eigenschaften der ÜF lassen sich aber, wie im Laufe der folgenden Ausführungen deutlich werden wird, ohne diesen Umweg direkt aus der Darstellung von Bild 27 ablesen. Zunächst soll die Bedeutung der Pole besprochen werden. Die Nullstellen werden später erörtert.

Wie man durch Vergleich von (2.11) und (3.5) sieht, erscheinen alle Pole der ÜF als Exponenten in der Impulsreaktion h(t). Die Zahl der Pole gibt also die Ordnung des Systems an. Hätte einer dieser Exponenten einen positiven Realteil α, so würde der entsprechende Summand von h(t), der mit $e^{(\alpha + i\,\beta)\,t}$ bezeichnet werden möge, mit wachsendem t dem Betrag nach über alle Grenzen wachsen. Das würde bedeuten, daß das betreffende Übertragungssystem nach einem Eingangsimpuls ein mit der Zeit gegen Unendlich strebendes Ausgangssignal lieferte. Es würde also jedenfalls nicht nach einer gewissen Zeit in den Zustand vor der Eingangsstörung zurückkehren, wäre infolgedessen nicht stabil.

Aus dieser einfachen Überlegung folgt bereits ein wichtiges **Stabilitätskriterium.** *Bei stabilen Übertragungssystemen haben alle Pole einen negativen Realteil, sie liegen also in der Darstellung von Bild 27 in der linken Halbebene, d. h. links von der imaginären Achse.*
Der Nullpunkt macht hierbei eine gewisse Ausnahme, die später noch genauer erörtert wird.

Ähnlich wie man die FC eines Systems aus der Impulsreaktion mit Hilfe der Fourier-Transformation berechnen kann, läßt sich auch die ÜF unmittelbar aus der Impulsreaktion berechnen. Man hat dazu in der Formel (1.22a) i ω durch s zu ersetzen. Es folgt:

$$F(s) = \int_0^\infty h(t)\, e^{-st}\, dt \qquad\qquad (3.8)$$

Diese Formel wird L a p l a c e - T r a n s f o r m a t i o n und F(s) die L a p l a c e - T r a n s f o r m i e r t e von h(t) genannt. Zu jedem Wert der komplexen Variablen s erhält man mit ihrer Hilfe einen Wert F(s). Insgesamt wird die komplexe Funktion F(s) der reellen Funktion h(t) zugeordnet. Im Gegensatz zur Fourier-Transformation (1.22a) sind für die Laplace-Transformation nur Zeitfunktionen h(t) zugelassen, die für t $<$ 0 verschwinden, bzw. es bleibt ein evtl. vorhandener Anteil der Funktion h(t) bei negativen t-Werten unbeachtet, weil die Integration erst bei t = 0 beginnt. Diese Einschränkung ist für unsere Zwecke unerheblich, da wir uns normalerweise ohnehin auf Zeitfunktionen beschränken, die erst bei t = 0 beginnen. Wie die Fourier-Transformation liefert auch die Laplace-Transformation eine umkehrbar eindeutige Zuordnung zwischen h(t) und F(s). Man kann also h(t) aus F(s) berechnen. Dies geschieht mit der Formel

$$h(t) = \frac{1}{2\pi i} \int_{-i\infty}^{+i\infty} F(s)\, e^{s \cdot t}\, ds \qquad\qquad (3.9)$$

Im Gegensatz zur FC, bei der die Variable ω sich nur auf einer Geraden ($-\infty < \omega < \infty$) bewegt, ist die Variable s auf einer ganzen Ebene definiert. Man muß daher normalerweise bei einem Integral der Form (3.9) neben den Endpunkten der Integration auch den Weg festlegen, auf dem die Variable von einem Endpunkt zum anderen laufen soll. In (3.9) ist als Integrationsweg die imaginäre Achse vorgesehen, und dies entspricht genau der Umkehrformel (1.22b) der Fourier-Transformation.
Diese Festlegung des Integrationsweges gilt aber nur, wenn alle Pole der Funktion F(s) in der linken Halbebene liegen, wie dies für ein stabiles Übertragungssystem gefordert wird. Um vollen Nutzen aus der Laplace-Transformation ziehen zu können,

muß man jedoch nicht nur die Übertragungsfunktionen stabiler Systeme betrachten, sondern auch die Signalfunktionen x(t) bzw. y(t) einer Laplace-Transformation unterwerfen, ähnlich wie dies bei der Fourier-Transformation geschehen ist:

$$X(s) = \int_0^\infty x(t)\, e^{-st}\, dt \qquad (3.10)$$

Bei dieser Aufgabe zeigt sich nun die vielseitigere Anwendbarkeit der Laplace-Transformation. Während nämlich bei der Fourier-Transformation nur Funktionen x(t) zugelassen sind, die für $t \to \infty$ schnell genug gegen Null gehen, ist diese Voraussetzung bei der Laplace-Transformation nicht erforderlich. x(t) darf für $t \to \infty$ endlich bleiben oder sogar unbegrenzt ansteigen. Verlangt wird lediglich, daß x(t) nicht schneller als eine Exponentialfunktion ansteigt, daß also

$$\lim_{t \to \infty} x(t)\, e^{-\alpha_0 t} = 0 \qquad (3.11)$$

gilt. Hierin ist α_0 eine positive reelle Zahl, von der nur verlangt wird, daß sie nicht unendlich groß ist. Ist z. B.

$$x(t) = e^{\alpha t} \qquad (3.12)$$

so kann man $\alpha_0 > \alpha$ wählen, und die Bedingung (3.11) ist erfüllt.

In solchen Fällen, in denen x(t) mit wachsendem t nicht gegen Null geht, hat die Laplace-Transformation X(s) normalerweise Pole auf der imaginären Achse oder in der rechten Halbebene. In solchen Fällen muß man in der Umkehrformel

$$x(t) = \frac{1}{2\pi i} \int_{c-i\infty}^{c+i\infty} X(s)\, e^{st}\, ds \qquad (3.13)$$

den Integrationsweg so weit in die rechte Halbebene verschieben, daß er rechts von allen Polen verläuft. Wählt man z. B. eine reelle positive Konstante c größer als die Realteile aller Pole, so kann man die Integration (3.13) längs einer Parallelen

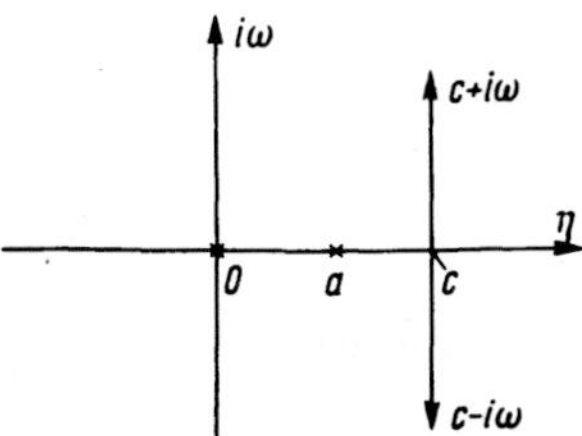

Bild 28
Integrationsweg bei der inversen Laplace-Transformation

zur imaginären Achse, die durch den Punkt c geht, ausführen. Dies soll durch die Schreibweise der Integrationsgrenzen in (3.13) ausgedrückt werden und ist in Bild 28 veranschaulicht. Am Wert des Integrals ändert sich nichts, wenn man den Integrationsweg weiter als notwendig nach rechts verschiebt. Man wird übrigens selten in die Lage kommen, Integrale der Form (3.13) tatsächlich selbst berechnen zu müssen, sondern wird sie in der Regel in Tabellen [7] nachschlagen. Die Formeln (3.10) bis (3.13) sind jedoch für das grundsätzliche Verständnis der Laplace-Transformation unerläßlich und sollen gleich an einem wichtigen Beispiel angewendet werden.

Die Stufenfunktion $u_0(t)$ erfüllt die Bedingungen der Fourier-Transformation nicht, so daß in (1.30) als Aushilfe eine modifizierte Stufenfunktion eingeführt wurde. Ein solcher Umweg ist jedoch immer umständlich, verschleiert oft die grundsätzlichen Zusammenhänge und erschwert insbesondere die Betrachtung des asymptotischen Verhaltens der Systemreaktion (Regelfehler, Stabilität). Die Laplace-Transformation dagegen kann hier ohne Schwierigkeiten angewandt werden. Die Stufenfunktion für einen Einheitssprung bei $t = t_0$ ist

$$u_0(t - t_0) = \begin{cases} 0 & \text{für} & t < t_0 \\ 1 & \text{für} & t \geq t_0 \end{cases}, \qquad t_0 \geq 0$$

daher gilt für die Laplace-Transformierte

$$U_{t_0}(s) = \int\limits_{t_0}^{\infty} e^{-st} \, dt = \frac{e^{-st_0}}{s} \qquad (3.14)$$

Insbesondere gilt für $t_0 = 0$

$$U_0(s) = \frac{1}{s} \qquad (3.15)$$

Eine weitere wichtige Signalfunktion ist

$$x(t) = e^{at}, \qquad a = \text{reell und positiv} \qquad (3.16)$$

Die Laplace-Transformierte davon ist

$$X(s) = \int\limits_{0}^{\infty} e^{(a-s)t} \, dt = \frac{1}{s - a} \qquad (3.17)$$

Die Laplace-Transformierte $U_0(s)$ hat demnach einen Pol am Nullpunkt der s-Ebene, während $X(s)$ nach (3.17) einen Pol bei $s = a$ auf der reellen Achse hat (s. Bild 28). Diese Pole verhindern, daß das Fourier-Integral konvergiert, während das komplexe Laplace-Integral für alle Werte von s (mit Ausnahme der Pole) definiert ist.

Alle Überlegungen aus den vorangehenden Abschnitten, die sich auf die FC bezogen, bleiben erhalten, wenn man statt dessen die ÜF einsetzt. Insbesondere bleibt die Grundgleichung (1.21) erhalten, wenn man $F(\omega)$ durch $F(s)$ und die Fourier-Transformierten der Signalfunktionen durch die entsprechenden Laplace-Transformierten ersetzt. Beachten muß man allerdings, daß mit der Laplace-Transformation nur Funktionen erfaßt werden, die bei $t = 0$ beginnen. Auch harmonische Schwingungen wie z. B. $\sin \omega t$ können nur in der Form

$$g(t) = \begin{cases} 0 & \text{für} \quad t < 0 \\[2mm] \sin \omega\, t & \text{für} \quad t \geqslant 0 \end{cases} \tag{3.18}$$

behandelt werden. Sie werden also zur Zeit $t = 0$ eingeschaltet. Die Laplace-Transformation lief..t demnach nicht nur den stationären, eingeschwungenen Zustand, sondern auch die zeitlich abklingende Störung durch den Einschaltvorgang (s. Übungsaufgabe 17).

Übungsaufgabe 17. Man berechne die Reaktion eines Systems erster Ordnung mit der ÜF

$$F(s) = \frac{1}{s - \alpha}$$

auf die Eingangsfunktion (3.18). Zu diesem Zweck berechne man die Laplace-Transformierte $X(s)$ der Funktion (3.18), indem man $\sin \omega\, t$ mit den Eulerschen Formeln in zwei Exponentialfunktionen zerlegt und (3.17) benutzt. Man bilde dann $Y(s) = F(s)\, X(s)$, stelle $Y(s)$ in der Form

$$Y(s) = \frac{K_1}{s - a_1} + \frac{K_1}{s - a_2} + \frac{K_1}{s - a_3}$$

(der sog. P a r t i a l b r u c h z e r l e g u n g) dar und berechne die Ausgangsreaktion $y(t)$ aus $Y(s)$ unter Benutzung von (3.16), (3.17). Man interpretiere das Ergebnis als Überlagerung einer stationären Schwingung und einer durch das Einschalten von $x(t)$ entstehenden, mit der Zeit abklingenden Störung.

3.2. Proportional-, Integral- und Differentialregler; Regelfehler

In diesem Abschnitt sollen einige wichtige Reglertypen und ihr Einfluß auf den Regelfehler behandelt werden. Als Vorbereitung dazu muß zunächst gezeigt werden, wie sich Integrations- und Differentiationsprozesse mit Hilfe der verallgemeinerten Frequenzdarstellung formulieren lassen. Ausführlicher werden diese Prozesse dann in Abschn. 3.8 erörtert.

Übertragungssysteme, deren Impulsreaktion gleich der Stufenfunktion $u_0(t)$ ist, spielen für Regelungsvorgänge eine große Rolle. Setzt man in die Grundgleichung (1.3)

$$h(\tau - t) = u_0(\tau - t) \tag{3.19}$$

ein, so folgt

$$y(\tau) = \int_0^\infty x(t)\, u_0(\tau - t)\, dt$$

oder weil $u_0(\tau - t)$ im Bereich $0 \leqslant t \leqslant \tau$ gleich Eins, sonst aber gleich Null ist,

$$y(\tau) = \int_0^\tau x(t)\, dt \tag{3.20}$$

Das betreffende Übertragungssystem führt also eine Integration eines beliebigen Eingangssignals aus; man bezeichnet es daher auch als Integrationsstufe. Die zugehörige Übertragungsfunktion ist durch (3.15) gegeben, so daß die Gleichung

$$Y(s) = \frac{1}{s} X(s) \tag{3.21}$$

die zu (3.20) äquivalente Aussage in der verallgemeinerten Frequenzdarstellung enthält. $X(s)$ und $Y(s)$ sind hier die Laplace-Transformierten der Eingangs- bzw. Ausgangsfunktion $x(t)$ und $y(t)$.

Der Vergleich von (3.20) mit (3.21) zeigt, daß einer Integration in der Zeit-Darstellung eine Multiplikation mit $1/s$ in der verallgemeinerten Frequenzdarstellung entspricht. Dies ist zusammen mit der später folgenden Formel (3.24) der Grund dafür, daß man mit Hilfe der Laplace-Transformation die Erörterung von Differential- und Integralgleichungen bei linearen Übertragungssystemen umgehen kann.

Ein derartiges Übertragungssystem wird als stabil angesehen, weil es bei einem Eingangssignal, das nur während einer endlich langen Zeit eingeschaltet ist, auch ein wohldefiniertes Ausgangssignal liefert. Insofern nimmt also ein Pol am Nullpunkt hinsichtlich der Stabilitätsbetrachtungen eine gewisse Sonderstellung ein.

Tatsächlich findet eine Integration des Signals über beliebig lange Zeiten, wie sie durch (3.20) bzw. (3.21) beschrieben wird, in biologischen und auch in technischen Systemen nur selten statt. In der Regel klingt die Impulsreaktion mit der Zeit ab, beispielsweise in Form einer Exponentialfunktion, doch der Abfall ist evtl. so langsam, daß er für praktisch wichtige Signalabläufe außer Betracht bleiben kann. In diesen Fällen ist die ÜF (3.15) eine bequeme Vereinfachung der eigentlich richtigen ÜF (3.17), wobei ein dem Betrag nach kleiner negativer Wert für a einzusetzen ist. Auch die Differentiation

$$y(t) = \frac{dx(t)}{dt} \tag{3.22}$$

ist eine lineare Operation (s. Übungsaufgabe 5). Die Frequenzdarstellung dieses Übertragungsvorganges kann man finden, indem man einen Lehrsatz aus der Theorie der Laplace-Transformationen benutzt, der folgendermaßen lautet:

Satz. Ist $g(t)$ eine Zeitfunktion, die eine Laplace-Transformierte $G(s)$ und eine zeitliche Ableitung

$$g'(t) = \frac{dg(t)}{dt}$$

besitzt, so ist die Laplace-Transformation von $g'(t)$ durch

$$L[g'(t)] = s\,G(s) - g(0) \tag{3.23}$$

gegeben.

$L[f(t)]$ bedeutet in symbolischer Schreibweise die Laplace-Transformierte von $f(t)$. Den

Wert $g(0)$ in (3.23) braucht man normalerweise nicht zu beachten, weil $g(t) \equiv 0$ für $t < 0$ gilt. Bei stetigen Funktionen $g(t)$ gilt dann auch $g(0) = 0$. Lediglich bei unstetigen Funktionen, wie z. B. bei der δ-Funktion ist hier etwas Vorsicht geboten [1]. Unter Benutzung von (3.23) läßt sich die Gleichung (3.22) in der Frequenzdarstellung schreiben:

$$Y(s) = s\, X(s) \qquad (3.24)$$

Jetzt soll an einem einfachen Folge-Regelkreis die Wirkung von Integrations- und Differentiationsstufen untersucht werden (s. Bild 29). Das geregelte System soll ein System erster Ordnung mit der ÜF (s. (2.25))

$$F_S(s) = \frac{1}{1 + s\,\tau} \qquad \text{(System 1. Ordnung)} \qquad (3.25)$$

sein.

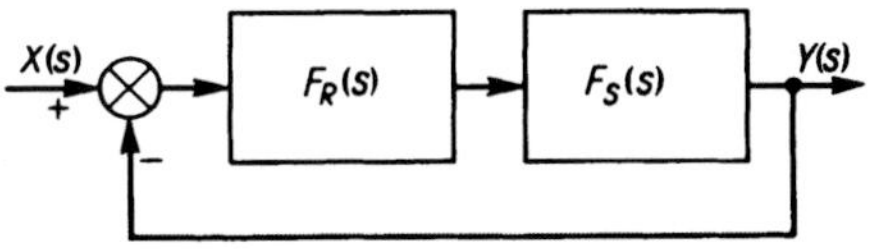

Bild 29
Folge-Regelkreis mit Übertragungsfunktionen $F_R(s)$ für den Regler und $F_S(s)$ für das geregelte System

Als ÜF des Reglers soll zunächst

$$F_R(s) = \frac{r_0}{s} \qquad \text{(I-Regler)} \qquad (3.26)$$

angenommen werden. r_0 ist hier ein konstanter Verstärkungsfaktor. Ein solcher Regler wird auch als I n t e g r a l - R e g l e r oder als I - R e g l e r bezeichnet.
Demgegenüber bezeichnet man einen Regler mit der ÜF

$$F_R(s) = V_1 \qquad \text{(P-Regler)} \qquad (3.27)$$

wie er in Abschn. 2.5 betrachtet wurde, als P r o p o r t i o n a l - R e g l e r oder als P - R e g l e r und
einen differenzierenden Regler

$$F_R(s) = p_0\, s \qquad \text{(D-Regler)} \qquad (3.28)$$

als D i f f e r e n t i a l - R e g l e r oder D - R e g l e r.

Die ÜF des aufgeschnittenen Regelkreises mit (3.25), (3.26) ist

$$F(s) = \frac{r_0}{s(1 + s\,\tau)} \qquad \left(\begin{array}{l} \text{I-Regler +} \\ \text{System 1. Ordnung} \end{array} \right) \qquad (3.29)$$

---

[1] Das Auftreten von $g(0)$ in (3.23) gibt die Möglichkeit, sog. „Anfangsbedingungen" zu berücksichtigen. Das ist erforderlich, wenn sich beispielsweise der Eingang eines Systems unmittelbar vor dem Eintreffen eines Signals nicht in der Ruhelage befindet.

und die des geschlossenen Kreises nach (2.6)

$$G(s) = \frac{r_0}{s^2 \, \tau + s + r_0} \qquad \left(\begin{array}{l}\text{I-Regler +} \\ \text{System 1. Ordnung}\end{array}\right) \tag{3.30}$$

Es handelt sich beim geschlossenen Kreis also nach (2.51) um ein System zweiter Ordnung mit

$$\text{Eigenfrequenz} \qquad \omega_0 = \sqrt{\frac{r_0}{\tau}}$$

$$\text{Dämpfung} \qquad \zeta = \frac{1}{2\sqrt{\tau \, r_0}}$$

$$\text{Verstärkung} \qquad G(0) = 1$$

Man sieht daraus, daß mit wachsender Verstärkung r_0 des offenen Kreises die Eigenfrequenz des Systems wächst und die Dämpfung sinkt. Die Größe

$$\beta = \omega_0 \, \zeta$$

die gemäß (2.47), (2.48) die exponentiell abfallende Umhüllende der gedämpften Schwingung beschreibt, ist dagegen unabhängig von r_0.

Besonders interessant ist es, den Einfluß des Reglers auf den asymptotischen Regelfehler zu diskutieren, und zwar soll als Eingangssignal nicht nur wie im vorigen Kapitel die Stufenfunktion $u_0(t)$, sondern auch die Funktion

$$x(t) = u_1(t) = \begin{cases} 0 & \text{für} & t \leqslant 0 \\ t & \text{für} & t > 0 \end{cases} = \int\limits_0^t u_0(\tau) \, d\tau \tag{3.31}$$

herangezogen werden.

Während $u_0(t)$ einen „Einheitssprung" der Führungsgröße $x(t)$ beschreibt, bedeutet $u_1(t)$ eine Führungsgröße, die einen Sprung in der zeitlichen Änderung besitzt. Unter Bezug auf einfache mechanische Modelle wird $u_1(t)$ daher auch als G e s c h w i n d i g - k e i t s s p r u n g oder R a m p e n f u n k t i o n bezeichnet. Die Laplace-Transformation von $u_1(t)$ ist leicht zu ermitteln, da $u_1(t)$ durch Integration aus $u_0(t)$ hervorgeht und einer Integration im Zeitbereich der Faktor $1/s$ im Frequenzbereich entspricht. Daher gilt

$$L[u_1(t)] = U_1(s) = \frac{1}{s^2} \tag{3.32}$$

Es wäre mühsam, den asymptotischen Regelfehler

$$\epsilon = \lim_{t \to \infty} e(t) = \lim_{t \to \infty} \{x(t) - y(t)\}$$

für die verschiedenen zur Diskussion stehenden Fälle in der Zeitdarstellung zu berechnen. Glücklicherweise läßt sich der asymptotische Regelfehler aber in der Frequenzdarstellung leicht ermitteln. Es gilt nämlich

$$\epsilon = \lim_{t \to \infty} e(t) = \lim_{t \to 0} s\, E(s) \tag{3.33}$$

wobei $E(s)$ die Laplace-Transformation von $e(t)$ ist:

$$E(s) = X(s) - Y(s) = X(s)\, \{1 - G(s)\} \tag{3.34}$$

Berechnet man mit Hilfe von (3.33) die asymptotischen Regelfehler für die drei Regler
(3.26), (3.27), (3.28) in Verbindung mit dem System erster Ordnung (3.25), die bei den
Eingangsfunktionen $u_0(t)$ bzw. $u_1(t)$ auftreten, so ergeben sich folgende Werte

Tab. 1   Asymptotische Regelfehler

ÜF des Reglers Eingangssignal	V_1	$\dfrac{r_0}{s}$	$p_0\, s$
$u_0(s)$	$\dfrac{1}{1 + V_1}$	0	1
$u_1(s)$	∞	$\dfrac{1}{r_0}$	∞

Man erkennt aus dieser Tabelle, daß der P-Regler bei einem Einheitssprung, wie bereits
im vorigen Kapitel festgestellt, einen bestimmten endlichen Fehler hervorruft, daß er abeı
eine Rampenfunktion nicht ausregeln kann. Der I-Regler ist in dieser Hinsicht günstiger.
Bei einem Einheitssprung hat er keinen, bei einer Rampenfunktion einen endlichen Regelfehler. Man kann das leicht einsehen, wenn man bedenkt, daß ein kleiner konstanter Regelfehler, wie er vom P-Regler erzeugt wird, im I-Regler integriert und dadurch mit der Zeit
zu einem großen Signal akkumuliert wird, welches den Regelmechanismus in Tätigkeit
setzt, bis der Regelfehler verschwindet. Die Rampenfunktion steigt dagegen zu schnell
an, als daß der Regelkreis ohne Fehler folgen könnte. Dies wäre erst bei einer zweimaligen
Integration möglich. Regelkreise mit I-Reglern können also entgegen der älteren
Auffassung in der Sinnesphysiologie auch den „Restreiz" ausregeln.

Beim D-Regler schließlich ist der asymptotische Regelfehler praktisch gleich dem Ein-
gangssignal, da dieser Regler nur auf schnelle Signaländerungen reagiert. Mit seiner
Hilfe läßt sich der Regelfehler bei schnellen zeitlichen Signalschwankungen verbessern.
Er kann aber nur in Kombination mit einem P- oder I-Regler verwendet werden.
Beispielsweise hat die ÜF des geschlossenen Kreises mit einem P-D-Regler

$$F_R(s) = V_1 - p_0\, s \quad \text{(P-D-Regler)} \tag{3.35}$$

und einem System erster Ordnung entsprechend (3.25) die Gestalt

$$G(s) = \frac{-s\,p_0 + V_1}{\tau\,s + 1 - s\,p_0 + V_1} \qquad \left(\begin{matrix} \text{P-D-Regler +} \\ \text{System 1. Ordnung} \end{matrix} \right) \qquad (3.36)$$

Am Nenner dieses Ausdruckes sieht man, daß hier τ und p_0 in Konkurrenz treten. Die Reaktion dieses Systems auf eine Stufenfunktion entspricht einem System erster Ordnung mit verminderter Zeitkonstante (s. Übungsaufgabe 19 b)).

Übungsaufgaben 18. Man berechne den Betrag und die Phase der Frequenzcharakteristiken für ein Integrationsglied

$$F_1(s) = \frac{1}{s}$$

und ein Differentiationsglied

$$F_2(s) = s$$

und zeichne die Bode-Diagramme dieser Funktionen.

19.a) Man untersuche die Reaktion eines Folge-Regelkreises, bestehend aus einem System 1. Ordnung mit der ÜF (3.25) und einem I-Regler mit der ÜF (3.26), auf einen δ-Impuls als Eingangsfunktion. Man prüfe den Einfluß der Größe $\tau\,r_0$ auf das Verhalten des Systems und diskutiere insbesondere den Fall $\tau\,r_0 = 1/4$.

b) Man untersuche die Reaktion eines Folge-Regelkreises, bestehend aus einem System 1. Ordnung und einem P-D-Regler gemäß (3.35), auf eine Stufenfunktion. Dabei widme man dem Ausdruck $\tau - p_0$ besondere Aufmerksamkeit. Bezüglich des Falles $\tau = p_0$ vgl. Abschn. 3.3 und Übungsaufgabe 21.

20. Man berechne und interpretiere die ÜF eines Reglers, der aus einer eigenen Rückführschleife gemäß dem in Bild 70, im Anhang Seite 156, abgebildeten Schema besteht. Dabei soll F_a ein Proportionalglied, F_b ein System 1. Ordnung sein:

$$F_a(s) = V_a, \qquad F_b(s) = \frac{V_b}{1 + \tau\,s}$$

Man betrachte insbesondere den Fall $V_a \to \infty$.

3.3. Das Stabilitätskriterium von Bode

Wie in Abschn. 3.1 in Zusammenhang mit Bild 27 bemerkt wurde, ist ein Übertragungssystem stabil, wenn seine ÜF nur Pole in der linken Halbebene der komplexen s-Ebene besitzt. Man könnte meinen, daß hierdurch die Frage der Stabilität eines Regelkreises einfach und endgültig zu entscheiden sei. Tatsächlich können aber instabile Systeme entstehen, wenn man Teilsysteme (z. B. Regler und geregeltes System), die für sich genommen stabil sind, zu einem Regelkreis zusammenschließt. Dies geht bereits aus der qualitativen Diskussion des Thermostaten in der Einleitung hevor. Quantitativ ergibt sich dieser Umstand aus der Formel (2.6). Setzt man dort $H(\omega) = 1$, faßt $F_R(\omega)$

und $F_S(\omega)$ zu $F(\omega)$ zusammen und verallgemeinert schließlich von ω zur komplexen Variablen s, so entsteht

$$G(s) = \frac{F(s)}{1 + F(s)} \qquad (3.37)$$

Hierin ist $F(s)$ die ÜF des aufgeschnittenen und $G(s)$ diejenige eines geschlossenen Folge-Regelkreises. Wie man an (3.37) sieht, sind die Pole von $F(s)$ durchaus nicht mit denen von $G(s)$ identisch, denn wenn $F(s)$ unendlich wird, bleibt $G(s)$ endlich. Gilt dagegen für bestimmte Werte von s

$$F(s) = -1 \qquad (3.38)$$

so wird $G(s)$ unendlich, d. h. $G(s)$ hat an diesen Stellen Pole. Die Pole von $G(s)$ liegen also an den Werten von s, die Lösungen der Gleichung (3.38) sind. Bei den folgenden Betrachtungen zu den S t a b i l i t ä t s k r i t e r i e n   v o n   B o d e   u n d   N y q u i s t kommt es auf die Gestalt des Nenners in (3.37) an, daher gelten sie für Festwert-Regelkreise ebenso wie für Folge-Regelkreise, was man am Vergleich von (2.3) mit (2.6) erkennt.

Da es verhältnismäßig mühsam ist, die Lage der Pole einer Funktion zu bestimmen, wäre es eine merkliche Erleichterung, wenn man bereits der ÜF $F(s)$ ansehen könnte, ob die daraus gemäß (3.37) gebildete Funktion $G(s)$ Pole in der rechten Halbebene hat oder nicht. Dies wird durch die Stabilitätskriterien von Bode und Nyquist geleistet, die im folgenden besprochen werden sollen. Vorher ist jedoch eine Bemerkung über die Bedeutung der Stabilitätsbetrachtungen für die biologische Kybernetik angebracht.

Die Prüfung der Stabilität ist in erster Linie eine Aufgabe des Ingenieurs, der ein technisches Regelsystem entwirft. Bei biologischen Systemen handelt es sich nicht um die Konstruktion eines neuen, sondern um das Verständnis eines vorgegebenen Systems, dessen Stabilität (oder auch Instabilität) bereits feststeht. Man könnte daher meinen, daß die Stabilitätskriterien für den Biologen ohne praktische Bedeutung seien. Sie erhalten ihre Bedeutung jedoch aus zwei Gründen:

1. Die Modelle, die man sich von einem biologischen System macht und die stets gegenüber der Wirklichkeit vereinfacht sind, müssen auf Stabilität geprüft werden.

2. Die Stabilität eines Regelkreises ist, wie wir noch sehen werden, in der Regel nur erfüllt, wenn kritische Parameter, wie z. B. die Verstärkung des Reglers, auf bestimmte Wertebereiche beschränkt werden.

Es ist nun für das Verständnis pathologischer Zustände, bei denen die Funktion eines Regelkreises gestört ist, sehr wichtig, solche Bereiche und Bereichsgrenzen der Stabilität zu kennen. Dies gilt besonders für mehrfach geregelte Systeme, bei denen man durch Eingriffe zur Behebung pathologischer Zustände einer Variablen auch andere Variable beeinflußt.

Das Bode-Kriterium knüpft an das Bode-Diagramm an, das für ein System erster Ordnung in Bild 16 und für ein System zweiter Ordnung mit zwei konjugiert komplexen Polen in Bild 22 dargestellt ist. Das Bode-Diagramm läßt sich verhältnismäßig leicht für Systeme mit beliebigen Polen und Nullstellen aufstellen. Die allgemeine Form der ÜF eines solchen Systems ist in (3.5) gegeben. Spezialisiert man zunächst auf den Fall einzelner reeller Pole und Nullstellen, so läßt sich (3.5) schreiben

$$F(s) = A \frac{(s - \sigma_1)(s - \sigma_2) \ldots (s - \sigma_\varrho)}{(s - s_1)(s - s_2) \ldots (s - s_m)} \tag{3.39}$$

wobei $\sigma_i (i = 1, 2, \ldots, \varrho)$ und $s_k (k = 1, 2, \ldots, m)$

reelle, unter sich verschiedene Zahlen sind. Die Anzahl der Nullstellen ist kleiner als die Anzahl der Pole ($\varrho < m$). Die Pole dürfen, da $F(s)$ ein stabiles System beschreiben soll, nur in der linken Halbebene (evtl. mit Ausnahme des Nullpunktes) liegen, für die Lage der Nullstellen besteht keine Beschränkung.

Zur Aufstellung des Bode-Diagramms hat man zunächst die ÜF auf die FC zu spezialisieren, also in (3.39) s durch i ω zu ersetzen. Die einzelnen Faktoren von Zähler und Nenner kann man dann entsprechend (2.32), (2.33) folgendermaßen schreiben:

Für einen Faktor des Nenners

$$\frac{1}{i\,\omega - s_k} = \frac{1}{\sqrt{\omega^2 + s_k^2}}\; e^{i\,\arctan\,\omega/s_k} \tag{3.40}$$

für einen Faktor des Zählers

$$i\,\omega - \sigma_i = \sqrt{\omega^2 + \sigma_i^2}\; e^{-i\,\arctan\,\omega/\sigma_i} \tag{3.41}$$

Die entsprechend Bild 16 und Approximation (2.34) schematisierten Bode-Diagramme einzelner Pole bzw. Nullstellen sind in Bild 30 dargestellt. Dabei muß unterschieden werden zwischen Nullstellen in der linken und solchen in der rechten Halbebene, weil bei den ersteren σ_i negativ ist, die Phase also nach (3.41) ansteigt, bei den letzteren dagegen bei umgekehrtem Vorzeichen die Phase abfällt.

Aus den Bode-Diagrammen der einzelnen Faktoren läßt sich leicht ein ungefährer Überblick über das Bode-Diagramm der gesamten ÜF gewinnen. Da die Verstärkung in dB, also in einem logarithmischen Dämpfungsmaß aufgetragen wird, addieren sich die Beiträge der einzelnen Faktoren. Ebenso addieren sich die Phasenwinkel. Dies ist in Bild 31 für die FC

$$F(\omega) = \frac{A}{(i\,\omega - s_1)(i\,\omega - s_2)(i\,\omega - s_3)} \tag{3.42}$$

demonstriert. Mit jedem Pol vergrößert sich der Abfall der Dämpfung derart, daß nach dem ersten Pol der Abfall 6,02 dB/Oktave, nach dem zweiten Pol das Doppelte und nach dem dritten Pol das Dreifache beträgt.

Das tatsächliche Bode-Diagramm verläuft im Gegensatz zum schematisierten nicht sprunghaft, sondern abgerundet, wie dies durch die gestrichelten Linien angedeutet ist.

Man kann umgekehrt aus dem Verlauf eines experimentell gewonnenen Bode-Dia-

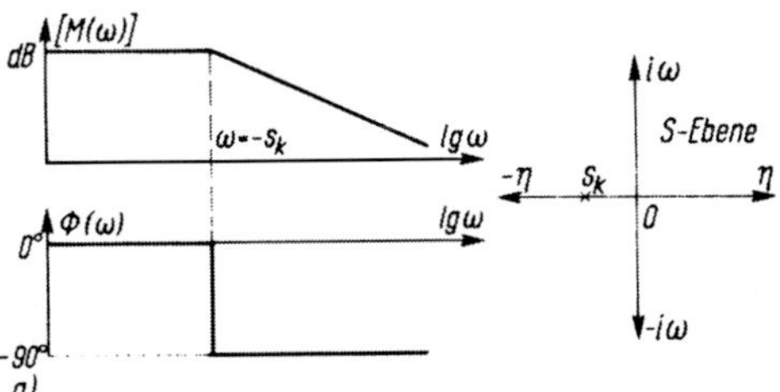

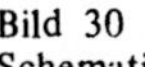

Bild 30
Schematisierte Bode-Diagramme von
Pol und Nullstellen.
Neben den Bode-Diagrammen für die
Verstärkung und Phase ist die Lage
des Poles bzw. der Nullstelle in der
s-Ebene eingetragen.
a) reeller Pol in der linken Halbebene:
die Verstärkung fällt mit steigender
Kreisfrequenz, die Phase bleibt zurück.
Die Eckfrequenz liegt bei $\omega = - s_k$
(s_k negativ!)
b) reelle Nullstelle in der linken Halbebene: die Verstärkung wächst mit
steigender Kreisfrequenz, die Phase
eilt vor. Pole und Nullstellen in der
linken Halbebene verhalten sich hinsichtlich Verstärkung und Phase ent-
gegengesetzt
c) reelle Nullstelle in der rechten Halbebene: die Verstärkung wächst mit
steigender Kreisfrequenz, die Phase
bleibt zurück. Pole in der linken und
Nullstellen in der rechten Halbebene
kompensieren sich hinsichtlich der
Verstärkung, aber nicht hinsichtlich
der Phase

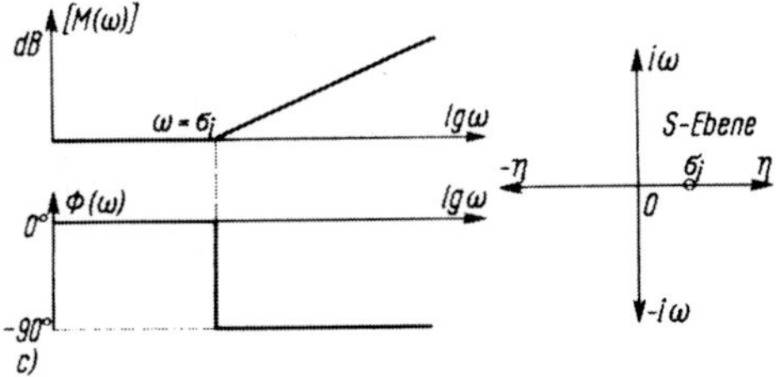

Bild 31
Bode-Diagramm einer ÜF mit drei reellen
Polen.
Die Pole liegen bei $s_1 = -1$, $s_2 = -5$,
$s_3 = -25$. Für die Verstärkung und die
Phase sind die schematischen (————)
und die tatsächlichen (— — — — —) Kur-
ven eingetragen. Die statische Verstär-
kung V bestimmt sich nach (3.42) mit
A = 2230 aus der Gleichung
$$[M(0)] = 20 \lg V = 20 \, \{\lg A - \lg s_1 - \lg s_2 - \lg s_3\}$$
Die kritische Kreisfrequenz liegt bei
$\omega_C = 14{,}1$ ($\lg \omega_C = 1{,}15$). Die Dämp-
fung an dieser Stelle ist -6 dB ent-
sprechend der dynamischen Verstärkung
$M(\omega_C) \approx 0{,}5$, so daß ein geschlossener
Regelkreis mit diesem System stabil ist

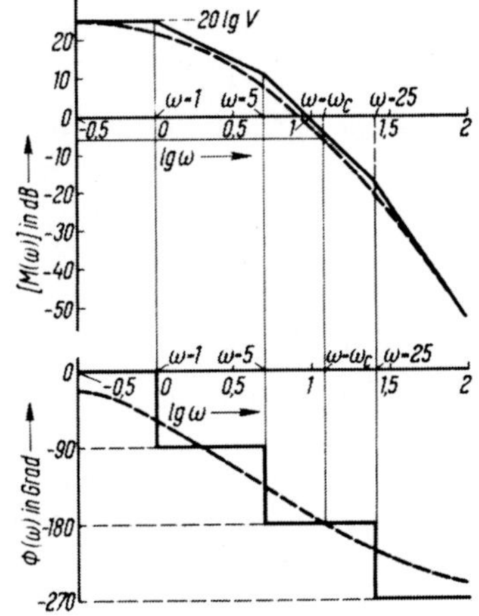

gramms auf die Anzahl und Lage der Pole und Nullstellen schließen. Dies ist für die modellmäßige Interpretation biologischer Systeme von großer Bedeutung. Kommen in der ÜF Paare von konjugiert komplexen Polen vor, so verläuft das Bode-Diagramm, wie aus Bild 22 hervorgeht, komplizierter, weil evtl. Resonanzmaxima auftreten. Jedoch trägt ein Paar konjugierter Pole zum Abfall von $|F(\omega)|$ bei großen Frequenzen ebenso viel bei wie zwei einzelne Pole, nämlich 12,04 dB/Oktave. Im Bereich mittlerer Frequenzen muß der Verlauf des Diagramms für jeden Fall einzeln geprüft werden. Ähnliches gilt für die Nullstellen.

Für das Stabilitätskriterium von Bode spielt die Frequenz ω_C, bei der die Phasenverschiebung $-180°$ beträgt, eine wichtige Rolle. Verwendet man ein sinusförmiges Signal dieser Frequenz als Eingangssignal eines geschlossenen Regelkreises, so läuft über die Rückführungsleitung ein Signal gleicher Frequenz, dessen Phase aber um $180°$, d. h. um eine halbe Periode gegenüber dem Eingangssignal verzögert ist. Dieses Signal wird vom Eingangssignal subtrahiert. Da aber wegen der Phasenverschiebung negative Halbwellen der Rückführung mit positiven Halbwellen in der direkten Leitung zusammentreffen, bedeutet dies eine Addition der Maxima. Die Rückführung wirkt also wie eine positive Rückkopplung. Ist nun das Rückkopplungssignal ebenso groß wie oder größer als das Eingangssignal, wächst das Gesamtsignal auf dem Wege über eine fortgesetzte Rückkopplung über alle Grenzen bzw. so lange, bis sich Nichtlinearitäten im Kreis bemerkbar machen, die ein weiteres Anwachsen des Signals verhindern. Die entscheidende Frage für das Stabilitätskriterium von Bode ist also, ob die Verstärkung des Signals bei der kritischen Frequenz ω_C größer oder kleiner als eins ist. Die Verstärkung $|F(\omega)| = 1$ entspricht dem Dämpfungswert 0 dB.

Um Auskunft über Stabilität oder Instabilität eines Regelkreises zu erhalten, zeichnet man also das Bode-Diagramm, sucht in der Phasenkurve diejenige Frequenz ω_C auf, bei der die Phasenverschiebung $-180°$ beträgt und prüft dann bei der Dämpfungskurve, ob diese bei der betreffenden Frequenz unterhalb oder oberhalb von 0 dB verläuft.

Bode-Kriterium. *Der geschlossene Regelkreis ist stabil, wenn die dynamische Verstärkung im aufgeschnittenen Kreis bei der kritischen Frequenz ω_C kleiner als eins ($[M] < 0\,dB$) ist. Im Falle $[M] > 0\,dB$ ist das System instabil.*

Man erkennt leicht, daß z. B. ein System erster Ordnung gar nicht instabil werden kann, weil es nur eine Phasenverschiebung von $90°$ erreicht. Auch ein System zweiter Ordnung kann theoretisch nicht instabil werden, weil die Phasenverschiebung von $180°$ erst bei sehr großen Frequenzen erreicht wird, bei denen die Verstärkung schon sehr klein ist. Man muß allerdings bei der praktischen Anwendung um den kritischen Wert von $180°$ einen gewissen Sicherheitsbereich $\Delta\omega$ legen, der durch Erfahrungswerte bestimmt ist. Ist in diesem Bereich $\omega_C \pm \Delta\omega$ $[M] \geqslant 0$ dB, so neigt das System zur Instabilität, auch wenn für den exakten Wert ω_C die Bedingung der Stabilität erfüllt ist. Dies kann sich z. B. dadurch bemerkbar machen, daß Störungsschwingungen, zu denen das System von außen erregt wird, nur langsam abklingen. Dies kann auch bei einem System zweiter Ordnung, bei dem die Verstärkung an der zweiten Eckfrequenz s_2 noch sehr groß ist, gelegentlich auftreten.

Es ist offensichtlich, daß die Stabilität stark von den Parametern des Systems abhängt. Vergrößert man z. B. den Verstärkungsfaktor

$$F(0) = V = \left| \frac{A}{s_1\, s_2\, s_3} \right| \tag{3.43}$$

des Systems (3.42), so bedeutet dies eine Verschiebung der Dämpfungskurve im Diagramm von Bild 31 nach oben, so daß der Wert für ω_C leicht größer als 0 dB werden kann. Ebenfalls bewirkt eine Verschiebung der Pole s_i in der s-Ebene nach links (also im Diagramm Bild 31 nach rechts) eine Anhebung der Verstärkung bei höheren Frequenzen, fördert also die Instabilität.

Übungsaufgabe 21. Man diskutiere das Bode-Diagramm eines Systems, das einen reellen Pol in der linken Halbebene bei $s = -s_1$ und eine Nullstelle in der rechten Halbebene bei $s = +s_1$ hat. Systeme, deren Nullstellen wie bei diesem System spiegelbildlich zu den Polen bezüglich der imaginären Achse liegen, heißen A l l p ä s s e.

3.4. Das Stabilitätskriterium von Nyquist

Bei allen Betrachtungen zur Stabilität eines Systems hat man sich mit der Schwierigkeit auseinanderzusetzen, daß eine Funktion F(s) der komplexen Variablen s schlecht graphisch darzustellen ist, so daß man keinen unmittelbaren Eindruck von ihrem Verlauf bekommt. Im Bode-Diagramm wird diese Schwierigkeit dadurch überbrückt, daß s auf die imaginäre Achse i ω beschränkt wird und außerdem zwei Kurven für Betrag und Phase von F(s) gezeichnet werden.

Im Falle des Nyquist-Kriteriums verwendet man eine andere Form der Darstellung. Man zeichnet sowohl für s als auch für F(s) eine komplexe Ebene. Legt man in der s-Ebene eine bestimmte zusammenhängende Kurve C für den Verlauf der Variablen s fest und markiert für jeden Punkt s_0 dieser Kurve den zugehörigen Punkt $F(s_0)$ in der F-Ebene, so erhält man auch in der F-Ebene eine Kurve C′, die ebenfalls zusammenhängt, jedoch im allgemeinen eine andere Gestalt hat. Man spricht von einer „Abbildung" der Kurve der s-Ebene in die Kurve der F-Ebene.
Zur Formulierung des Nyquist-Kriteriums benötigt man einen Lehrsatz aus der Funktionentheorie, der eine Aussage darüber macht, wie die Pole und Nullstellen einer Funktion die eben besprochene Abbildung beeinflussen. Dieser Lehrsatz von Cauchy lautet folgendermaßen: Umfährt man mit einer geschlossenen Kurve C in der s-Ebene ein Gebiet G im Uhrzeigersinn (s. Bild 32) und liegen in diesem Gebiet N Nullstellen und P Pole der Funktion F(s), so umläuft die Kurve C′ — also die Abbildung von C — in der F-Ebene den Nullpunkt $\{Z = N - P\}$-mal im Uhrzeigersinn. Ist die Anzahl Z negativ, so erfolgen die Umläufe von C′ entgegen dem Uhrzeigersinn.

Im schematischen Beispiel von Bild 32 liegen im Gebiet G der s-Ebene P = 3 Pole und N = 2 Nullstellen. Infolgedessen macht das Abbild der Kurve C, die Kurve C′, in der F-Ebene $Z = -1$ Umläufe im Uhrzeigersinn, d. h. einen Umlauf gegen den Uhrzeigersinn um den Nullpunkt.

Im Zusammenhang mit der Stabilität eines Regelkreises sind wir daran interessiert zu erfahren, ob die Funktion G(s) in der rechten Halbebene Pole besitzt. Die Pole von G(s) sind nach (3.37) die Nullstellen von F(s) + 1, also Lösungen der Gleichung $F(s) + 1 = 0$.

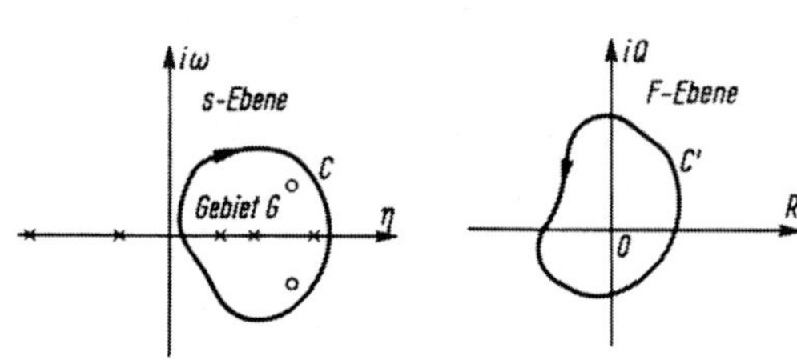

Bild 32
Zur Demonstration des Satzes von Cauchy.
In der komplexen s-Ebene umschließt die Kurve C ein Gebiet G, in welchem drei Pole (Kreuze) und zwei Nullstellen (Kreise) liegen. Durchläuft die Variable s = η + i ω die Kurve C einmal im Uhrzeigersinn, so durchläuft die Variable F = R + i Q in der komplexen F-Ebene eine Kurve C′, die den Nullpunkt einmal entgegen dem Uhrzeigersinn umläuft. F ist mit s durch F(s) = R(s) + i Q(s) verknüpft

Die Kurve C in der s-Ebene soll also die ganze rechte Halbebene umlaufen, sie wird also von $-i\infty$ entlang der imaginären Achse i ω nach $+i\infty$ und dann über einen unendlich großen Halbkreis zurück nach $-i\infty$ geführt (s. Bild 33).

Es ist für das Folgende ratsam, eine geringfügige Änderung in der Bezeichnung vorzunehmen. Da die statische Verstärkung V des Kreises (ω = 0) eine wichtige Rolle in der Stabilitätsfrage spielt, soll jetzt die ÜF des offenen Kreises mit $V \cdot F_n(s)$ anstatt mit F(s) bezeichnet werden. $F_n(s)$ ist dann auf die Verstärkung Eins normiert.

Man kann davon ausgehen, daß das System $F_n(s)$ im direkten Übertragungszweig stabil ist, da alle Komponenten eines Regelkreises normalerweise für sich selbst stabil sind. Die Funktion $F_n(s)$, also auch die Funktion $V \cdot F_n(s) + 1$ hat in der rechten Halbebene daher keine Pole. Hat $V \cdot F_n(s) + 1$ Nullstellen in der rechten Halbebene, so wird dies durch Umläufe der Kurve C′ um den Nullpunkt angezeigt. Die Gleichung

$$V \cdot F_n(s) + 1 = 0 \tag{3.44}$$

also die Bedingung für das Auftreten von Nullstellen, ist aber gleichbedeutend mit

$$F_n(s) = -\frac{1}{V} \tag{3.45}$$

Daher vereinfacht es die Betrachtung etwas, wenn man nicht die Kurve C′ betrachtet, die durch die Funktion $V \cdot F_n(s) + 1$ beschrieben wird, sondern die Kurve C″, die zur Funktion $F_n(s)$ gehört. Umläuft C′ den Nullpunkt, so umläuft C″ den Punkt $-1/V$.

Nyquist-Kriterium. *Instabilität tritt auf, wenn die Kurve C″ den Punkt $-1/V$ in der F_n-Ebene ein- oder mehrfach im Uhrzeigersinn umläuft.*

Dieses Kriterium soll am Beispiel

$$F_n(s) = \frac{1}{(\tau_1\, s + 1)\,(\tau_2\, s + 1)\,(\tau_3\, s + 1)} \qquad (3.46)$$

demonstriert werden. τ_1, τ_2, τ_3 sind Zeitkonstanten, wie sie z. B. in (2.25) verwendet werden. Es handelt sich bei $F_n(s)$ also um eine Funktion mit drei reellen Polen in der negativen Halbebene.

Wir haben nun den Verlauf der Kurve C'' zu untersuchen. Für den Weg von s entlang der imaginären Achse setzt man $s = i\,\omega$. Bei $s = i\,\omega = 0$ ist $F_n(0) = 1$. Dieser Punkt wird mit $A(\omega = 0)$ markiert (s. Bild 33). Wie man an (3.46) sieht, nimmt der Betrag

Bild 33
Zum Nyquist-Kriterium.
Die Kurve C in der s-Ebene verläuft entlang der imaginären ω-Achse, beginnend bei $\omega = 0$, bis zu einem sehr großen Wert $i\,\omega_u$, dann entlang eines Halbkreises in der rechten Halbebene nach $-i\,\omega_u$ und wieder entlang der imaginären Achse zum Nullpunkt. Wenn ω_u gegen Unendlich strebt, wird der Halbkreis zum unendlich fernen Halbkreis, und C umschließt die ganze rechte Halbebene. Mit (3.47) wird in der F_n-Ebene eine Kurve C'' erzeugt, deren Verlauf qualitativ gezeigt ist. Weitere Erklärungen im Text.

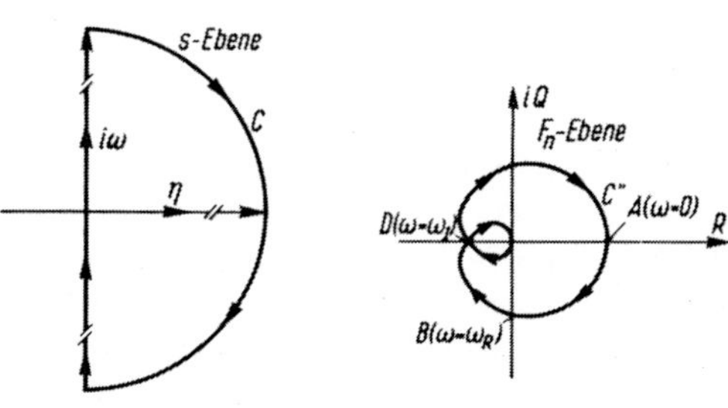

von $F_n(\omega)$ mit wachsendem $|\omega|$ ab. Die Kurve C'' nähert sich also sowohl für $\omega \to \infty$ wie für $\omega \to -\infty$ dem Nullpunkt. Für das Weitere zerlegt man $F_n(\omega)$ in Real- und Imaginärteil:

$$F_n(\omega) = \frac{1 - \omega^2\,(\tau_1\,\tau_2 + \tau_1\,\tau_3 + \tau_2\,\tau_3)}{(\tau_1^2\,\omega^2 + 1)\,(\tau_2^2\,\omega^2 + 1)\,(\tau_3^2\cdot\omega^2 + 1)} +$$
$$+\; i\,\frac{\omega\,\{\omega^2\,\tau_1\,\tau_2\,\tau_3 - (\tau_1 + \tau_2 + \tau_3)\}}{(\tau_1^2\,\omega^2 + 1)\,(\tau_2^2\,\omega^2 + 1)\,(\tau_3^2\,\omega^2 + 1)} \qquad (3.47)$$

Wächst ω, von Null beginnend, an, so wird der Imaginärteil zunächst negativ, dann wird ein Punkt $B(\omega = \omega_R)$ erreicht, an dem die imaginäre Achse geschnitten wird. Dort verschwindet der Zähler des Realteils.
Es gilt für $\omega = \omega_R$:

$$\omega_R^2 = \frac{1}{\tau_1\,\tau_2 + \tau_1\,\tau_3 + \tau_2\,\tau_3}$$

Nach weiterem Anwachsen von ω verschwindet der Imaginärteil bei $\omega = \omega_I$ mit

$$\omega_I^2 = \frac{\tau_1 + \tau_2 + \tau_3}{\tau_1\,\tau_2\,\tau_3}$$

Die Kurve schneidet die reelle Achse bei $D(\omega = \omega_I)$ und nähert sich dann dem Nullpunkt.

Für $\omega \to -\infty$ ergibt sich ein genau spiegelbildlicher Verlauf. Während C den unendlich
großen Halbkreis durchläuft, verweilt C'' am Nullpunkt.

Durchläuft man C im Uhrzeigersinn, so wird C'' in Richtung der Pfeile durchlaufen.
Über die Stabilität entscheidet der Punkt $-1/V$. Dieser liegt auf der negativen
reellen Achse. Ist

$$\left|\frac{1}{V}\right| > \left|F_n(\omega_I)\right| \tag{3.48}$$

so liegt der Punkt $-1/V$ außerhalb der Kurve C'', das System ist stabil. Gilt dagegen

$$\left|\frac{1}{V}\right| < \left|F_n(\omega_I)\right| \tag{3.49}$$

so liegt $-1/V$ innerhalb der Kurve C'' und wird von dieser zweimal umlaufen.
$G(s)$ hat dann zwei Pole in der rechten Halbebene, das System ist instabil.

In der Bedingung (3.48) erkennt man das Bode-Kriterium wieder, denn beim Punkt
$D(\omega = \omega_I)$, bei dem C'' die negative reelle Achse schneidet, hat die Phase von
$F(\omega)$ den Wert $-180°$. Über die Stabilität entscheidet dann die gesamte Verstär-
kung des Kreises für die betreffende Frequenz, d. h. der Wert von $V \cdot |F_n(\omega_I)|$.

Genau wie beim Bode-Kriterium gibt es auch beim Nyquist-Kriterium vor dem Eintreten der Instabilität bei einem kritischen Wert von V einen Bereich von V-Werten,
in dem (3.49) noch nicht erfüllt ist, jedoch Störungen nur sehr langsam abklingen.
Außerdem sind die Systemparameter niemals völlig konstant, so daß z. B. durch
Temperaturänderungen auch die Lage der Pole bzw. Nullstellen verschoben werden
kann.

Ob man im Einzelfall das Bode-Kriterium oder das Nyquist-Kriterium anwendet,
ist weitgehend Geschmacksache. Das Nyquist-Kriterium ist etwas allgemeiner und
bewährt sich bei Grenzfällen besser. Es ist besonders zur Prüfung von Modellen
geeignet, deren ÜF schon in analytischer Form vorliegt. Das Bode-Kriterium eignet
sich dagegen besser bei experimentell ermittelten Frequenz-Charakteristiken.

Während man beim Bode-Diagramm von vornherein nur den Betrag und die Phase
von F über der ω-Achse verwendet, geht man beim Nyquist-Kriterium von der
komplexen Funktion F der komplexen Variablen s aus. An dem zuletzt behandel-
ten Beispiel und an Bild 33 wird indessen deutlich, daß sich auch im Falle des
Nyquist-Kriteriums der gesamte Umlauf der Kurve C'' in der F-Ebene vollzieht,
während die Variable s die imaginäre ω-Achse durchläuft. Daraus mag der Eindruck
entstehen, daß die Erweiterung der FC zur ÜF, also der Übergang von $F(\omega)$ zu
$F(s)$ im Grunde genommen überflüssig ist. Dies ist auch insofern zutreffend, als
man auf rein mathematischem Wege aus der Funktion $F(\omega)$ alle Eigenschaften der
Funktion $F(s)$ ermitteln kann. Es ist also auch möglich, alle Aussagen über die
Eigenschaften von Regelkreisen, die man aus $F(s)$ gewinnt, bereits mit Bezug auf

F(ω) zu formulieren. Der Vorteil, den die Verwendung von F(s) bietet, liegt in ihrer Einfachheit und Übersichtlichkeit. Aus der Lage von Polen und Nullstellen lassen sich „mit einem Blick" alle wesentlichen Eigenschaften des Systems ablesen. Dies ist besonders beim Entwurf und der Anpassung von Modellen außerordentlich nützlich.

3.5. Minimalphasensysteme

Übertragungssysteme, deren ÜF nur Pole und Nullstellen in der linken Halbebene besitzen, sind vor anderen Systemen dadurch ausgezeichnet, daß zwischen Betrag und Phase der FC eine feste Beziehung besteht. Man erkennt dies aus Bild 30. Ein Pol bewirkt einen Abfall des Betrages um 6,02 dB/Oktave und eine Verzögerung der Phase um 90°. Umgekehrt bewirkt eine Nullstelle den Anstieg des Betrages (bzw. die Verminderung des Abfalls) um 6,02 dB/Oktave und ein Voreilen der Phase um 90°. Beim Zusammenwirken mehrerer derartiger Pole und Nullstellen werden also der Betrag und die Phase der FC stets im gleichen Sinne (Abschwächung ~ Phasenverzögerung, Anstieg ~ Phasenvoreilen) beeinflußt. Bei derartigen Systemen braucht man daher nur eine der beiden Kurven des Bode-Diagramms zu messen; die andere kann daraus berechnet werden. Die entsprechenden Umrechnungsformeln erfordern bei ihrer Handhabung einige mathematische Erfahrung, so daß auf ihre Wiedergabe hier verzichtet wird (vgl. z. B [8]). In den meisten Fällen wird man auf einfache Systeme zurückgreifen, bei denen der Zusammenhang zwischen Betrag und Phase aus dem Bode-Diagramm hervorgeht.

Minimalphasensysteme *sind Systeme, deren Pole und Nullstellen nur in der linken Halbebene liegen.*

Der Grund für diese Benennung ist leicht ersichtlich. Vergleicht man nämlich an Hand von Bild 30 die Wirkung einer Nullstelle in der linken Halbebene auf die FC mit derjenigen einer Nullstelle in der rechten Halbebene, so bemerkt man folgendes: Die Wirkung auf den Betrag ist in beiden Fällen gleich, die Phase dagegen eilt im ersten Fall vor, im zweiten bleibt sie zurück. Verlegt man also eine Nullstelle aus der linken in die rechte Halbebene, so bewirkt dies insgesamt eine Phasenverzögerung von 180°.

Minimalphasensysteme haben die bezogen auf den Betrag der FC kleinstmögliche Phasenverzögerung.

Leider kann man es einem Übertragungssystem, dessen ÜF man nicht kennt, nur schwer ansehen, ob es ein Minimalphasensystem ist oder nicht. Daher muß man in der Regel Betrag und Phase der FC messen.

Man kann dann hinterher prüfen, ob es sich um ein Minimalphasensystem handelt. Dies führt, wie im nächsten Abschnitt klar wird, oft zu interessanten Rückschlüssen auf die Struktur des Systems.

Nullstellen in der rechten Halbebene sind in Regelkreisen vom Standpunkt der Stabilität unerwünscht, denn sie bewirken eine Phasenverzögerung ohne gleichzeitig die entsprechende Dämpfung des Signals herbeizuführen. Dies erhöht, wie man an dem Bode-Kriterium leicht sieht, die Neigung zur Instabilität.

In manchen Fällen möchte man tatsächlich oder rechnerisch Signale in umgekehrter Richtung durch ein Übertragungssystem senden. Dies ist z. B. erforderlich, wenn man den Eintritt eines Störsignals um einen Block vorverlegen will. Dann ist die reziproke ÜF wirksam, Nullstellen werden also zu Polen und nicht phasenminimale Systeme zu instabilen Systemen.

3.6. Systeme mit Totzeit

Aus den bisherigen Betrachtungen waren durch die Beschränkung auf Systeme mit diskreten Signalspeichern, deren Zahl die Ordnung bestimmt, Effekte ausgeschlossen, die damit zusammenhängen, daß die Signale nicht beliebig schnell vom Ausgang eines Teilsystems zum Eingang des nächsten gelangen. Es ist bisher stets vorausgesetzt worden, daß die Laufzeit des Signals klein im Vergleich zu dem Zeitintervall ist, in welchem das Signal seine Größe merklich ändern kann.

Die Laufzeiten der Signale sind aber gerade in vielen biologischen Systemen nicht zu vernachlässigen, weil die Signale nicht ausschließlich mittels der relativ schnellen elektrischen Nervenerregung, sondern oft auch z. B. durch Diffusion oder Strömungstransport chemischer Substanzen übertragen werden. Die für einen Transportvorgang benötigte Zeit wird bei der Systemanalyse als T o t z e i t bezeichnet. Diese Totzeit ist also sorgfältig von der früher definierten Verzögerungszeit (s. Bild 21) zu unterscheiden. Die Verzögerungszeit bezieht sich auf die Verformung bei der Übertragung (bzw. Umwandlung) des Signals in einem örtlich lokalisierten Übertragungssystem (das in den schematischen Darstellungen als Kästchen dargestellt wird). Die Totzeit bezieht sich dagegen auf den Transport des Signals von einem Kästchen zum nächsten, wobei keine Verformung des Signals auftritt. In der Praxis ist diese Trennung allerdings manchmal nicht sehr deutlich, weil in einem realen System gleichzeitig Totzeiten und Signaldeformationen auftreten. Trotzdem ist bei der Systemanalyse eine Trennung der beiden Phänomene zweckmäßig.

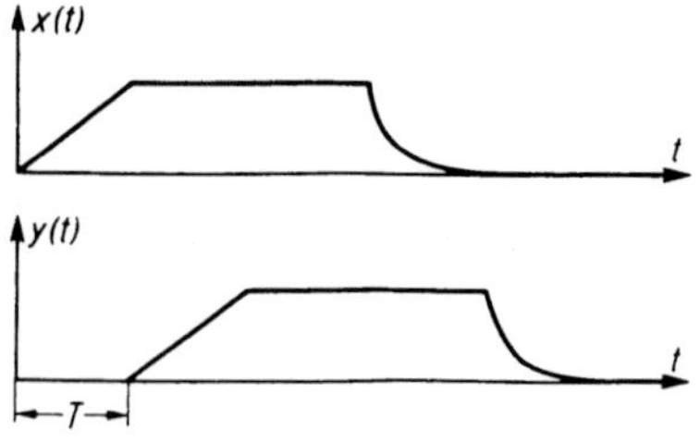

Bild 34
Zur Definition der Totzeit.
Das Ausgangssignal y(t) eines Übertragungssystems mit Totzeit hat die gleiche Form wie das Eingangssignal x(t). Lediglich ist y(t) gegen x(t) auf der Zeitachse um einen bestimmten Betrag, nämlich die Totzeit T, in positiver Richtung verschoben

Formal und quantitativ läßt sich das Auftreten von Transportvorgängen und dadurch bedingten Totzeiten folgendermaßen beschreiben:

Ist das Eingangssignal gegeben durch x(t), so hat das Ausgangssignal y(t) den gleichen zeitlichen Verlauf, ist aber um die Totzeit T verschoben (Bild 34), d. h.:

$$y(t) = x(t - T) \tag{3.50}$$

Ein derartiges Übertragungssystem kann durch die ÜF

$$F_T(s) = e^{-sT} \tag{3.51}$$

beschrieben werden[1]).

Diese ÜF ist im Gegensatz zu den bisher betrachteten keine rationale, durch Pole und Nullstellen zu kennzeichnende Funktion. Darin kommt zum Ausdruck, daß hier nicht lokalisierte Energiespeicher, sondern ausgedehnte Transportstrecken betrachtet werden.

Das Bode-Diagramm von (3.51) ist gekennzeichnet durch

$$|F(\omega)| = M = 1, \quad \text{also} \quad [M] = 0 \tag{3.52}$$

und

$$\Phi(\omega) = -\omega T \tag{3.53}$$

(s. Bild 35). Bei $\omega = 1/T$, dem Analogon der „Eckfrequenz", ergibt sich ein Phasennachlauf von -1 im Bogenmaß, was einem Winkel von $-57,3°$ entspricht.

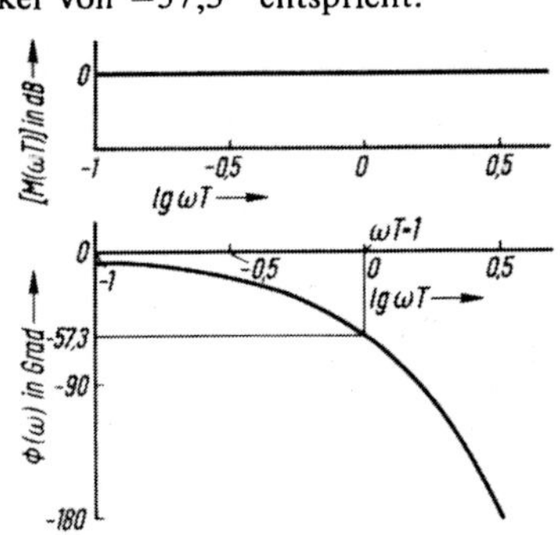

Bild 35
Bode-Diagramm eines Übertragungssystems mit Totzeit.
Die Dämpfung [M] und die Phase Φ der ÜF eines Systems mit der Totzeit T sind als Funktion von lg ω T entsprechend (3.52), (3.53) aufgetragen. Für jeden fest gewählten Wert von T ergibt sich dadurch der zugehörige Maßstab für ω, so daß aus dieser Kurve die Phasenwerte für alle Werte T und ω abgelesen werden können. Die Dämpfung ist konstant (gleich 0 dB) für alle Werte ω T

Da dieser Phasennachlauf nicht mit einer entsprechenden Dämpfung des Signals verbunden ist, sind Systeme mit Totzeiten keine Minimalphasensysteme. Treten also Totzeiten in Regelkreisen auf, so beeinträchtigen sie die Stabilität, wie dies aus dem Bode-Kriterium hervorgeht.

---

[1]) Durch Laplace-Transformation von (3.50) erhält man

$$Y(s) = \int_T^\infty e^{-st} x(t - T)\, dt$$

$$= \int_0^\infty e^{-s(t'+T)} x(t')\, dt' = e^{-sT} X(s)$$

Instabilitäten, die durch Transport- bzw. Totzeiteffekte entstehen, spielen in der Biologie und Medizin ebenso wie in anderen Gebieten (Wirtschaft, Finanzen, Verkehr usw.) eine große Rolle. Als M u s t e r b e i s p i e l dafür ist in die Literatur der sog. S c h w e i n e z y k l u s eingegangen: Wenn die Preise für Schweinefleisch hoch sind, werden die Landwirte dadurch zur vermehrten Aufzucht von Schweinen motiviert. Da das Heranwachsen der Tiere eine beträchtliche Zeit dauert, macht sich die vermehrte Zahl (Eingangssignal) nicht sogleich am Markt (Ausgangssignal) bemerkbar. Infolgedessen steigt das Eingangssignal weiter, bis nach Ablauf der Totzeit (Aufzucht der Schweine) das Ausgangssignal plötzlich zu steigen beginnt. Die Wirkung (Verminderung der aufzuziehenden Schweine) kommt jedoch zu spät, um noch als gutes Regulativ wirken zu können, denn die inzwischen in Aufzucht begriffenen Schweine kommen noch alle auf den Markt. Infolgedessen fallen die Preise und es setzt die gegenläufige Bewegung ein. Das Resultat eines solchen schlecht stabilisierten Systems ist eine ungedämpfte Regelschwingung.

Wenn man auch bezüglich der Schweinepreise diesen Prozeß inzwischen durchschaut und Maßnahmen zur wirksamen Stabilisierung ergriffen hat, so liegt dieses Prinzip doch vielen anderen pathologischen Zuständen — medizinischen sowohl als auch ökonomischen oder verkehrstechnischen — zugrunde.

3.7. Der Pupillenregelkreis II

Mit den bisher in Abschn. 3 gewonnenen theoretischen Kenntnissen soll jetzt die Erörterung des Pupillenregelkreises von Abschn. 2.7 fortgesetzt werden. Wir knüpfen an das aus experimentellen Daten gewonnene Bode-Diagramm des aufgeschnittenen Regelkreises (Bild 26) an. Aus dem Abfall des Betrages der FC schließt man, daß die ÜF drei Pole hat, die in der Nähe von $s_0 = -1/0{,}1 = -10$ liegen. Ob die drei Pole alle genau an dieser Stelle liegen, wie es bei der formelmäßigen Darstellung der ÜF in (2.63) angenommen wurde, ist aus den experimentellen Daten naturgemäß nicht abzulesen und ist nicht von größerer Bedeutung.

Aus der Dämpfungskurve für den Betrag der FC kann man gemäß der Diskussion in Abschn. 3.5 den zugehörigen Phasengang eines Minimalphasensystems berechnen. Diese Kurve ist in Bild 26 eingezeichnet. Man erkennt, daß der aufgeschnittene Pupillenkreis eine größere Phasenverschiebung besitzt, mithin kein Minimalphasensystem ist.

Der überschüssige Phasengang kann nach den Erörterungen der vorhergehenden Abschnitte durch Nullstellen in der rechten Halbebene oder durch Totzeiten im System verursacht werden. Die Entscheidung zwischen diesen beiden Möglichkeiten läßt sich auf Grund des unterschiedlichen Verlaufes dieser Phasenanteile treffen. Sie fällt beim Pupillenkreis zugunsten der Totzeit aus. In Bild 26 ist der Phasengang eines Totzeit-Systems mit $T = 0{,}22$ s eingezeichnet. Die Summe dieser Werte und des Minimalphasenanteils ist in Form von Kreuzen an der gemessenen Kurve angegeben. Man erkennt eine den Umständen entsprechend befriedigende Übereinstimmung.

Durch Benutzung der Formel (3.51) für die ÜF eines Totzeit-Systems gelangt man
zur ÜF des aufgeschnittenen Regelkreises, die bereits in (2.63) angegeben ist:

$$F(s) = \frac{0{,}16\,e^{-0{,}22s}}{(1 + 0{,}1\,s)^3} \tag{3.54}$$

Die Stabilität des geschlossenen Regelkreises ist experimentell gewährleistet. Trotzdem ist es ratsam, die Prüfung nach dem Bode-Kriterium durchzuführen, weil dies
ein zusätzlicher Test für die Richtigkeit des Modells ist. Man überzeugt sich leicht
am Bode-Diagramm (Bild 26), daß die Stabilitätsbedingung erfüllt ist, denn die Verstärkung ist für alle Frequenzen kleiner als eins. Sie erreicht nur den Wert 0,16,
wie auch aus (3.54) hervorgeht. Dieser Wert betrifft allerdings zunächst den gesamten
Übertragungsweg von $\Delta E/E$ bis $\Delta A/A$ (s. Bild 23), während für das Stabilitätskriterium nur der innerhalb der Rückkopplungsschleife liegende Übertragungsweg maß-
gebend ist. Da aber wegen der Maxwellschen Beleuchtung die Variation von A sich
nicht auf ΔB_s auswirkt, ist

$$\frac{\Delta B_s/B_s}{\Delta E/E} = 1$$

d. h. der Wert von $F(\omega_C)$ wird durch den außerhalb des geschlossenen Kreises
liegenden Übertragungsweg nicht beeinflußt (vgl. die Diskussion von (2.61)).
Während in den meisten biologischen Regelkreisen die Verstärkung durch physiologische Parameter festgelegt ist und nur verhältnismäßig schwer künstlich beeinflußt
werden kann, gibt es beim Pupillensystem einen einfachen optischen Trick, mit
dessen Hilfe man mühelos die optische Verstärkung V_{opt} des Systems verändern
kann. Die optische Verstärkung geht als Faktor in die Verstärkung V im Block
V · E ein. Man verwendet dabei die bereits in Bild 24 veranschaulichte Maxwellsche
Beleuchtung, bildet die Lichtquelle jedoch nicht wie dort in das Pupillenzentrum,
sondern auf den Rand der Pupille ab (s. Bild 36). Bei dieser Beleuchtungsart be-

Bild 36
Experimentelle Anordnung zur
Variation der Verstärkung im Pupillenkreis.
In modifizierter Maxwellscher Beleuchtung wird die Lichtquelle auf
den Rand der Pupillenöffnung abgebildet. Je kleiner die Lichtquelle
bzw. das Bild der Lichtquelle ist,
desto größer ist die Verstärkung,
d. h. die Variation der Netzhaut-
Beleuchtungsstärke, die durch eine
Veränderung der Pupillenfläche hervorgerufen wird

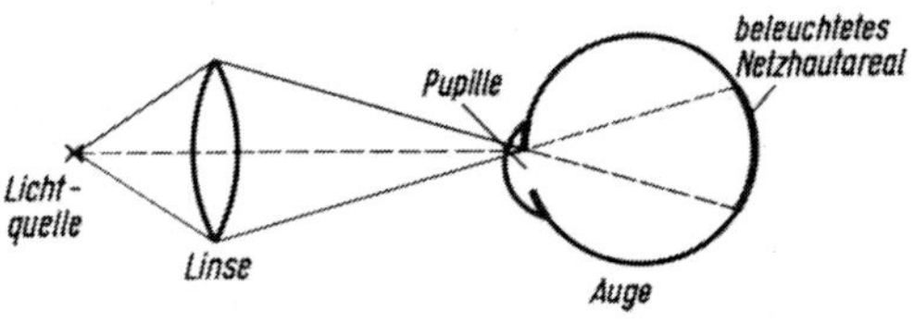

darf es nur einer kleinen Änderung des Pupillendurchmessers, um das Licht vollständig in das Auge gelangen zu lassen bzw. vollständig abzuschirmen. Bei der Anordnung von Bild 24 war der Regelkreis aufgeschnitten, d. h. eine Änderung $\Delta A/A$

der Pupillenfläche bewirkte keine Änderung $\Delta B/B$ der Netzhautbeleuchtungsstärke. Dies entspricht einer optischen Verstärkung $V_{opt} = 0$. Daher ist auch die Gesamtverstärkung im geschlossenen Kreis gleich Null. Bei der natürlichen Situation (normale Beleuchtung) ist die Beleuchtungsstärke über die ganze Hornhaut konstant, so daß eine relative Änderung der Pupillenfläche $\Delta A/A$ die gleiche relative Änderung $\Delta B/B$ der Netzhaut-Beleuchtungsstärke bewirkt. Es gilt $V_{opt} = 1$. In der Anordnung von Bild 36 kann V_{opt} durch die Größe des Lichtquellenbildes und den Verlauf der Leuchtdichte im Lichtquellenbild variiert werden. Je kleiner das Lichtquellenbild ist, desto größer ist V_{opt}.

Experimentell kann man die Instabilität des geschlossenen Pupillenkreises infolge eines vergrößerten V_{opt} leicht beobachten. Trotz eines konstanten Eingangssignals (Hornhaut-Beleuchtungsstärke E) treten quasiperiodische Schwankungen der Pupillenfläche auf (s. Bild 37). Der kritische Wert von V_{opt} für den Beginn der Instabilität

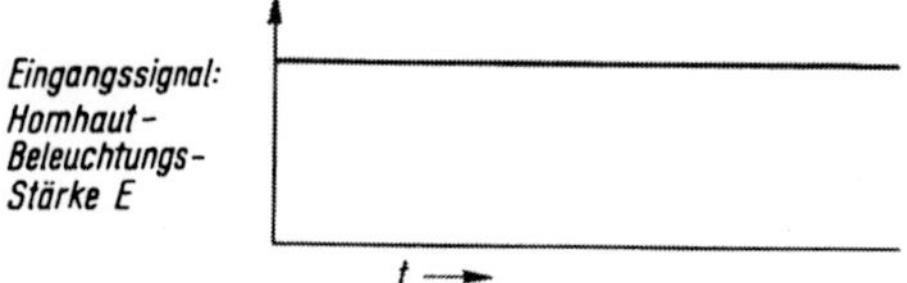

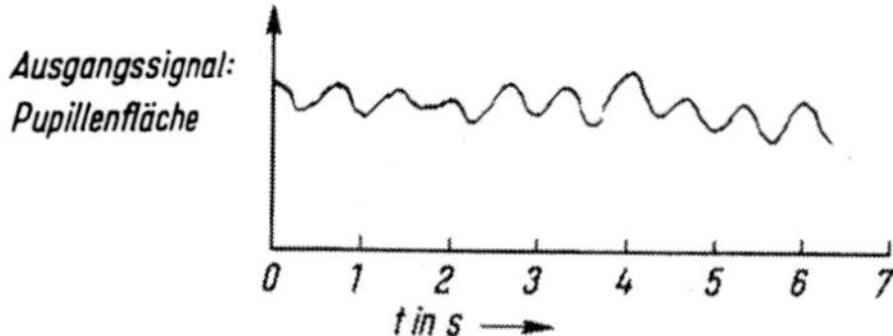

Bild 37
Künstliche Instabilität des Pupillenkreises.
Durch Erhöhung der Verstärkung im Pupillenkreis gemäß Bild 36 wird der Regelkreis instabil. Bei konstanter Hornhaut-Beleuchtungsstärke führt die Pupille quasiperiodische Oszillationen aus (nach S t a r k and B a k e r [30])

und die zugehörige Frequenz der Oszillationen können am Bode-Diagramm abgelesen werden. Man findet aus Bild 26 für die kritische Frequenz, bei der eine Phasenverschiebung von $-180°$ erfolgt,

$$V_C = \frac{\omega_C}{2\,\pi} = 1{,}4\ \text{Hz} \tag{3.55}$$

Bei dieser Frequenz ist die dynamische Verstärkung $F(\omega_C)$ des aufgeschnittenen Kreises etwa gleich 0,12. Um die Verstärkung auf den Wert eins zu bringen, benötigt man eine optische Verstärkung von

$$V_{opt} = \frac{1}{0{,}12} = 8{,}3 \tag{3.56}$$

Die optische Verstärkung ist − experimentell bedingt − nicht sehr stabil, so daß die Frequenz der Regelschwingung in Bild 37 nicht sehr konstant ist.

Bei pathologischen Veränderungen im Bereich des Regelkreises können sich die kritischen Werte V_{opt} und ω_C verschieben [3]. Es besteht also u. U. die Möglichkeit, die Messung dieser Werte als diagnostisches Hilfsmittel zu verwenden.

3.8. Integration, Differentiation und antagonistische Organisation in biologischen Regelkreisen

In Abschn. 3.2 wurden die Übertragungsfunktionen von Integrations- und Differentiationsstufen besprochen und besonders ihr Einfluß auf den asymptotischen Regelfehler untersucht. In diesem Abschnitt soll die Frage der Stabilität geprüft werden. Dabei ist es zweckmäßig, auch zu diskutieren, in welchem Zusammenhang derartige Übertragungsstufen in Organismen vorkommen.

Reine Integrationsprozesse bedeuten eine verlustfreie Summation eines Eingangssignals über beliebig lange Zeit. Es wurde schon in Abschn. 3.2 darauf hingewiesen, daß Systeme dieser Art in der Natur — ebenso wie in der Technik — wenn überhaupt, so nur äußerst selten realisiert sind. Sehr häufig hat man es aber mit Systemen zu tun, die über eine begrenzte Zeit integrieren. Die Verhältnisse können an einem einfachen h y d r o m e c h a n i s c h e n M o d e l l (s. Bild 38) erläutert werden.

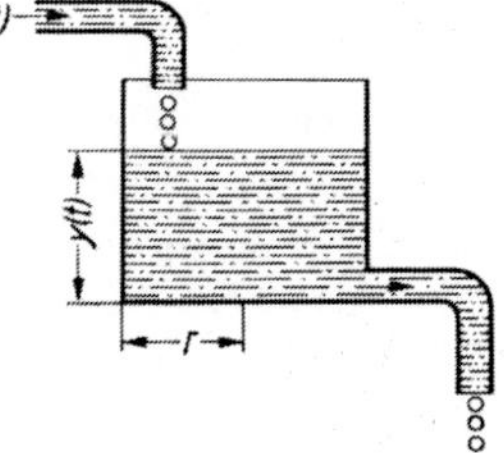

Bild 38
Hydromechanisches Modell eines Integrationsgliedes.
Das Eingangssignal x(t) ist die Zuflußrate (Flüssigkeitsmenge pro Zeiteinheit), das Ausgangssignal y(t) ist die Standhöhe der Flüssigkeit im Gefäß. r ist der Radius des zylindrischen Gefäßes. Bei geöffnetem Ausfluß ist die Ausflußrate proportional zur Standhöhe

Beispiel. In einem zylindrischen Gefäß mit dem Radius r befinde sich eine Flüssigkeit. Über einen Zulauf möge die Menge x(t) pro Zeiteinheit zugeführt werden. Die Höhe des Flüssigkeitsstandes sei y(t). Läßt man den Ablauf zunächst unberücksichtigt, so besteht zwischen Zustrom x(t) (Eingangssignal) und Standhöhe y(t) (Ausgangssignal) folgende Beziehung:

$$\frac{dy}{dt} = \alpha\, x(t), \qquad \alpha = \frac{1}{\pi\, r^2} \tag{3.57}$$

Sie besagt, daß die zeitliche Änderung von y proportional der Zuflußrate x(t) ist. Der Proportionalitätsfaktor α berücksichtigt dabei die Grundfläche des Gefäßes. Durch Integration dieser Gleichung erhält man

$$y(t) = y_0 + \alpha \int_0^t x(t)\, dt \tag{3.58}$$

wo y_0 die Steighöhe zur Zeit $t = 0$ ist. Es handelt sich also um ein Integrationssystem. Setzt man noch $y_0 = 0$ oder betrachtet als Ausgangsgröße die Differenz $y(t) - y_0$ vom Zustand bei $t = 0$, so erhält man als Laplace-Transformation der Gleichung (3.58) gemäß (3.21)

$$Y(s) = \frac{\alpha}{s} X(s) \tag{3.59}$$

Man erkennt an dem Modell leicht die Schwierigkeiten dieses Systems, da das Gefäß auch bei beliebiger Größe irgendwann überläuft, wenn der Zufluß nicht vorher gestoppt wird. Bei biologischen und technischen Systemen tritt dies nicht ein, solange sie sinnvoll arbeiten. Dies wird durch den Ablauf erreicht, der jetzt berücksichtigt werden soll. In dem in diesem Sinne modifizierten Modell ist die Abflußrate proportional der Standhöhe, wobei der Proportionalitätsfaktor β durch die Dimension des Abflußrohres gegeben ist. Statt (3.57) erhält man daher

$$\frac{dy}{dt} = \alpha \, x(t) - \beta \, y \tag{3.60}$$

Für die Laplace-Transformierten ergibt sich daraus

$$Y(s) = \frac{\alpha}{s + \beta} \, X(s) \tag{3.61}$$

Die ÜF dieses modifizierten Systems ist

$$F(s) = \frac{\alpha}{s + \beta}$$

Sie wird also durch einen Pol in der linken s-Halbebene, d. h. durch ein System erster Ordnung, repräsentiert, während das System (3.59) durch einen Pol im Nullpunkt dargestellt wird.

Durch dieses Modell werden insbesondere einfache biochemische Prozesse zutreffend beschrieben. Bezeichnet man nämlich mit $y(t)$ die Konzentration einer Substanz S, deren Synthese durch ein Enzym E katalysiert wird, so ist unter den einfachsten Bedingungen die Syntheserate von S proportional zur Konzentration von E, die mit $x(t)$ bezeichnet werden möge. Die Abbaurate der Substanz S ist in einfachen Fällen proportional zu y, also gelten für diesen Prozeß die Gleichungen (3.57) oder (3.60), je nachdem, ob man während des betrachteten Zeitabschnittes β vernachlässigen kann oder nicht. Der Gleichgewichtszustand der Ausgangsgröße, der sich bei konstanter Eingangsgröße einstellt, entspricht dem F l i e ß g l e i c h g e w i c h t. Es wird durch den statischen Verstärkungsfaktor bestimmt.

Der Einfluß einer Integrationsstufe auf die Stabilität des Regelkreises hängt im einzelnen sehr von der Struktur des Systems bzw. seiner ÜF ab. Im allgemeinen erhöht ein zusätzlicher Pol auf der negativen reellen Achse die Stabilität um so mehr, je näher der Pol dem Nullpunkt liegt, d. h. je größer seine Zeitkonstante ist. Die Integration wird durch einen Pol im Nullpunkt repräsentiert, kann also als

System erster Ordnung mit unendlich großer Zeitkonstante aufgefaßt werden. In Übungsaufgabe 22 zeigt man an einem einfachen Beispiel mit Hilfe des Nyquist-Kriteriums, wie die Stabilität durch eine Integrationsstufe erhöht wird.

Die Differentiation kommt bei der Signalübertragung in biologischen Systemen sehr häufig vor, vor allem bei den sog. phasischen Rezeptorpotentialen. Viele Rezeptoren reagieren auf adäquate Reize mit Generatorpotentialen, die nicht in erster Linie von der Reizstärke, sondern von der zeitlichen Änderung der Reizstärke abhängen. Betrachtet man also den Reiz als Eingangs- und das Generatorpotential als Ausgangsgröße des Rezeptors, so hat man im Falle eines phasischen Potentialverlaufs ein Differentiationssystem vor sich. Ein Beispiel dafür ist das P a c i n i s c h e K ö r p e r c h e n, das als Druckrezeptor in den Gelenkkapseln eine wichtige Rolle bei der Stabilisierung der Körperlage und der Koordination von Bewegungen spielt (s. Bild 39).

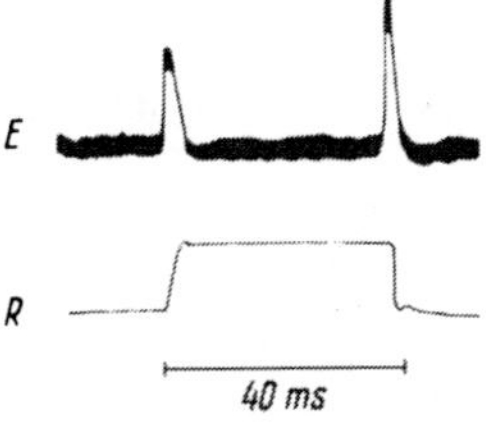

Bild 39   Phasisches Rezeptorpotential als differenziertes Signal.
Beim Pacinischen Körperchen ruft ein Reiz R (mechanischer Druck) in Form einer Stufenfunktion das phasische Rezeptorpotential E hervor. Der impulsartige Verlauf von E beim Einschalten des Reizes kann in guter Näherung als zeitlicher Differentialquotient des Reizes angesehen werden. Daß als Reaktion auf das Abschalten des Reizes kein negativer, sondern ebenfalls ein positiver Impuls entsteht, hängt mit dem mechanischen Aufbau des Rezeptors zusammen (nach M e n d e l s o n und L o e w e n s t e i n [9] bzw. Ruch/Patton/Woodbury/Towe [31])

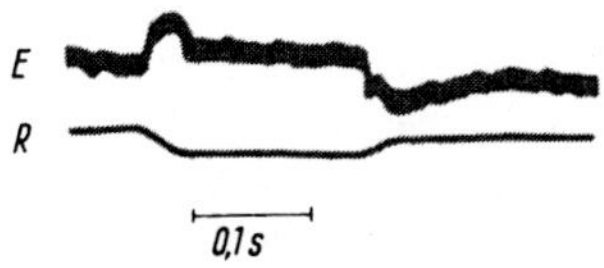

Bild 40   Rezeptorpotential mit phasischer und tonischer Komponente.
Das Generatorpotential E eines Froschmuskel-Dehnungsrezeptors bei Einwirkung des Reizes R (Längenänderung des Muskels) zeigt eine phasische Komponente beim Ein- und Ausschalten des Reizes, die von der Geschwindigkeit der Längenänderung abhängt, und eine tonische Komponente, die nur vom Dehnungszustand abhängt (nach K a t z [10] bzw. Ruch/Patton/Woodbury/Towe [31])

Das Generatorpotential vieler Rezeptorarten hat neben der phasischen noch eine sog. t o n i s c h e K o m p o n e n t e, d. h. eine Komponente, die von der Reizstärke abhängt, also auch bei konstantem Reiz bestehen bleibt (s. Bild 40).

Soweit die Linearität zwischen Reiz bzw. zeitlicher Änderung des Reizes und Generatorpotential gegeben ist, entspricht eine Kombination von tonischem und phasischem Potential einem P-D-System, dessen ÜF gemäß (3.35) lautet

$$F(s) = V - p_0 \, s = -p_0 \left\{ s - \frac{V}{p_0} \right\}$$

Hierin sind V und p_0 die statischen Verstärkungsfaktoren für die Übertragung des proportionalen bzw. differentialen Signals. Man erkennt, daß diese ÜF durch eine Nullstelle auf der positiven reellen Achse bei dem Wert $s_0 = V/p_0$ repräsentiert wird. Durch ein P-D-System wird also eine zusätzliche Nullstelle in die ÜF des Gesamtsystems eingeführt.

Eine zusätzliche Nullstelle bewirkt, daß das System schneller reagiert, d. h. es wird z. B. die Anstiegszeit in der Stufenreaktion (s. Bild 21) verkürzt, aber gleichzeitig das Überschwingen verstärkt. Diese Wirkung der Nullstelle ist um so deutlicher, je näher sie am Nullpunkt liegt, je kleiner also das Verhältnis V/p_0 ist. Der ungünstige Einfluß einer Nullstelle in der rechten Halbebene auf die Stabilität wurde bereits erwähnt.

Typisch für die Übertragung und Verarbeitung von Signalen und daher auch für die Funktion von Regelkreisen in Organismen ist die antagonistische Organisation. So wirkt beispielsweise sowohl bei der quergestreiften als auch bei der glatten Muskulatur häufig ein Paar von Antagonisten zusammen. Für die Pupille des menschlichen Auges ist dies bereits auf S. 39 erläutert worden. Ähnlich ist es bei der Beugung und Streckung der Extremitäten. Bei der neuronalen Erregung und Hemmung ist ein analoges Verhalten zu beobachten. Die Erregung der Photorezeptoren beispielsweise wirkt auf die verschiedenen nachgeschalteten Neuronen teilweise erregend, teilweise hemmend, und aus dem Wechselspiel zwischen Erregung und Hemmung entsteht letzten Endes die Helligkeits- und Farbempfindung.

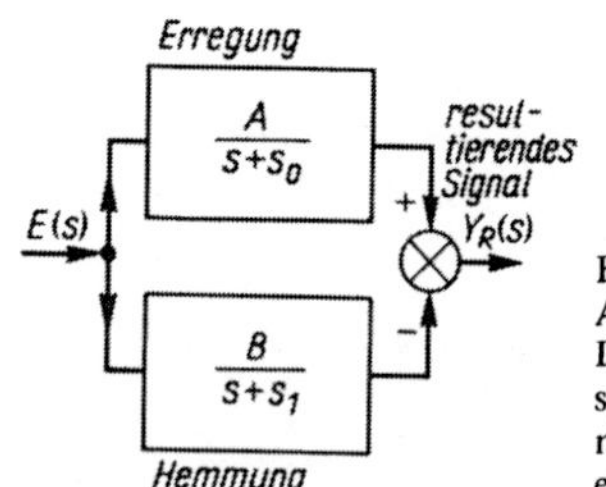

Bild 41
Antagonistische Organisation.
Der Regelfehler E(s) wirkt über zwei parallele Übertragungssysteme, von denen das eine mit positivem, das andere mit negativem Vorzeichen auf das resultierende Reglersignal $Y_R(s)$ einwirkt

Bei Annahme der denkbar einfachsten, linearen Übertragungseigenschaften läßt sich diese antagonistische Organisation durch das Schema von Bild 41 kennzeichnen. Der Regelfehler E(s) (vgl. z. B. Bild 12 oder Gl. (2.35)) wirkt gleichzeitig auf zwei Übertragungssysteme, von denen eines eine positive (erregende), das andere eine negative (hemmende) Wirkung hat. Das kommt darin zum Ausdruck, daß bei der Überlagerung der beiden Signale das eine positiv, das andere negativ gerechnet wird. Sind A und B positiv, so erregt das Fehlersignal beide Zweige, und das resultierende Signal $Y_R(s)$ ist das Ergebnis des Wettstreites zwischen Erregung und Hemmung. Ist dagegen etwa B negativ, so bewirkt das Fehlersignal eine Abnahme der Hemmung, und beide Zweige wirken zusammen in der gleichen Richtung. Häufig reagiert ein Zweig (etwa der erregende) nur auf positive, der andere nur auf negative Signale. Dieses Verhalten kann nicht durch lineare Systeme beschrieben werden;

es wird später genauer besprochen. Auch werden die Übertragungssysteme für die Erregung und Hemmung im allgemeinen noch von höheren Nervenzentren beeinflußt, wodurch eine Veränderung der Werte A, B, s_0, s_1 erfolgen kann. Auch hierdurch werden die Systeme nichtlinear, so daß diese Möglichkeit hier zunächst nur angedeutet werden kann.

Übungsaufgaben. 22. Man entwickle das Nyquist-Diagramm der ÜF

$$F(s) = \frac{1}{(1 + s\,\tau)^3 \cdot (1 + s\,\eta\,\tau)}$$

in Analogie zu dem in Abschn. 3.4 diskutierten Beispiel. Läßt man $\eta\,\tau$, also die Zeitkonstante des gegenüber (3.46) hinzugefügten Faktors, sehr groß werden, so kommt der Faktor.

$$\frac{1}{(1 + s\,\eta\,\tau)}$$

einer Integration gleich. Auf diese Weise untersucht man die Wirkung der Integration auf die Stabilitätsbedingung und vermeidet gleichzeitig einige Schwierigkeiten, die durch einen Faktor 1/s entstehen würden, weil die statische Verstärkung eines solchen Faktors nicht definiert ist.

Man vergleiche die auf diese Weise erhaltene Stabilitätsbedingung mit (3.48), indem man dort $\tau_1 = \tau_2 = \tau_3 = \tau$ setzt.

23. Die ÜF des antagonistischen Systems von Bild 41 hat zwei Pole $-s_1$, $-s_2$, die in der linken Halbebene liegen müssen (s_1, s_2 positiv), und eine Nullstelle, die mit σ bezeichnet werden soll. Welche Konsequenzen hat es für die Impulsreaktion h(t) des Systems, wenn die Nullstelle σ in der linken bzw. rechten Halbebene liegt. Bei der Untersuchung dieser Frage unterscheide man die beiden Fälle $A > B$ und $A < B$ und richte die Aufmerksamkeit auf die statische Verstärkung in den beiden Kanälen.

A n m e r k u n g: Dieses System kann als einfaches Modell der Renshaw-Zellen aufgefaßt werden.

Ergänzende und weiterführende Literatur

D o e t s c h, G.: [7]

K n o p p, K.: Elemente der Funktionentheorie. Berlin 1949. = Sammlung Göschen, Bd. 1109

K n o p p, K.: Funktionentheorie. 2 Bde. Berlin 1949. = Sammlung Göschen, Bd. 668, 703

M u r p h y, G. J.: [8]

W a g n e r, K.W.: Operatorenrechnung und Laplace-Transformation nebst Anwendungen in Physik und Technik. Leipzig 1950

4. Statistische Störungen und Signale

4.1. Statistische Schwankungen im Signalfluß

Zu Beginn von Abschn. 2 und bei der Besprechung des Festwertreglers (Abschn. 2.2)
wurden statistische (zufällige) Störungen erwähnt, die z. T. von außen in den Regelkreis eindringen, z. T. in ihm entstehen. Es soll in diesem Abschnitt genauer erörtert
werden, wie diese Störungen in die Modellbeschreibung einbezogen werden können,
welchen Einfluß sie auf die Regelkreise haben und wie sie sogar als Hilfmittel zur
experimentellen Analyse von Übertragungssystemen bzw. Regelkreisen dienen können.
Physikalische Größen, die als Mittel zur Signalübertragung dienen können, wie z. B.
Generatorpotentiale von Rezeptoren, Konzentrationen von biologisch wirksamen
Substanzen, äußere Reize (Licht, Schall, Temperatur, mechanischer Druck usw.),
sind unvorhersehbaren, statistischen Schwankungen unterworfen. So werden z. B.
die Konzentrationen chemischer Substanzen durch ein Gleichgewicht zwischen ihrem
Aufbau und Abbau bestimmt, das zwar im großen und ganzen konstant sein kann,
aber im einzelnen mehr oder weniger starken zeitlichen und örtlichen Schwankungen
ausgesetzt ist.

Zum Teil handelt es sich bei solchen Schwankungen um Auswirkungen der im mole-
kularen und atomaren Bereich grundsätzlich stets vorhandenen Fluktuationen (Molekularbewegung, quantenhafte Emission und Absorption von Licht, Dichteschwankun-
gen von elektrischen Ladungsträgern usw.), zum Teil äußert sich hierin auch der
Einfluß der vielen Variablen, die bei der Untersuchung eines bestimmten Zusammenhanges nicht explizit kontrolliert werden. Während der erstere Teil unvermeidlich
ist, handelt es sich beim letzteren um kausale Zusammenhänge, die im Prinzip
kontrollierbar sind. Bei der Untersuchung und Beschreibung von Übertragungssystemen
beschränkt man sich jedoch auf die Beobachtung und Kontrolle einiger weniger Variabler, weil anderenfalls nicht nur der experimentelle Aufwand alle vernünftigen
Schranken übersteigen würde, sondern auch die Übersichtlichkeit und Interpretierbar-
keit der Ergebnisse gefährdet würden. Dabei diejenigen Variablen auszuwählen, die
den hauptsächlichen Einfluß auf das zu untersuchende System ausüben, ist eine Aufgabe, die oft nur durch Erfahrung, Intuition und − nicht zuletzt − gutes Glück
gelöst werden kann. Die übrigen Variablen üben ihren Einfluß auf das System in
zwar grundsätzlich kausaler, aber für den Experimentator nicht kontrollierbarer Weise
aus und tragen dadurch zu den statistischen Schwankungen bei.

Als B e i s p i e l für statistische Schwankungen möge die Signalübertragung durch
Nervenfasern betrachtet werden. Als Maß für die Stärke des Signals, das von einer
Nervenfaser übertragen wird, gilt bekanntlich die Zahl der elektrischen Impulse,
die pro Zeiteinheit über die Faser laufen. (Die Größe der Impulse ist von der Art
der Faser bestimmt und enthält keine Information.) So besteht z. B. ein fester
Zusammenhang zwischen der Größe des auf einen Rezeptor bzw. ein Rezeptor-
kollektiv wirkenden Reizes und der Impulsrate, die von der angeschlossenen Nerven-

leitung übertragen wird (s. Bild 42). Dieser Zusammenhang gilt jedoch nur i m
M i t t e l. Wiederholt man nämlich viele Male ein derartiges Experiment, bei dem

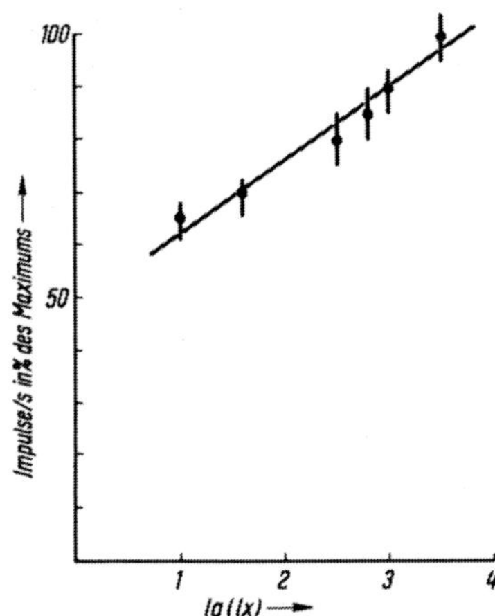

Bild 42
Beziehung zwischen Rezeptorreiz und Nerven-
impulsfrequenz.
Die Entladungshäufigkeit pro Sekunde (in %
des Höchstwertes) eines Neurons im Tractus
opticus der Katze ist als Funktion der Licht-
intensität (Logarithmus der Bestrahlungsstärke
in Lux) dargestellt. Die vertikalen Striche
kennzeichnen die Streuung der Meßwerte
(nach S t r a s c h i l l [13])

man durch äußere Reizung ein bestimmtes Rezeptorpotential erzeugt und die dadurch
hervorgerufene Anzahl von Impulsen während einer bestimmten Beobachtungszeit
mißt, so erhält man viele verschiedene Werte m für die Impulszahl. Trägt man die
relative Häufigkeit $\hat{p}(m)$, mit der die einzelnen Werte m in der Serie von Experimenten vorkommen, auf (s. Bild 43), so erhält man die H ä u f i g k e i t s v e r -
t e i l u n g. Unter Berücksichtigung der Häufigkeitsverteilung $\hat{p}(m)$ berechnet man
den M i t t e l w e r t $\overline{m}$ der vorkommenden m-Werte mit der Formel

$$\overline{m} = \sum_{m=0}^{\infty} \hat{p}(m)\, m \tag{4.1}$$

Als mögliche Werte m für die Impulszahl kommen grundsätzlich alle nicht negativen
ganzen Zahlen vor. Daher erstreckt sich in (4.1) die Summation von 0 bis ∞. Praktisch ist aber die Häufigkeitsverteilung $\hat{p}(m)$ außerhalb eines bestimmten Bereiches
von m so klein, daß man diese Beiträge vernachlässigen kann. $\overline{m}$ ist in der Regel
nicht mit dem am häufigsten vorkommenden m-Wert identisch (u. U. kann es
sogar mehrere Maxima und mehrere häufigste Werte geben). Neben (4.1) gibt es
noch einige andere Definitionen für die Berechnung geeigneter mittlerer m-Werte,
die jedoch hier von untergeordneter Bedeutung sind und nicht erwähnt werden
sollen.

Für die tatsächliche Berechnung des Mittelwertes aus N Messungen der Impulszahl
eignet sich besser als (4.1) die Formel

$$\overline{m} = \frac{1}{N} \sum_{i=1}^{N} m_i \tag{4.2}$$

Hier sind $m_i (i = 1, 2, \ldots, N)$ die Ergebnisse von N einzelnen Messungen.

Da die möglichen Werte m_i in diesem Beispiel ganze Zahlen sind, ist $\hat{p}(m)$ nur für diese Werte m definiert. Man hat eine diskrete Verteilung vor sich. Die Darstellung in Bild 43 wird als H i s t o g r a m m bezeichnet.

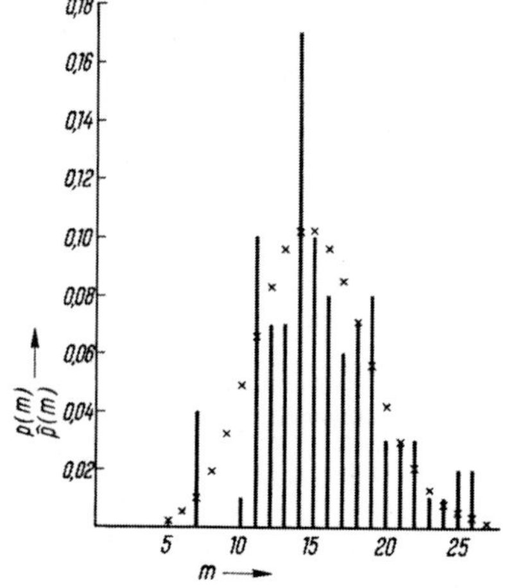

Bild 43
Histogramm.
Die relative Häufigkeit $\hat{p}(m)$ (Höhe der vertikalen Balken) ist als Funktion von m (Anzahl der Nervenimpulse innerhalb eines bestimmten Zeitintervalls) aufgetragen. Der Mittelwert $\overline{m}$ ist 15,6. Insgesamt sind 100 Experimente ausgewertet. In jedem Experiment wurde ein Wert von m gemessen. Bei einer sehr viel größeren Zahl von Experimenten würde sich die Häufigkeitsverteilung derjenigen der Grundgesamtheit annähern, die durch die P o i s s o n - V e r t e i l u n g bestimmt ist. Die Häufigkeitsverteilung p(m) der Poisson-Verteilung ist durch Kreuze (x) als Funktion von m angegeben. Der Mittelwert μ ist hier gleich 15

Größen wie die Impulszahl, also Größen, die bei wiederholten gleichartigen Experimenten oder Beobachtungen unterschiedliche Werte annehmen können, bezeichnet man als s t a t i s t i s c h e V a r i a b l e. Um eine solche Variable von ihren verschiedenen Zahlenwerten, die sie möglicherweise annehmen kann, zu unterscheiden, bezeichnet man sie oft mit einem eigenen Symbol, also z. B. die Impulszahl mit M und ihre möglichen Werte mit $m_1, m_2, \ldots, m_N$.

Dividiert man $\overline{m}$ durch die Beobachtungszeit T, so erhält man die mittlere Impulsrate I. Diese Größe ist gemeint, wenn man wie in Bild 42 von der Relation zwischen Rezeptorpotential und Impulsrate spricht. Man sieht dann von den statistischen Schwankungen ab und berücksichtigt nur den Mittelwert. Dabei ist es aber in jedem Fall wichtig, daß man sich darüber im klaren ist, wie groß die Abweichungen vom Mittelwert sein können. Ein einfaches Maß für die Größe dieser Abweichungen ist das S c h w a n k u n g s q u a d r a t

$$S^2 = \sum_{m=0}^{\infty} (m - \overline{m})^2 \, \hat{p}(m) \tag{4.3}$$

Es ist gleich dem Mittelwert der Quadrate der auftretenden Abweichungen. Auch das Schwankungsquadrat berechnet man in der Praxis einfacher aus der Formel[1])

$$S^2 = \frac{1}{N} \sum_{i=1}^{N} (m_i - \overline{m})^2 = \frac{1}{N} \sum_{i=1}^{N} m_i^2 - (\overline{m})^2 \tag{4.4}$$

---

[1]) Oft schreibt man als Faktor vor dem Summenzeichen in (4.4) $1/(N-1)$ statt $1/N$. In den meisten praktischen Fällen ist N so groß, daß dieser Unterschied nicht von Belang ist.

da man für diese Formel die relative Häufigkeitsverteilung $\hat{p}(m)$ nicht explizit benötigt.

Der Häufigkeitsverteilung $\hat{p}(m)$ ebenso wie den mit ihr verknüpften Parametern $\bar{m}$ und S^2 liegt eine mehr oder weniger große Zahl N von Wiederholungen eines Experimentes zugrunde. Da die jeweiligen Ergebnisse des Experiments vom Zufall beeinflußt werden, trifft dies auch für die daraus berechnete Verteilung $\hat{p}(m)$ sowie für $\bar{m}$ und S^2 zu, so daß diese Werte ihrerseits als statistische Variable mit einem Mittelwert und einer Schwankung angesehen werden müssen. Ist aber die Zahl N sehr groß, so werden die statistischen Schwankungen von $\bar{m}$ und S^2 beliebig klein, es konvergiert $\bar{m}$ gegen den Mittelwert μ, S^2 gegen den Mittelwert σ^2 und $\hat{p}(m)$ gegen die Verteilung $p(m)$. Wichtig ist dabei, daß das System, mit dem man die wiederholten Experimente anstellt, und die äußeren Bedingungen während der N Experimente gleich bleiben. Die Häufigkeitsverteilung $p(m)$ mit den Parametern μ, σ^2 bezieht sich also auf eine hypothetische, unendlich große Menge von E r e i g n i s s e n (d. h. Beobachtungen in einem Experiment), die sogenannte G r u n d g e s a m t h e i t. Da man stets nur eine endliche Anzahl von Ereignissen beobachten kann, ist die Grundgesamtheit experimentell nicht zugänglich. Man kann aber in vielen Fällen aus theoretischen Kenntnissen über das System die Eigenschaften der Grundgesamtheit ermitteln (s. Bild 43).

Die notwendigerweise endliche Anzahl von tatsächlich beobachteten Ereignissen stellt eine S t i c h p r o b e aus der Grundgesamtheit dar. Die statistischen Parameter der Stichprobe weichen um so weniger von denen der Grundgesamtheit ab, je größer die Stichprobe ist. Im folgenden sollen zunächst einige allgemeine Eigenschaften statistischer Grundgesamtheiten erwähnt werden.

Die Schwankung σ kennzeichnet die Breite der Häufigkeitsverteilung $p(m)$, wie dies in Bild 44 für das Beispiel der P o i s s o n - V e r t e i l u n g gezeigt ist[1]). An diesem Beispiel sieht man auch, daß bei einer wachsenden mittleren Zahl μ von Ereignissen (z. B. Nervenimpulse pro Zeiteinheit) die Schwankung σ ebenfalls zunimmt. Die Schwankung wächst aber langsamer als der Mittelwert, so daß die r e l a t i v e S c h w a n k u n g σ/μ abnimmt. So gilt z. B. für die Poissonverteilung in Bild 44

$$\sigma = \sqrt{\mu}$$

d. h. $\quad \dfrac{\sigma_1}{\mu_1} = \dfrac{1}{\sqrt{\mu_1}} > \dfrac{\sigma_2}{\mu_2} = \dfrac{1}{\sqrt{\mu_2}} \quad$ bei $\quad \mu_1 < \mu_2 \hfill (4.5)$

Wählt man also ein größeres Zeitintervall als Beobachtungseinheit oder wiederholt man ein Experiment entsprechend oft, so verkleinert sich die durch die statistischen Schwankungen bedingte Unsicherheit der Messung.

Wie bereits erwähnt, treten statistische Schwankungen nicht nur bei diskreten Ereignissen, wie sie die Impulse von Nervenfasern darstellen, auf, sondern auch bei allen

---

[1]) Wie verschiedene Untersuchungen gezeigt haben, gehorchen auch die Entladungen von Nervenfasern der Poisson-Verteilung.

kontinuierlichen Größen, die als Träger von Signalen in Betracht kommen. Das äußert sich darin, daß beispielsweise der Wert $y(t_0)$, den das Ausgangssignal eines Übertragungssystems zu einem beliebigen Zeitpunkt t_0 annimmt, nur innerhalb bestimmter „Fehlergrenzen" kausal durch die Werte $x(t)$, $(t \leqslant t_0)$ des Eingangssignals

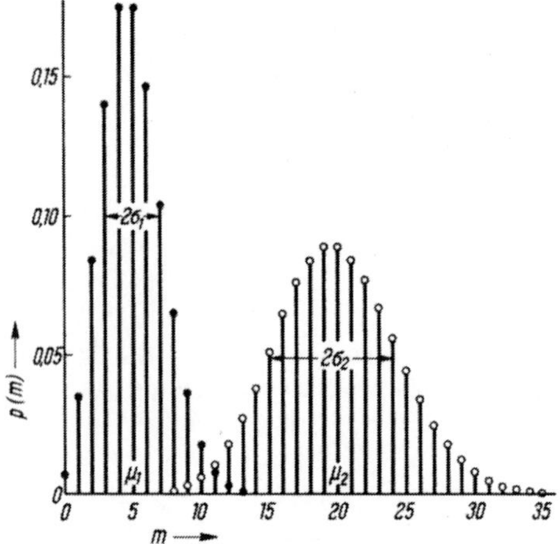

Bild 44
Die statistische Schwankung als Maß der Breite der Häufigkeitsverteilung.
Es sind zwei Poisson-Verteilungen mit den Mittelwerten μ_1, μ_2 dargestellt. Ein Maß für die Breite der Verteilung ist die Schwankung σ; eingezeichnet sind $2\sigma_1$ und $2\sigma_2$. Bei der Poisson-Verteilung besteht eine feste Relation $\sigma = \sqrt{\mu}$ zwischen Schwankung und Mittelwert

festgelegt wird. Der tatsächliche Wert, den y zur Zeit $t = t_0$ annimmt, ist dann innerhalb dieser Fehlergrenzen unvorhersehbar, d. h. teilweise durch prinzipielle statistische Schwankungsprozesse, teilweise durch unkontrollierte Einflüsse der Umgebung beeinflußt. Daher ist es u. U. zweckmäßig, $y(t)$ in einen Signalanteil $y_s(t)$, den man als vollständig von $x(t)$ bestimmt ansieht, und einen Anteil $y_n(t)$, der die statistischen Störungen wiedergibt, zu zerlegen:

$$y(t) = y_s(t) + y_n(t) \tag{4.6}$$

$y_n(t)$ wird in Anlehnung an akustische Störungen auch als R a u s c h e n (engl. noise) bezeichnet.

Hält man das Eingangssignal $x(t)$ auf einem konstanten Wert, so ist — evtl. erst nach Ablauf einer Verzögerungszeit — auch $y_s(t) = y_s$ konstant, und man kann das Rauschen $y_n(t)$ direkt beobachten als

$$y_n(t) = y(t) - y_s \tag{4.7}$$

y_s ist dann als Mittelwert von $y(t)$ aufzufassen.

Durch Beobachtung von $y_n(t)$ über längere Zeit ermittelt man die Häufigkeitsverteilung

$$p(n) \, dn \tag{4.8}$$

Sie gibt an, mit welcher relativen Häufigkeit der Wert von $y_n(t)$ im Intervall

$$n \leqslant y_n(t) \leqslant (n + dn) \tag{4.9}$$

liegt. p(n) bezieht sich auf die Grundgesamtheit und wird als W a h r s c h e i n l i c h -
k e i t s d i c h t e bezeichnet. Sie unterscheidet sich von der Häufigkeitsverteilung durch
den Faktor dn, der die Breite des Intervalls in (4.9) angibt. Da die Intervallbreite
dn sehr klein ist, ändert sich p(n) in dem Intervall [n, n + dn] nicht merklich, und
p(n) · dn ist direkt proportional zu dn. Die Intervallbreite dn ist daher bis zu einem
gewissen Grade frei wählbar.

Während die Häufigkeitsverteilung $\hat{p}(m)$ in (4.1), (4.3) bzw. die zugehörige Verteilung
p(m) der Grundgesamtheit nur für diskrete Werte m = 0, 1, 2, ... definiert ist, ist die
Häufigkeitsverteilung (4.8) eine kontinuierliche Verteilung. Die Variable kann beliebige
Werte innerhalb eines Intervalls $\{$ hier $(-\infty, +\infty)\}$ annehmen. An die Stelle der Sum-
men (4.1), (4.3) treten daher die Integrale

$$\bar{n} = \int_{-\infty}^{+\infty} p(n)\, n\, dn \tag{4.10}$$

$$S_n^2 = \int_{-\infty}^{+\infty} (n - \bar{n})^2\, p(n)\, dn \tag{4.11}$$

Bei weitem die wichtigste kontinuierliche Wahrscheinlichkeitsverteilung ist die G a u ß -
V e r t e i l u n g, deren Häufigkeitsdichte durch

$$p(\xi) = \frac{1}{\sqrt{2\pi}\,\sigma}\, e^{-\frac{(\xi - \bar{\xi})^2}{2\,\sigma^2}}$$

gegeben ist.

In manchen Fällen ist es experimentell nicht möglich, x(t) bzw. $y_s(t)$ konstant zu halten.
Dann muß man p(n) bestimmen, indem man ein Experiment, das einen bestimmten zeitlichen Ablauf von $y_s(t)$ auslöst, möglichst oft wiederholt und y(t) jedesmal in der gleichen
charakteristischen Zeitphase beobachtet. Aus den verschiedenen, dabei beobachteten
Werten kann man auf $y_n(t)$ und weiter auf p(n) schließen.

Auch ein Signal, das durch diskrete Ereignisse gekennzeichnet ist, wie die vorher als
Beispiel angeführte Nervenerregung, kann außer den durch die zufällige Verteilung der
Impulse entstehenden und durch die Poisson-Verteilung beschriebenen Schwankungen
noch weitere Schwankungen nach Art von (4.6) aufweisen. Dies äußert sich z. B. darin,
daß die beobachtete Schwankung größer ist, als sie nach der für die Poisson-Verteilung
gültigen Beziehung (4.5) im Vergleich zum Mittelwert sein sollte. Die beobachtete
Schwankung setzt sich dann aus derjenigen für die Poisson-Verteilung und derjenigen
eines zusätzlichen Rauschens zusammen. Es ist u. U. nicht einfach, die beiden Arten von
Schwankungen experimentell voneinander zu unterscheiden.

Statistische Parameter wie Mittelwert und Schwankung, die zur Beschreibung von Zu-
fallsprozessen dienen, kann man an Zeitfunktionen nur dann mit der wünschenswerten
Genauigkeit experimentell ermitteln, wenn die Zufallsprozesse s t a t i o n ä r sind,
d. h. wenn sich die statistischen Parameter nicht im Laufe der Zeit verändern. Ist
die Bedingung der Stationarität nicht erfüllt und ändert sich daher z. B. die Wahrscheinlichkeitsdichte p(n) des Rauschens $y_n(t)$ mit der Zeit, so gehören die einzelnen

Werte y_n, die im Laufe der Zeit beobachtet werden, zu verschiedenen Wahrscheinlichkeitsdichten, und es führt zu falschen Werten, wenn man sie zur Bestimmung einer einheitlichen Wahrscheinlichkeitsdichte zusammenfaßt.

Leider ist die Bedingung der Stationarität bei biologischen Systemen durchaus nicht immer erfüllt, denn häufig führen die experimentellen Eingriffe, die zur Beobachtung des Systems notwendig sind, zu zeitlichen Veränderungen. Beispielsweise sterben Nervenzellen, die man zur Beobachtung der Nervenimpulse mit Mikroelektroden ansticht, u. U. nach einiger Zeit ab. Auch Adaptationsvorgänge können die Gültigkeit der Stationarität beeinträchtigen. Durch derartige nicht stationäre Prozesse wird die erreichbare Genauigkeit, mit der die statistischen Parameter bestimmt werden können, beschränkt.

4.2. Statistische Abhängigkeit

In diesem Abschnitt sollen die Beziehungen erörtert werden, die zwischen zwei oder mehreren statistischen Variablen bestehen können. Dabei ist es günstig, zunächst nicht an zeitliche Vorgänge zu denken, sondern ganz allgemein irgendwelche Merkmale zu betrachten, die einer statistischen Analyse zugänglich sind. Als B e i s p i e l möge die Körperlänge und das Gewicht erwachsener Menschen dienen. Jedes dieser beiden Merkmale kann durch eine statistische Variable beschrieben werden, d. h. diese Größen haben für jeden Menschen (zu einer fest vorgegebenen Zeit) einen bestimmten Zahlenwert, und die Gesamtheit dieser Zahlen läßt sich statistisch analysieren. Man kann also beispielsweise Mittelwerte, Schwankungen, Häufigkeitsverteilungen usw. bestimmen. Außerdem besteht aber zwischen den beiden genannten Merkmalen ein Zusammenhang, denn längere Menschen wiegen „im Mittel" mehr als kürzere. Dieser Zusammenhang ist jedoch nicht d e t e r m i n i s t i s c h, also nicht für den Einzelfall bindend, sondern eben „statistisch". Es gilt jetzt, diese Art des Zusammenhanges quantitativ zu erfassen.

Beispiel. Es mögen von N Menschen die Werte ℓ_i ($i = 1, 2, \ldots, N$) für die Länge und g_i ($i = 1, 2, \ldots, N$) für das Gewicht ermittelt worden sein. Dabei sollen die Indizes sich auf die Menschen beziehen, die man sich in irgendeiner Reihenfolge numeriert denken kann. Die Werte ℓ_k und g_k mit einem bestimmten Index k sollen sich also auf dieselbe Person beziehen. Man kann zunächst die Häufigkeitsverteilungen $p(\ell)\, d\ell$ und $p(g)\, dg$ bzw. die Wahrscheinlichkeitsdichten $p(\ell)$, $p(g)$ für Länge bzw. Gewicht bestimmen, ferner die Mittelwerte

$$\lambda = \frac{1}{N} \sum_{i=1}^{N} \ell_i, \qquad \gamma = \frac{1}{N} \sum_{i=1}^{N} g_i \tag{4.12}$$

und die Schwankungsquadrate

$$\sigma_\ell^2 = \frac{1}{N} \sum_{i=1}^{N} (\ell_i - \lambda)^2, \qquad \sigma_g^2 = \frac{1}{N} \sum_{i=1}^{N} (g_i - \gamma)^2 \tag{4.13}$$

Hier und im folgenden ist N als sehr groß angenommen worden, so daß man von den Werten der Grundgesamtheit ausgehen kann.

Es ist aber auch möglich, die Häufigkeitsverteilung $p(\ell, g)\, d\ell\, dg$ bzw. die Wahrscheinlichkeitsdichte $p(\ell, g)$ für beide Merkmale gemeinsam aufzustellen. Diese Funktion gibt an, mit welcher Wahrscheinlichkeit der Wert ℓ_i in das Intervall $[\ell, \ell + d\ell]$ und gleichzeitig der Wert g_i (derselben Person) in das Intervall $[g, g + dg]$ fallen. Dabei gilt die Normierungsbedingung

$$\int_0^\infty \int_0^\infty p(\ell, g)\, d\ell\, dg = 1 \tag{4.14}$$

Als Integral über die Wahrscheinlichkeitsdichte gibt dieser Ausdruck die Wahrscheinlichkeit an, daß zwei beliebig herausgegriffene Werte ℓ_i, g_i in die angegebenen Intervalle

$$0 \leqslant \ell < \infty, \qquad 0 \leqslant g < \infty$$

fallen. Das ist mit Sicherheit der Fall, was mathematisch darin zum Ausdruck kommt, daß das Integral den Wert Eins hat. Bei der Verwendung mehrdimensionaler Wahrscheinlichkeiten ist es stets nützlich, sich die jeweils geltenden Normierungsbedingungen zu vergegenwärtigen, da man auf diese Weise Irrtümer über die Variablen und deren Definitionsbereich vermeidet.

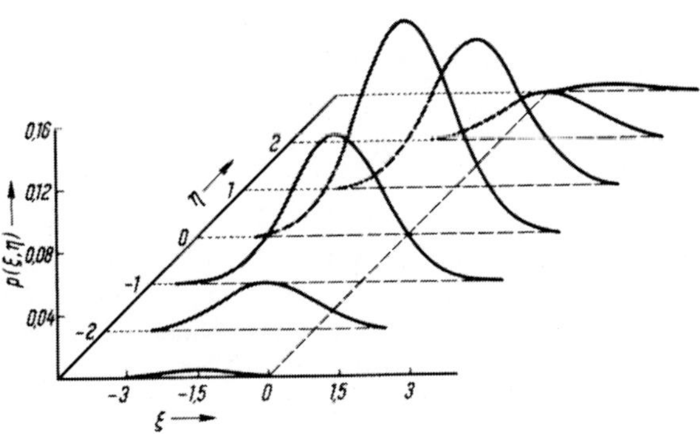

Bild 45
Zweidimensionale Wahrscheinlichkeitsdichte statistisch abhängiger Variabler.
Die Wahrscheinlichkeitsdichte $p(\xi, \eta)$ ist für verschiedene feste Werte von η als Funktion von ξ in perspektivischer Darstellung gezeichnet. Wegen der Abhängigkeit der Variablen verschieben sich die Kurven mit wachsendem η in Richtung wachsender ξ. (Es handelt sich um eine zweidimensionale Gauß-Verteilung mit der Korrelation 0,5 zwischen den Variablen)

ℓ und g sind ein Beispiel für **s t a t i s t i s c h   a b h ä n g i g e** Wahrscheinlichkeitsvariable. In Bild 45 ist die zweidimensionale Wahrscheinlichkeitsdichte $p(\xi, \eta)$ zweier derartiger statistisch abhängiger Variabler ξ, η dargestellt[1]). Um das dreidimensionale Gebilde, das von $p(\xi, \eta)$ beschrieben wird, im Bild anschaulich zu machen, sind die Häufigkeitsverteilungen für die Variable ξ, die sich bei verschiedenen festen Werten η einstellen, in perspektivischer Darstellung gezeichnet worden. Man kann sich die Funktion $p(\xi, \eta)$ als einen „Gebirgszug" vorstellen, der auf der ξ, η-Ebene liegt. Die gezeichneten Kurven stellen dann Schnitte durch diesen Gebirgszug dar, die senkrecht

---

[1]) Die Variablen in diesem Beispiel besitzen eine Gaußsche Häufigkeitsverteilung.

zur ξ, η-Ebene und parallel zur ξ-Achse verlaufen. Diese Kurven werden als b e -
d i n g t e   W a h r s c h e i n l i c h k e i t s d i c h t e n bezeichnet und durch das Sym-
bol p($\xi|\eta$) gekennzeichnet. Sie machen eine Aussage über die relative Häufigkeits-
verteilung der ξ-Werte unter der Bedingung, daß η einen bestimmten Wert hat.

Im obigen Beispiel bedeutet das: man wählt aus der Menge aller Personen, deren
Länge und Gewicht registriert wurden, diejenigen mit einer bestimmten Länge ℓ_0
aus und untersucht deren Gewichtsverteilung.

Zwischen der zweidimensionalen Wahrscheinlichkeitsdichte p(ℓ, g) und der bedingten
Wahrscheinlichkeitsdichte p(g|ℓ) besteht die Beziehung

$$p(\ell, g) = p(\ell) \, p(g|\ell)$$

Hierin ist p(ℓ) die Wahrscheinlichkeitsdichte für die Variable ℓ, d. h. p(ℓ) dℓ ist die
relative Häufigkeit, mit der in der untersuchten Gesamtmenge eine Länge zwischen
ℓ und $\ell + d\ell$ (unabhängig vom Gewicht) vorkommt. Entsprechend besteht zwischen
den statistisch abhängigen Variablen ξ und η die Relation

$$p(\xi, \eta) = p(\eta) \, p(\xi|\eta) \qquad\qquad (4.15)$$

Da die Variablen ξ, η in keiner Weise voreinander ausgezeichnet sind, lassen sich
ihre Rollen ohne weiteres vertauschen, und man kann auch schreiben

$$p(\xi, \eta) = p(\xi) \, p(\eta|\xi) \cdot \qquad\qquad (4.16)$$

Dem würde es entsprechen, wenn man in Bild 45 Schnitte parallel zur η-Koordinate
zeichnete. Die Funktionen

$$p(\xi) = \int\limits_{-\infty}^{+\infty} p(\xi, \eta) \, d\eta \qquad \text{und} \qquad p(\eta) = \int\limits_{-\infty}^{+\infty} p(\xi, \eta) \, d\xi$$

heißen auch R a n d d i c h t e f u n k t i o n e n .

Im Gegensatz zu den soeben diskutierten abhängigen Wahrscheinlichkeitsvariablen
sollen jetzt zwei — ebenfalls mit ξ, η bezeichnete — Variable betrachtet werden, die
s t a t i s t i s c h   u n a b h ä n g i g voneinander sind, bei denen der Wert einer Variablen also keinen Einfluß auf die Häufigkeitsverteilung der zweiten Variablen hat.
In diesem Fall geht (4.15) über in

$$p(\xi, \eta) = p(\xi) \, p(\eta) \qquad\qquad (4.17)$$

d. h. die Wahrscheinlichkeitsdichten (und entsprechend auch die relativen Häufig-
keiten), die für jede der Variablen (unabhängig vom Wert der anderen Variablen)
bestehen, sind zu multiplizieren, damit man die zweidimensionale Wahrscheinlichkeitsdichte erhält. Dieses Verhalten ist in Bild 46 demonstriert. Während in Bild
45 die Verteilung p($\xi|\eta$) für jedes η einen anderen Mittelwert hat, bleibt hier der
Mittelwert der einzelnen Kurven gleich. Die Kurven, die für verschiedene η-Werte
eingezeichnet sind, unterscheiden sich nur durch einen konstanten Faktor — nämlich durch p(η) — voneinander. Das gleiche würde für die Kurven gelten, die in
Schnittebenen parallel zur η-Achse entständen.

Will man auf der Grundlage des bisher Gesagten in einem praktischen Fall feststellen, ob zwei Wahrscheinlichkeitsvariable ξ, η voneinander abhängig sind oder nicht, so hat man $p(\eta|\xi)$ mit $p(\eta)$ oder $p(\xi|\eta)$ mit $p(\xi)$ zu vergleichen, d. h. man hat zu prüfen, ob die Wahrscheinlichkeitsdichte, die sich für eine der Variablen ergibt, sich ändert, wenn man für die zweite Variable irgendwelche bestimmten Werte festsetzt. Diese Prüfung ist u. U. recht mühsam, da sie auf die Ermittlung und Auswertung der zweidimensionalen Wahrscheinlichkeitsdichte $p(\xi, \eta)$ hinausläuft.

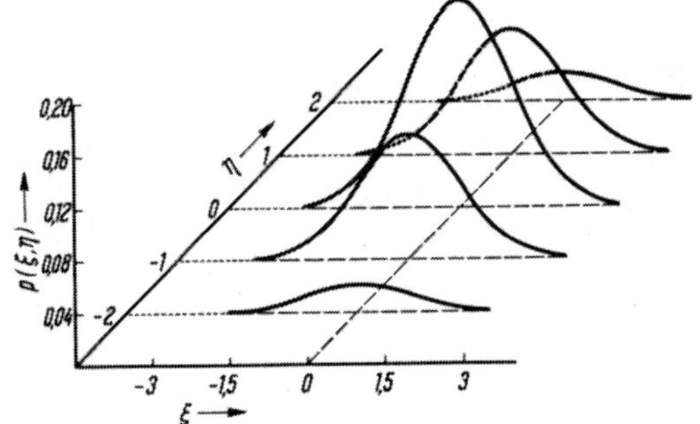

Bild 46
Zweidimensionale Wahrscheinlichkeitsdichte statistisch unabhängiger Variabler.
Die Darstellung ist analog zu Bild 45. Die Kurven für die einzelnen η-Werte haben den gleichen Mittelwert und die gleiche Gestalt, sie unterscheiden sich nur durch einen für jede Kurve festen Faktor $p(\eta)$ voneinander (zweidimensionale Gauß-Verteilung ohne Korrelation)

Bei einer einzelnen Wahrscheinlichkeitsvariablen kann man, wie z. B. aus (4.2), (4.4) hervorgeht, schon gewisse Aussagen über Mittelwert, Schwankungsquadrat und ähnliche Größen machen, ohne die Wahrscheinlichkeitsdichte zu kennen. Ähnlich kann man nun bezüglich der Abhängigkeit zweier Wahrscheinlichkeitsvariabler ξ, η schon gewisse pauschale Aussagen machen, ohne die zweidimensionale Wahrscheinlichkeitsdichte $p(\xi, \eta)$ zu kennen. Dies ist mit Hilfe des K o r r e l a t i o n s k o e f f i z i e n t e n ρ möglich, der als

$$\rho = \frac{1}{\sigma_\xi \, \sigma_\eta} \, \frac{1}{N} \, \sum_{i=1}^{N} (\xi_i - \bar{\xi})(\eta_i - \bar{\eta})$$

$$= \frac{1}{\sigma_\xi \, \sigma_\eta} \, \frac{1}{N} \, \sum_{i=1}^{N} (\xi_i \, \eta_i) - \bar{\xi} \, \bar{\eta} \tag{4.18}$$

definiert ist. In dieser Formel bedeuten $\bar{\xi}$, $\bar{\eta}$ die Mittelwerte der Variablen entsprechend (4.12) und σ_ξ, σ_η die Schwankungen, d. h. die Wurzeln aus den entsprechend (4.13) definierten Schwankungsquadraten. ξ_i, η_i $(i = 1, 2, \ldots, N)$ sind die Werte, die für die beiden Variablen bei den einzelnen Experimenten einer Serie gemessen werden. Im zuvor erörterten Beispiel der beiden Variablen ℓ, g sind also für ξ_i, η_i die Werte ℓ_i, g_i für die Länge und das Gewicht der einzelnen Personen einzusetzen. Dabei ist es wichtig zu beachten, daß die Werte ℓ_i, g_i jeweils zu derselben Person — bzw. zu demselben Experiment — gehören müssen.

Der Korrelationskoeffizient kann nur Werte zwischen −1 und +1 annehmen:

$$-1 \leqslant \rho \leqslant +1 \tag{4.19}$$

Sind zwei Variable statistisch unabhängig, so ergibt sich $\rho = 0$[1]). Bei voneinander abhängigen Variablen ergeben sich positive Werte von ρ, wenn sich die Variablen im Mittel gleichsinnig verändern, negative Werte von ρ, wenn sie sich gegenläufig verändern. Je deutlicher die Abhängigkeit ist, desto größer ist $|\rho|$. Die Werte ± 1 treten nur auf, wenn die Abhängigkeit nicht statistisch, sondern deterministisch ist.

Man besitzt also im Korrelationskoeffizienten ein Maß für den Grad der Abhängigkeit, der zwischen zwei Variablen besteht.

4.3. Korrelationsfunktion und Wiener-Spektrum

Die allgemeinen Betrachtungen des vorigen Abschnittes sollen jetzt auf den Fall zeitabhängiger Signalfunktionen spezialisiert werden.

Ein Ausgangssignal $y(t)$ enthält entsprechend (4.6) eine Komponente $y_s(t)$, die durch das Eingangssignal $x(t)$ vollständig bestimmt ist, und einen von $x(t)$ unabhängigen Störanteil $y_n(t)$.

Das Eingangssignal $x(t)$ ist in aller Regel als Ausgangssignal eines vorgeschalteten Systems aufzufassen, so daß für $x(t)$ grundsätzlich das gleiche wie für $y(t)$ gilt. Dies trifft selbst für einen Festwertregler zu. Daß nämlich das Eingangssignal eines solchen Reglers konstant sei, kann nur bei Vernachlässigung der Einflüsse anderer, eventuell übergeordneter Systeme und des dem Signal überlagerten Rauschens behauptet werden.

Aus diesem Grunde ist der Zusammenhang zwischen Eingangs- und Ausgangswerten eines linearen Übertragungssystems nicht rein deterministisch, sondern er besitzt eine statistische Komponente, die mit Hilfe der im vorhergehenden Abschnitt erläuterten Methoden untersucht werden kann. Zu diesem Zweck muß zunächst eine Methode besprochen werden, mit der die Eigenschaften statistischer Zeitfunktionen gekennzeichnet bzw. untersucht werden können. Man kann, wie schon bemerkt, nicht davon ausgehen, daß der zeitliche Verlauf einer statistischen Signalfunktion im voraus bekannt ist. Aus diesem Grunde ist es z. B. auch nicht möglich, die Fourier- oder Laplace-Transformation einer solchen Funktion zu berechnen, da hierzu die Kenntnis der Funktion bis in alle Zukunft erforderlich wäre.

Es ist aber möglich, unabhängig von ihrem genauen zeitlichen Verlauf diese Funktionen hinsichtlich ihrer statistischen Eigenschaften zu kennzeichnen. Diese Eigenschaften verändern sich in charakteristischer Weise bei der Übertragung durch lineare Systeme. Insbesondere ist dabei die Frage wichtig, wie schnell sich die Funktionswerte im Mittel mit der Zeit verändern. Dies wird durch die sog. A u t o k o r r e l a t i o n s f u n k t i o n beschrieben. $g(t)$ möge eine statistische Zeitfunktion mit

---

[1]) Dieser Satz ist leider nicht umkehrbar. Aus dem Ergebnis $\rho = 0$ kann man nicht mit Sicherheit schließen, daß die Variablen unabhängig voneinander sind; sei heißen dann u n k o r r e l i e r t. Im allgemeinen kann man aber die Größe des Korrelationskoeffizienten als Maß für den Grad der Abhängigkeit zweier Variabler betrachten.

einem verschwindenden Mittelwert sein. Zur Bildung des Mittelwertes einer statistischen Variablen hat man gemäß (4.2) eine sehr große Anzahl beliebig herausgegriffener Werte dieser Variablen zu addieren und das Ergebnis durch die Anzahl der Werte zu dividieren. Dieser Prozedur äquivalent ist die Vorschrift

$$\bar{g} = \lim_{T \to \infty} \frac{1}{2\,T} \int_{-T}^{+T} g(t)\, dt = 0 \tag{4.20}$$

Hierin werden zunächst alle Werte von $g(t)$ im Intervall $[-T,T]$ mit dem kleinen Zeitintervall dt multipliziert, mittels der Integration summiert und das Ergebnis durch die Intervallänge $2\,T$ dividiert. $2\,T$ ist dabei gerade gleich der Anzahl der auf diese Weise berücksichtigten Werte von $g(t)$, wiederum multipliziert mit dem Intervall dt. Dadurch, daß das Intervall $[-T,T]$ in der Grenze unendlich groß gewählt wird, vollzieht man den Übergang von der Stichprobe zur Grundgesamtheit.

Ist (4.20) für eine Funktion nicht von vornherein erfüllt, so betrachtet man an Stelle von $g(t)$ die Funktion

$$\widetilde{g}(t) = g(t) - \bar{g} \tag{4.21}$$

Die zugehörige Autokorrelationsfunktion ist dann durch

$$\varphi_{g,g}(\tau) = \lim_{T \to \infty} \frac{1}{2\,T} \int_{-T}^{+T} g(t)\, g(t + \tau)\, dt \tag{4.22}$$

definiert. $g(t)$ und $g(t + \tau)$ sind hier, als Funktion von t betrachtet, zwei statistische Variable, deren Korrelation untersucht wird. Zu diesem Zweck wird wie beim Korrelationskoeffizienten (4.18) über alle Produkte $g(t)\, g(t + \tau)$ gemittelt. Da es sich bei $g(t)$ und $g(t + \tau)$ um kontinuierliche Funktionen handelt, ist die Summe von (4.18) in gleicher Weise wie in (4.20) durch ein Integral ersetzt worden. Es ist hierzu erforderlich, daß sich die statistischen Eigenschaften der Funktion $g(t)$ nicht im Laufe der Zeit ändern, daß also $g(t)$ stationär ist. Die Indizes g,g bei φ in (4.22) sollen andeuten, daß es sich um die Korrelation zwischen Funktionswerten von $g(t)$ handelt.

Der Abstand τ, den die beiden Funktionswerte $g(t)$ und $g(t + \tau)$ voneinander haben, bleibt während der Mittelung konstant. Der Wert der Autokorrelationsfunktion gibt dann an, in welchem Maße zwei Werte der Funktion mit diesem zeitlichen Abstand statistisch korreliert sind. Diese Korrelation wird für verschiedene Werte von τ berechnet. Auf diese Weise entsteht die Autokorrelationsfunktion $\varphi(\tau)$, die eine Funktion des Abstandes τ ist.

Bei kleinen Werten von τ wird in aller Regel eine positive Korrelation vorhanden sein. Ist nämlich z. B. zu einem bestimmten Zeitpunkt t_1 der Funktionswert $g(t_1)$ positiv, so wird dies mit großer Wahrscheinlichkeit auch für den dicht benachbarten Wert $g(t_1 + \tau)$ gelten. Die Signalfunktion $g(t)$ kann sich nämlich schon aus energetischen Gründen nicht beliebig schnell ändern, da dies einen dementsprechend großen Energieaufwand erfordern würde. Dann ist auch das Produkt $g(t_1)\, g(t_1 + \tau)$ mit großer Wahrscheinlichkeit positiv. Ist zu einem anderen Zeitpunkt t_2 die Funktion

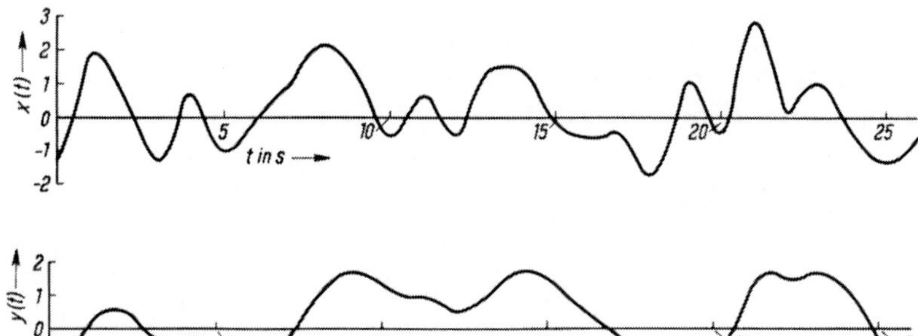
x(t)
t in s
y(t)
a)

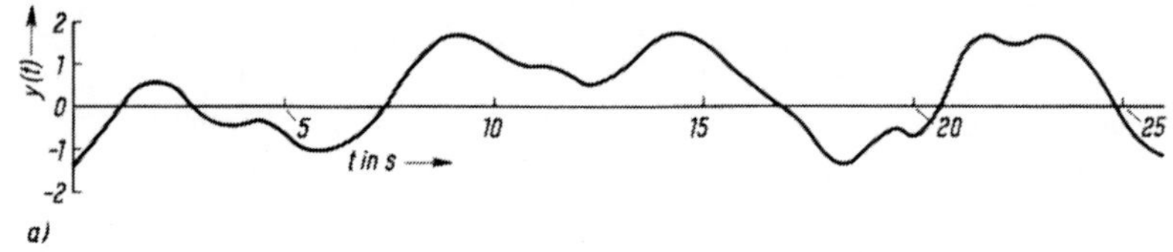

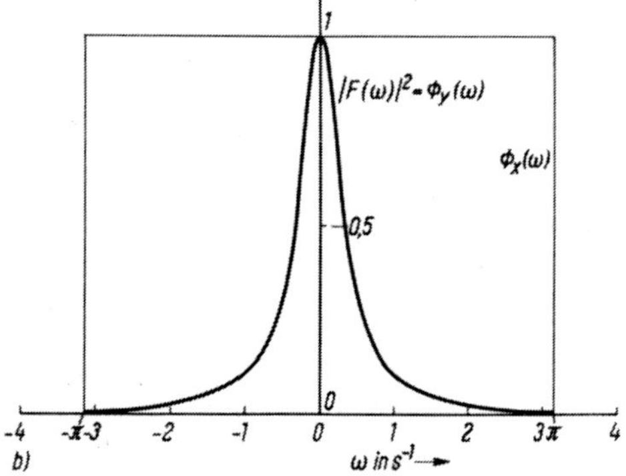
$|F(\omega)|^2 = \Phi_y(\omega)$
$\Phi_x(\omega)$
0,5
0
ω in s^{-1}
b)

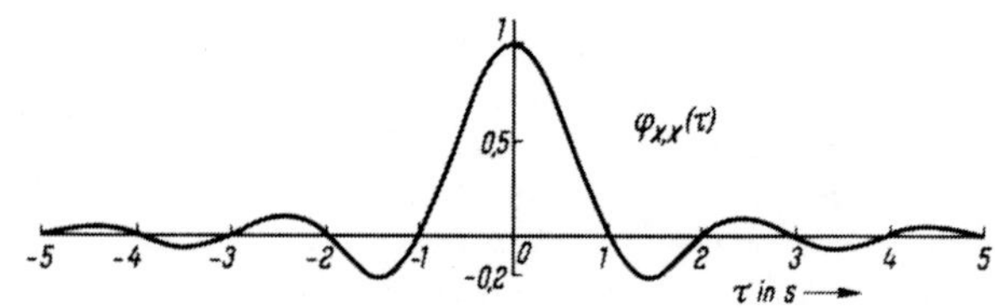
$\varphi_{x,x}(\tau)$
τ in s

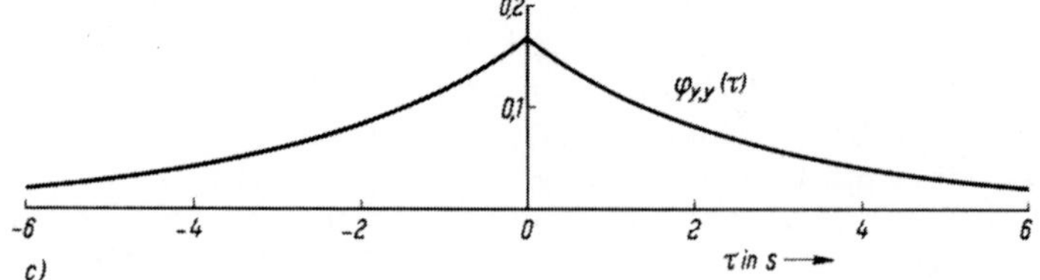
$\varphi_{y,y}(\tau)$
τ in s
c)

$g(t_2)$ negativ, so wird mit großer Wahrscheinlichkeit auch $g(t_2 + \tau)$ aus dem gleichen Grunde negativ sein, das Produkt $g(t_2)\, g(t_2 + \tau)$ ist also wiederum positiv. Folglich treten bei der Integration (4.22) wesentlich mehr positive als negative Anteile auf, und die Korrelation ist positiv (s. Bild 47).

Bei einer regellosen statistischen Funktion nimmt die Korrelation der Funktionswerte mit wachsendem Abstand τ ab und geht schließlich gegen Null. Bei regelmäßigen Funktionen kann die Korrelation auch stark negativ werden. Z. B. ist dies bei der Sinusfunktion der Fall, wenn der Korrelationsabstand eine halbe Periode beträgt.

Setzt man in (4.22) $\tau = 0$, so folgt

$$\varphi_{g,g}(0) = \lim_{T \to \infty} \frac{1}{2\,T} \int\limits_{-T}^{+T} \{g(t)\}^2 \, dt = \sigma^2 \tag{4.23}$$

Bei dieser Gleichung ist, wie bereits in (4.22), $\overline{g} = 0$ vorausgesetzt worden. Die Integration ist wie in (4.20) die natürliche Verallgemeinerung der Summation gemäß (4.4). Dieses Ergebnis ist verständlich, da entsprechend Definition die Autokorrelationsfunktion nicht wie der Korrelationskoeffizient (4.18) im Nenner die Schwankungen enthält. (Die Schwankung von $g(t)$ ist offensichtlich gleich derjenigen von $g(t + \tau)$.)

Es gilt außerdem noch

$$\varphi_{g,g}(-\tau) = \varphi_{g,g}(\tau) \tag{4.24}$$

wie man leicht erkennt, wenn man in (4.22) die Substitution $(t + \tau) = t'$ einsetzt. $\varphi_{g,g}(\tau)$ ist also eine symmetrische Funktion mit einem Maximum bei $\tau = 0$. Je schneller $\varphi_{g,g}(\tau)$ mit wachsendem τ gegen Null geht, desto schnellere Änderungen kommen in $g(t)$ vor.

Bild 47
Zur Übertragung statistischer Signalfunktionen.
a) Statistische Eingangs- und Ausgangsfunktion $x(t)$ bzw. $y(t)$ eines linearen Übertragungssystems erster Ordnung mit einer Zeitkonstanten von 3 s. $x(t)$ ist auf den Frequenzbereich von $\omega = -2\,\pi\,W$ bis $\omega = +2\,\pi\,W$ ($W = 0,5$ Hz) begrenztes weißes Rauschen. Die Funktionswerte von $x(t)$, die einen Abstand von $\tau = 1/(2\,W)$ haben, sind statistisch unabhängig voneinander (s. (4.33)) und nach einer Gauß-Verteilung mit dem Schwankungsquadrat $\sigma_x^2 = 1$ zufällig verteilt. $y(t)$ variiert entsprechend der Zeitkonstante des Übertragungssystems langsamer als $x(t)$.
b) Wiener Spektren $\Phi_x(\omega)$ und $\Phi_y(\omega)$ der Funktionen $x(t)$ und $y(t)$. $\Phi_x(\omega)$ ist bandbegrenztes weißes Rauschen, mit $W = 0,5$ Hz. Der Ordinatenwert von $\Phi_x(\omega)$ für $\omega = 0$ berechnet sich aus

$$\frac{1}{2} \int\limits_{-\infty}^{+\infty} \Phi_x(\omega) \, d\omega = \varphi_{x,x}(0) = \sigma_x^2 = 1$$

zu $\Phi_x(0) = 1$

c) Autokorrelationsfunktionen $\varphi_{x,x}(\tau)$, $\varphi_{y,y}(\tau)$ der Signalfunktionen $x(t)$, $y(t)$. $\varphi_{x,x}(\tau)$ hat Nullstellen bei $\tau = \dfrac{i}{2\,W}$, ($i = 1, 2, 3, \ldots$). $\varphi_{y,y}(\tau)$ fällt entsprechend der Zeitkonstanten des Übertragungssystems langsamer ab. Mit Hilfe der bei b) angegebenen Relation berechnet sich σ_y^2

Eine statistische Signalfunktion $g(t)$ kann man, wie bereits bemerkt wurde, keiner Fourier-Transformation unterziehen. Im Gegensatz dazu läßt sich aber die Autokorrelationsfunktion $\varphi_{g,g}(\tau)$ ohne Schwierigkeiten einer solchen Operation unterwerfen. Die Fourier-Transformierte

$$\Phi_g(\omega) = \Phi_{g,g}(\omega) = \int\limits_{-\infty}^{+\infty} \varphi_{g,g}(\tau)\, e^{-i\omega\tau}\, d\tau \tag{4.25}$$

der Funktion $\varphi_{g,g}(\tau)$ nennt man das W i e n e r - S p e k t r u m der Funktion $g(t)$ (zu Ehren des Mathematikers und Mitbegründers der Kybernetik Norbert Wiener). Anstatt „Wiener-Spektrum" wird auch häufig der Ausdruck L e i s t u n g s s p e k t r u m verwendet. Dies ist für elektrische Signalfunktionen gerechtfertigt, kann aber bei biologischen Systemen u. U. zu Mißverständnissen führen.

Als Fourier-Transformierte einer symmetrischen Funktion ist $\Phi_{g,g}(\omega)$ eine reelle Funktion.

Wählt man an Stelle einer statistischen Signalfunktion eine fest vorgegebene Funktion $g_a(t)$, so besitzt diese eine Fourier-Transformation $G_a(\omega)$. Von $g_a(t)$ kann man aber auch die Autokorrelationsfunktion und das Wiener-Spektrum $\Phi_{g_a}(\omega)$ berechnen, und man kann zeigen, daß

$$\Phi_{g_a}(\omega) = \left| G_a(\omega) \right|^2 \tag{4.26}$$

gilt.

Das Wiener-Spektrum ist also das absolute Quadrat der Fourier-Transformierten einer Funktion – sofern eben diese Transformation angegeben werden kann.

Wie im nächsten Abschnitt gezeigt wird, ersetzt das Wiener-Spektrum in gewisser Weise das Frequenzspektrum einer Zeitfunktion, wenn letzteres nicht berechnet werden kann.

Analog zur Autokorrelationsfunktion kann man auch die Korrelationsfunktion zwischen zwei verschiedenen statistischen Signalfunktionen $f(t)$, $g(t)$ berechnen. Man definiert dazu die K r e u z k o r r e l a t i o n s f u n k t i o n

$$\varphi_{f,g}(\tau) = \lim_{T \to \infty} \frac{1}{2\,T} \int\limits_{-T}^{+T} f(t)\, g(t+\tau)\, dt \tag{4.27}$$

Eine positive Korrelation über einen gewissen Bereich von τ wird z. B. zu erwarten sein, wenn $f(t)$ und $g(t)$ die Eingangs- bzw. Ausgangsfunktion eines Übertragungssystems sind. Das Maximum der Korrelation muß aber nicht bei $\tau = 0$ liegen. Auch ist $\varphi_{f,g}(\tau)$ nicht notwendig eine symmetrische Funktion. An Stelle von (4.24) gilt

$$\varphi_{f,g}(\tau) = \varphi_{g,f}(-\tau) \tag{4.28}$$

Die Reihenfolge der Funktionen f,g in (4.27) ist also wesentlich.

Offensichtlich kann man auch $\varphi_{f,g}(\tau)$ einer Fourier-Transformation unterwerfen und erhält dann ein g e m i s c h t e s W i e n e r - S p e k t r u m der beiden Funktionen $f(t)$ und $g(t)$. Wie im nächsten Abschnitt gezeigt wird, spielen die Kreuzkorrelationsfunktion und ihre Fourier-Transformation für die Kennzeichnung der Eigenschaften linearer Übertragungssysteme eine große Rolle.

4.4. Die Übertragung statistischer Signalfunktionen

Im Zusammenhang mit der Übertragung statistischer Signalfunktionen durch lineare Systeme treten zwei Fragestellungen auf.

1. Wie werden die Eigenschaften statistischer Signalfunktionen durch lineare Übertragungssysteme modifiziert?

2. Kann man mittels statistischer Signalfunktionen die Übertragungseigenschaften linearer Systeme ermitteln?

Die erste Fragestellung hat, wie später noch genauer ausgeführt wird, Bedeutung für die rechnerische Behandlung der Ausregelung statistischer Störungen mit Hilfe von Festwertreglern.

Die zweite Fragestellung hat erhebliche praktische Bedeutung für die experimentelle Untersuchung biologischer Systeme. Wie schon erwähnt, treten unter physiologischen Bedingungen statistische Signalfunktionen als Ein- und Ausgangsgrößen biologischer Übertragungssysteme sehr häufig auf. Es ist in vielen Fällen schwierig oder sogar unmöglich, zur Messung der Übertragungseigenschaften des Systems diese natürlichen Eingangssignale abzuschalten und durch geeignetere Testfunktionen (z. B. Sinusfunktionen, Impulse oder Stufenfunktionen) zu ersetzen. Oft wird das Übertragungssystem auch bereits gestört oder geschädigt, wenn man der unter natürlichen Bedingungen als Eingangssignal vorhandenen statistischen Signalfunktion ein anderes Testsignal überlagert, das sich genügend stark vom statistischen „Hintergrund" abhebt, so daß man die Systemreaktion messen kann. In allen diesen Fällen ist man darauf angewiesen, die statistischen Signalfunktionen selbst zur Messung der Übertragungseigenschaften des Systems zu verwenden.

Die erste Fragestellung ist verhältnismäßig leicht zu beantworten. Es sei $x(t)$ eine statistische Signalfunktion, die am Eingang eines linearen Übertragungssystems mit der Übertragungsfunktion $F(\omega)$ wirksam ist, ferner $y(t)$ die von $x(t)$ hervorgerufene Ausgangsfunktion. Die zeitlichen Mittelwerte von $x(t)$ und $y(t)$ sollen gleich Null sein.

Wäre dies nicht der Fall, so hätten sie einen nicht zufälligen, konstanten Anteil, und man könnte durch Subtrahieren dieses Anteils zu neuen Eingangs- und Ausgangsfunktionen übergehen, für die die obige Bedingung erfüllt ist.

Man kann dann von $x(t)$ und $y(t)$ die Autokorrelationsfunktionen und die Wiener-Spektren $\Phi_x(\omega)$, $\Phi_y(\omega)$ ermitteln. Zwischen diesen Wiener-Spektren besteht der Zusammenhang

$$\Phi_y(\omega) = |F(\omega)|^2 \ \Phi_x(\omega) \tag{4.29}$$

Diese Gleichung ist ein Analogon zu (1.21) und läßt sich für fest vorgegebene Signalfunktionen aus (1.21) und (4.26) direkt folgern. Die Ableitung für statistische Signalfunktionen ist etwas umständlicher und soll hier unterbleiben (vgl. z. B. [11]).

Aus (4.29) geht hervor, daß das Wiener-Spektrum tatsächlich Eigenschaften eines Frequenzspektrums hat. Die Frequenzanteile, die in $\Phi_x(\omega)$ vorhanden sind, aber vom Übertragungssystem schlecht übertragen werden, sind in $\Phi_y(\omega)$ entsprechend geschwächt (s. Bild 47). Einem schmaleren Frequenzband des Ausgangssignals y(t) entspricht eine langsamer abklingende Autokorrelationsfunktion $\varphi_{y,y}(\tau)$, was bedeutet, daß sich y(t) langsamer ändert als x(t) und daher über längere Zeiten vorherzusagen ist. Die schnellen Änderungen von x(t) werden bei der Übertragung ausgemittelt.

Für theoretische Überlegungen ebenso beliebt wie für Experimente ist das sog. w e i ß e R a u s c h e n r(t) als statistische Signalfunktion. Es handelt sich dabei um ein Signal, bei dem die zeitlich aufeinander folgenden Funktionswerte statistisch unabhängig voneinander sind, ohne Rücksicht darauf, wie klein die Zeitabstände zwischen ihnen sind. Dies bedeutet, daß das Signal beliebig schneller zeitlicher Änderungen fähig sein muß. Es handelt sich also bei dieser Signalform wie bei den meisten übrigen Testsignalen (z. B. Impuls, Stufenfunktion) um eine theoretische Idealisierung, die nur mit einer gewissen Approximation realisiert werden kann.

Die Autokorrelationsfunktion $\varphi_{r,r}(\tau)$ des weißen Rauschens ist entsprechend dieser Überlegung gleich Null für alle Werte $\tau > 0$, d. h. es gilt

$$\varphi_{r,r}(\tau) = \sigma_r^2\, \delta(\tau) \tag{4.30}$$

wo σ_r^2 das Schwankungsquadrat der Funktionswerte für $\tau = 0$ entsprechend (4.23) und $\delta(\tau)$ die Impulsfunktion (Diracsche δ-Funktion) ist. Das Wiener-Spektrum dieser Funktion ist konstant,

$$\Phi_r(\omega) = \sigma_r^2 \tag{4.31}$$

d. h. unabhängig von der Frequenz[1]).

Das weiße Rauschen ist nicht die einzige Signalform mit einem konstanten Wiener-Spektrum. In Übungsaufgabe 10 war zu erkennen, daß die Fourier-Transformierte der δ-Funktion konstant gleich eins ist. Nach (4.26) ist das Wiener-Spektrum der δ-Funktion dann ebenfalls gleich eins, d. h. bis auf eine Konstante gleich dem Wiener-Spektrum des weißen Rauschens. Es zeigt sich also, daß verschiedene Signalfunktionen das gleiche Wiener-Spektrum haben können. Die Ursache dafür ist, daß in das Wiener-Spektrum die Amplituden, aber nicht die Phasen der harmonischen Komponenten (s. (1.19)), aus denen sich die Signalfunktionen zusammensetzen, eingehen.

Kann man weißes Rauschen als Eingangsfunktion eines linearen Übertragungssystems verwenden, so ergibt sich für (4.29) eine besonders einfache Gestalt

---

[1]) Die Bezeichnung „weißes Rauschen" wurde in loser Analogie zur spektralen Verteilung des weißen Sonnenlichtes gewählt. Das Sonnenlicht hat aber eine Verteilung, die konstant als Funktion der Wellenlänge ist, während das Rauschen konstant mit der Frequenz ist.

$$\Phi_y(\omega) = \sigma_r^2 \, |F(\omega)|^2 \qquad\qquad (4.32)$$

Das Wiener-Spektrum der Ausgangsfunktion ist also in diesem Fall bis auf eine Konstante gleich dem Absolutquadrat der Übertragungsfunktion.

Wenn auch weißes Rauschen im strengen Sinne experimentell nicht realisiert werden kann, so liefert dieses Konzept doch eine einfache Möglichkeit zur näherungsweisen Beschreibung zahlreicher in der Natur vorkommender Rauschspektren. Dabei handelt es sich um Rauschprozesse mit solchen Wiener-Spektren, die das Charakteristikum des weißen Rauschens, nämlich die Unabhängigkeit von der Frequenz, nur über ein bestimmtes Frequenzband erfüllen. Man spricht dann vom b a n d b e g r e n z t e n   w e i ß e n   R a u s c h e n   (s. Bild 47). Ein solches bandbegrenztes weißes Rauschen ist immer dann gegeben, wenn beim Zufallssignal r(t) sich die Funktionswerte nur über den Zeitabstand $\tau = 1/2\,W$ statistisch beeinflussen, wenn also beispielsweise die Werte r(0), r(1/2 W), r(2/2 W), . . .   statistisch unabhängig voneinander sind. Das bedeutet, daß für die Autokorrelationsfunktion gilt:

$$\varphi_r\!\left(\frac{1}{2\,W}\right) = 0 \qquad\qquad (4.33)$$

Dieser Zusammenhang bildet den Inhalt des sog. S a m p l i n g - T h e o r e m s   [12]. Auch für Werte $\tau > 1/2\,W$ ist $\varphi_r(\tau)$ nahezu gleich Null; der genaue Verlauf hängt jedoch noch davon ab, in welcher Weise $\Phi_r(\omega)$ im Bereich $\omega > W$ gegen Null geht. Ein bandbegrenztes weißes Rauschen kann mindestens näherungsweise bei vielen in der Natur anzutreffenden Rauschquellen wie Brownsche Molekularbewegung, thermische Bewegung von Ladungsträgern, Konzentrationsschwankungen usw. vorausgesetzt werden. Mit Hilfe von (4.29) bzw. (4.32) ist die erste der beiden zu Beginn dieses Abschnittes formulierten Fragestellungen beantwortet. Diese Gleichungen geben Auskunft darüber, wie sich die statistischen Eigenschaften des Signals, so wie sie im Wiener-Spektrum zum Ausdruck kommen, beim Durchlaufen eines linearen Übertragungssystems verändern.

Das ist besonders wichtig für die früher besprochenen Festwertregler (s. Abschn. 2.2. und Bild 11). Die Störgröße z(t) ist meistens eine statistische Funktion, so daß die Fourier-Transformierte $Z(\omega)$ nicht berechnet werden kann. Außerdem gibt es, wie zu Beginn von Abschn. 2 beschrieben wurde, oft mehrere Quellen für regellose Störungen, die man nur der Übersichtlichkeit halber an einer Stelle zusammenfaßt. Um dies zu können, benötigt man eine Rechenvorschrift, mit der man die Übertragung der Störgrößen durch die Teilsysteme behandeln kann. Dies wird durch (4.29) bzw. (4.32) geleistet.

Aber auch den Erfolg der Regelung bei der Minderung des Störeinflusses kann man beschreiben. In (2.2), (2.3) ist der Zusammenhang zwischen einer Störgröße z(t) und dem geregelten Ausgangssignal y(t) für fest vorgegebene Störfunktionen formuliert. Mit Hilfe von (4.29) läßt sich dies auf regellose Störgrößen erweitern. Man muß dazu die Wiener-Spektren $\Phi_z(\omega)$ und $\Phi_y(\omega)$ des Eingangs- bzw. Ausgangssignals ermitteln. Dann gilt der Zusammenhang

$$\Phi_y(\omega) = |G_{fest}(\omega)|^2 \, \Phi_z(\omega) \qquad\qquad (4.34)$$

$|G_{fest}(\omega)|^2$ ist aus (2.3) leicht zu finden. Auch die weiteren Ausführungen von Abschn. 2 sind entsprechend zu übertragen.

Auch die zweite der beiden zu Beginn dieses Abschnittes formulierten Fragestellungen ist wenigstens teilweise durch die beiden Gleichungen (4.29), (4.32) beantwortet. Dies geht insbesondere aus den Betrachtungen zum weißen Rauschen hervor. Wirkt nämlich ein Rauschsignal mit einem bandbegrenzten weißen Rauschen der Bandbreite W als Eingangssignal auf ein Übertragungssystem mit der Frequenzcharakteristik $F(\omega)$ und überdeckt W den Frequenzbereich, in dem $F(\omega)$ wesentlich von Null verschieden ist, so kann man (4.32) zur Bestimmung von $|F(\omega)|$ verwenden. Es ist dann für die Anwendung dieser Formel unwesentlich, daß das Eingangssignal kein echtes, sondern nur ein bandbegrenztes weißes Rauschen ist. Tritt letzteres als natürliche statistische Schwankung am Eingang eines Systems auf, so kann man durch Registrierung des Ausgangssignals und Berechnung des Wiener-Spektrums unmittelbar den Betrag der Übertragungsfunktion bestimmen. Man benötigt dann kein besonderes Testsignal.

Will man außer dem Betrag auch die Phase der ÜF mit Hilfe statistischer Signale messen, so benötigt man die Kreuzkorrelation zwischen Eingangssignal und Ausgangssignal. Dies ist leicht einzusehen, denn beispielsweise würde eine Totzeit im Übertragungssystem die Autokorrelationsfunktion des Ausgangssignals nicht beeinflussen, wohl aber die Phase der Übertragungsfunktion. Man definiert gemäß (4.27) die Kreuzkorrelationsfunktion zwischen einem statistischen Eingangssignal x(t) und dem zugehörigen Ausgangssignal y(t) als

$$\varphi_{x,y}(\tau) = \lim_{T \to \infty} \frac{1}{2\,T} \int_{-T}^{+T} x(t)\,y(t+\tau)\,dt \tag{4.35}$$

Ist ferner $\Phi_{x,y}(\omega)$ die Fourier-Transformierte von $\varphi_{x,y}(\tau)$, also das gemischte Wiener-Spektrum der beiden Signale x und y, so gilt der folgende wichtige Zusammenhang:

$$\Phi_{x,y}(\omega) = F(\omega)\,\Phi_{x,x}(\omega) \tag{4.36}$$

Das gemischte Wiener-Spektrum des Eingangs- und Ausgangssignals eines linearen Übertragungssystems ist also gleich dem Produkt aus dem Wiener-Spektrum des Eingangssignals und der FC des Systems.

Kennt man das Wiener-Spektrum des Eingangssignals und das gemischte Wiener-Spektrum, so kann man daraus die FC des Systems nach Betrag und Phase berechnen. Ist insbesondere das Eingangssignal bandbegrenztes weißes Rauschen mit einer hinreichend großen Bandbreite, so vereinfacht sich (4.36) zu

$$\Phi_{x,y}(\omega) = \sigma_r^2\,F(\omega) \tag{4.37}$$

Das gemischte Wiener-Spektrum ist in diesem Fall bis auf eine Konstante, die die Stärke des Eingangssignals kennzeichnet, gleich der FC.

Die Möglichkeiten, die die Methoden der statistischen Signalanalyse bei der Analyse von Übertragungs- und Regelsystemen bieten, sind zwar schon verhältnismäßig lange bekannt [11], haben jedoch erst in den letzten Jahren größere praktische Bedeutung erlangt. Das liegt daran, daß für das Registrieren genügend großer Datenmengen und für deren Verarbeitung ein entsprechender Aufwand erforderlich ist. Erst seit leistungsfähige Prozeßrechner in Laboratorien eingesetzt werden können, ist die Ermittlung von Auto- und Kreuzkorrelationsfunktionen und die Berechnung der zugehörigen Wiener-Spektren als Routinearbeit durchzuführen. Mit der zunehmenden Verbreitung geeigneter Rechner und der damit verknüpften Meßtechniken wird die Analyse statistischer Signale zu einer wichtigen Standardmethode werden. Überhaupt wird in den folgenden Abschnitten noch mehrfach deutlich werden, daß die Computermethoden einen starken Einfluß auf die Entwicklung der Biokybernetik ausüben.

Ergänzende und weiterführende Literatur

B l a c k m a n, R.B.; T u k e y, J.W.: The measurement of power spectra. New York 1959
F i s z, M.: Wahrscheinlichkeitsrechnung und mathematische Statistik. 5. Aufl. Berlin 1970
G i l o i, W.: Simulation und Analyse stochastischer Vorgänge. 2. Aufl. München 1970
H a s e l o f f, O.W.; H o f f m a n n, H.-J.: Kleines Lehrbuch der Statistik. 4. Aufl. Berlin 1970
L e e, Y.W.: Statistical theory of communication. New York 1960
M a c D o n a l d, D.K.C.: Noise and fluctuations: an introduction. New York 1962
S a c h s, L.: Statistische Auswertungsmethoden. 3. Aufl. Berlin-Heidelberg-New York 1972
S o l o d o w n i k o w, W.W.: [11]

5. Mehrfach geregelte und gekoppelte Systeme

5.1. Einführung in die Problematik

In den vorhergehenden Abschnitten wurde der einfache Regelkreis behandelt, der e i n e Eingangs- bzw. Führungsgröße, e i n e Ausgangsgröße und evtl. noch e i n e Störgröße besitzt. Mehrfach wurde bereits darauf hingewiesen, daß ein solcher Regelkreis bei biologischen Systemen eine − oft unzulässige − starke Vereinfachung darstellt. Tatsächlich sind meistens verschiedene Regelkreise miteinander gekoppelt, so daß eine Eingangsgröße mehrere Ausgangsgrößen beeinflußt und umgekehrt eine Ausgangsgröße von mehreren Eingangsgrößen beeinflußt wird. Beispielsweise ist die

Pupillengröße nicht nur von der Netzhautbeleuchtungsstärke abhängig, wie es in den bisher besprochenen Modellen des Pupillenregelkreises angenommen wurde, sondern auch von der Akkommodation des Auges. Aber auch zwischen der Akkommodation und der Beleuchtungsstärke bestehen Relationen. Die Akkommodation ist ferner mit der Konvergenz der beiden Augenachsen gekoppelt, so daß sich auch hierdurch ein Einfluß auf die Pupillengröße bemerkbar macht.

Ohne in die Details zu gehen, bemerkt man schon an diesem relativ sehr einfachen Beispiel, daß bei Berücksichtigung mehrerer Eingangs- und Ausgangsgrößen die Strukturen der zu analysierenden Systeme wesentlich komplizierter werden. Dies ist jedoch kein Grund zur Resignation, denn gerade bei der Untersuchung solcher Systeme kommen die Methoden der biokybernetischen Systemanalyse erst in vollem Maße zur Geltung.

Bei mehrfach geregelten Systemen werden nämlich nicht nur die bisher besprochenen Probleme der Signalübertragung und Stabilität komplizierter, sondern es treten ganz neuartige Fragestellungen auf, die sich auf die Struktur des Systems und die gegenseitigen Kopplungen von Teilsystemen beziehen und die mit den in diesem Abschnitt zu besprechenden Methoden erst durchsichtig formuliert werden können.

Wie noch zu zeigen sein wird, beschränken sich die Möglichkeiten der Regelungstheorie in diesem Bereich nicht nur auf die Analyse biologischer Systeme und die Aufstellung von Modellen. Vielmehr zeichnen sich auch konkrete Möglichkeiten der Diagnose und Therapie pathologischer Systemzustände ab.

Die systematische Theorie der mehrfach geregelten Systeme ist im letzten Jahrzehnt für den technischen Bereich erarbeitet worden. Zahlreiche grundlegende Ansätze gehen auf M. M e s a r o v i č [14] zurück. Eine ausführliche Darstellung dieses Gebietes wurde von H. S c h w a r z [15] publiziert. Die Übertragung und Anwendung dieser Theorie auf biologische Probleme hat erst in den letzten Jahren begonnen, und es ist mit Sicherheit zu erwarten, daß sich für die Biokybernetik hier ein außerordentlich fruchtbares Feld öffnet.

Ein wesentlicher Grund dafür, daß die Theorie der mehrfach geregelten Systeme erst in der jüngsten Vergangenheit entwickelt wurde, ist wiederum in der Entwicklung der Computertechnik zu sehen. Die Berechnungen, die bei der Anwendung der Theorie auf normale Probleme aus der Praxis notwendig sind, lassen sich nämlich in vernünftiger Zeit nur mit Computern ausführen. Der fördernde Einfluß der Computertechnik auf die Entwicklung dieses Gebietes ist auch dadurch bedingt, daß der Matrizen-Kalkül, mit dessen Hilfe sich die Eigenschaften der mehrfach geregelten Systeme besonders übersichtlich darstellen lassen, für die Anwendung von Digitalrechnern gut geeignet ist.

Der einfache Regelkreis ist, wie in Abschn. 2 gezeigt wurde, aus einer Reihe linearer Übertragungssysteme zusammengesetzt. Analog kann man ein mehrfach geregeltes System in mehrere lineare Übertragungssysteme aufteilen, die jetzt aber mehrere Eingänge und Ausgänge haben können und daher m u l t i v a r i a b l e S y s t e m e genannt werden. Die verschiedenen Ein- und Ausgänge können zunächst mit verschiedenen physikalischen Dimensionen behaftet sein; diese Dimensionen muß man durch Division mit geeigneten Bezugswerten eliminieren. Dies ist bei den multivariablen Systemen noch wichtiger als bei den vorher besprochenen einfachen Systemen.

Die Zahl der Eingangsgrößen braucht bei einem multivariablen System nicht gleich der Zahl der Ausgangsgrößen zu sein. Eingangs- und Ausgangsgrößen sind wie bisher Funktionen der Zeit. Sie sind durch ein System linearer Differential- und Integralgleichungen verknüpft. Durch eine Laplace-Transformation kann man wie bei einfachen Übertragungssystemen zur verallgemeinerten Frequenzdarstellung übergehen. Dann sind die Eingangs- und Ausgangsgrößen Funktionen der komplexen Variablen s, die durch ein System linearer Gleichungen miteinander verknüpft sind.

Dies mag zunächst an einem vereinfachten M o d e l l der Blutzuckerregulation erläutert werden [16].

Beispiel. Die Konzentration der Glukose im Blut wird durch verschiedene Hormone (hauptsächlich Insulin, Wachstumshormone, Epinephrin und Cortison) reguliert. Diese Hormone beeinflussen die verschiedenen Möglichkeiten des Organismus, Glukose aus Speicherstoffen zu bilden bzw. umgekehrt überschüssige Glukose abzubauen oder in Form von Glykogen oder Fett zu speichern. Umgekehrt beeinflußt die Glukosekonzentration — aber nicht sie allein — die Konzentration dieser Hormone im Blut. Faßt man alle Hormone in ihrer Wirkung auf die Glukoseregulation zu einem fiktiven Hormon H zusammen, so kann man bei diesem System zwei Eingänge, nämlich die Zufuhrraten von Glukose und Hormon in das Blut, und zwei Ausgangsgrößen, die Konzentrationen von Glukose und Hormon im Blut, unterscheiden. Setzt man weiterhin die einfachste Reaktionskinetik voraus, so sind die zeitlichen Änderungen der Konzentration einer Substanz wie in dem in Abschn. 3.8 besprochenen hydromechanischen Modell proportional zur Konzentration dieser Substanz. Neu gegenüber diesem Modell ist aber, daß die zeitliche Änderung der Glukosekonzentration auch proportional zur Konzentration des Hormons ist und umgekehrt. Zur Vereinfachung der Bezeichnung sollen nicht die Konzentrationen, sondern deren Differenzen zu den Gleichgewichtswerten als Variable betrachtet werden. Man gelangt dann in Verallgemeinerung von (3.60) zu folgendem Differentialgleichungssystem:

$$\left.\begin{aligned}\frac{dy_g(t)}{dt} &= -a_{gg}\, y_g(t) - a_{gh}\, y_h(t) + x_g(t) \\[2mm] \frac{dy_h(t)}{dt} &= a_{hg}\, y_g(t) - a_{hh}\, y_h(t) + x_h(t)\end{aligned}\right\} \tag{5.1}$$

Hierin bedeuten: $y_g(t)$ Abweichung der Glukosekonzentration des Blutes von einem Gleichgewichtswert y_{ho}; $y_h(t)$ Abweichung der Hormonkonzentration des Blutes von einem Gleichgewichtswert y_{ho}; $x_g(t)$ Zufuhrrate von Glukose; $x_h(t)$ Zufuhrrate von Hormon; a_{gg}, a_{gh}, a_{hg}, a_{hh} Konstanten.
Nach einer Laplace-Transformation lauten diese Gleichungen

$$\left.\begin{aligned} s\,Y_g(s) &= -a_{gg}\,Y_g(s) - a_{gh}\,Y_h(s) + X_g(s) \\ s\,Y_h(s) &= a_{hg}\,Y_g(s) - a_{hh}\,Y_h(s) + X_h(s) \end{aligned}\right\} \tag{5.2}$$

$$\text{oder}\qquad Y_g(s) = \frac{-a_{gh}}{s + a_{gg}}\,Y_h(s) + \frac{1}{s + a_{gg}}\,X_g(s)$$

$$Y_h(s) = \frac{a_{hg}}{s + a_{hh}}\,Y_g(s) + \frac{1}{s + a_{hh}}\,X_h(s)$$

Dies läßt sich schließlich schreiben:

$$\left.\begin{aligned} Y_g(s) &= \frac{1}{s + a_{gg}}\,\{-a_{gh}\,Y_h(s) + X_g(s)\} \\[2ex] Y_h(s) &= \frac{1}{s + a_{hh}}\,\{a_{hg}\,Y_g(s) + X_h(s)\} \end{aligned}\right\} \tag{5.3}$$

Diesem Gleichungssystem entspricht das Blockschaltbild in Bild 48, wo insbesondere die Übertragungsglieder, die die gegenseitige Kopplung der beiden H a u p t - ü b e r t r a g u n g s w e g e $X_g \longrightarrow Y_g$ und $X_h \longrightarrow Y_h$ bewirken, deutlich zum Ausdruck kommen. Das Kreuz in den Summationspunkten ist hier fortgelassen worden, wie es dem Brauch in der neueren Literatur entspricht. (Manchmal wird der Summationspunkt auch durch ein in den Kreis geschriebenes Σ gekennzeichnet.) Die Verzweigungspunkte kennzeichnet man durch einen Punkt. Das Vorzeichen, mit dem die einzelnen Signale im Summationspunkt summiert werden, wird an den Zuleitungen markiert, wobei das Pluszeichen auch fortgelassen werden kann.

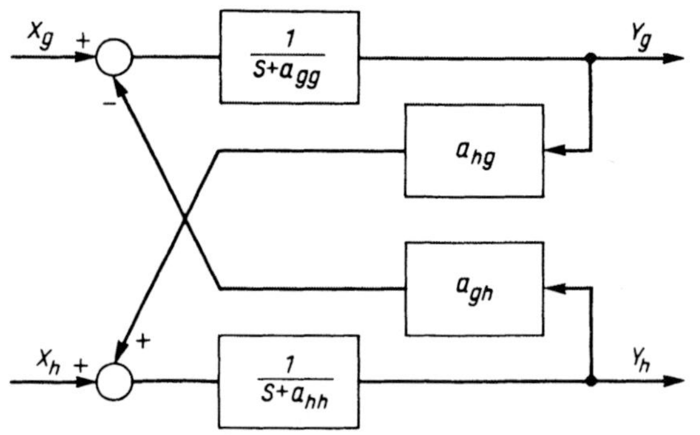

Bild 48
Einfaches Modell der Blutzucker-Regulation mit Rückwärtskopplung.
$X_g(s)$ Zufuhrrate von Glukose; $X_h(s)$ Zufuhrrate des fiktiven Hormons H (s. Text); $Y_g(s)$ Konzentration der Glukose im Blut; $Y_h(s)$ Konzentration des Hormons H im Blut; a_{gg}, a_{gh}, a_{hg}, a_{hh} sind Konstanten

Zur weiteren Schematisierung und Angleichung an die bisherige Terminologie kann man das Gleichungssystem (5.3) schreiben:

$$\left.\begin{aligned} Y_g &= H_{gg}\,X_g - H_{gg}\,K_{gh}\,Y_h \\ Y_h &= H_{hh}\,K_{hg}\,Y_g + H_{hh}\,X_h \end{aligned}\right\} \tag{5.4}$$

Hierin sind H_{gg}, H_{hh} die Übertragungsfunktionen der Hauptübertragungsstrecken und K_{gh}, K_{hg} die Übertragungsfunktionen der Koppelstrecken, und es ist gesetzt:

$$H_{gg} = \frac{1}{s + a_{gg}}, \qquad H_{hh} = \frac{1}{s + a_{hh}}, \qquad K_{gh} = a_{gh}, \qquad K_{hg} = a_{hg}$$

Die Abhängigkeit von s ist in (5.4) der Übersichtlichkeit halber nicht ausgeschrieben worden. Zur Bezeichnungsweise vgl. Abschn. 5.4.

Das Gleichungssystem (5.4) bzw. das entsprechende Blockschaltbild in Bild 48 ist nicht die einzige Möglichkeit, den Zusammenhang zwischen den Eingangs- und Ausgangsgrößen dieses Systems zu formulieren. Man kann beispielsweise in (5.4) aus der ersten Gleichung Y_h mit Hilfe der zweiten Gleichung eliminieren und umgekehrt in der zweiten Gleichung Y_g mit Hilfe der ersten eliminieren. Dann erhält man

$$\left. \begin{aligned} Y_g &= \frac{H_{gg}}{1 + H_{gg}\,K_{gh}\,H_{hh}\,K_{hg}}\,X_g - \frac{H_{gg}\,K_{gh}\,H_{hh}}{1 + H_{gg}\,K_{gh}\,H_{hh}\,K_{hg}}\,X_h \\ Y_h &= \frac{H_{hh}\,K_{hg}\,H_{gg}}{1 + H_{hh}\,K_{hg}\,H_{gg}\,K_{gh}}\,X_g + \frac{H_{hh}}{1 + H_{hh}\,K_{hg}\,H_{gg}\,K_{gh}}\,X_h \end{aligned} \right\} \tag{5.5}$$

Abkürzend schreibt man dieses Gleichungssystem

$$\left. \begin{aligned} Y_g &= P_{gg}\,X_g - P_{gh}\,X_h \\ Y_h &= P_{hg}\,X_g + P_{hh}\,X_h \end{aligned} \right\} \tag{5.6}$$

wobei $\quad P_{gg} = \dfrac{H_{gg}}{1 + K_{gh}\,H_{hh}\,K_{hg}\,H_{gg}} \quad$ usw.

gesetzt ist.

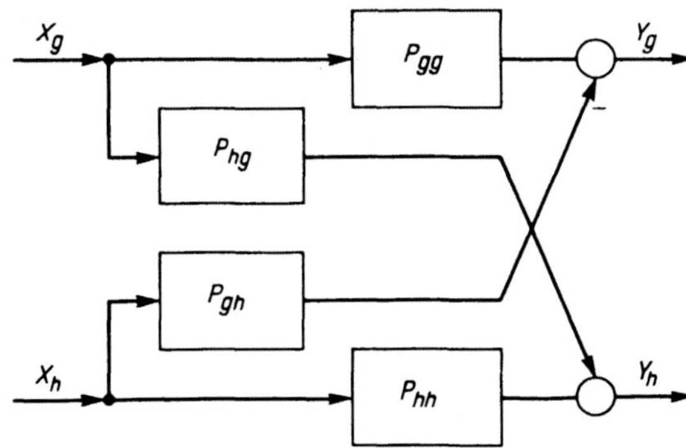

Bild 49
Äquivalentes Modell der Blutzucker-Regulation mit Vorwärtskopplung.
Das Modell hat das gleiche Klemmenverhalten wie dasjenige in Bild 48. Die Übertragungsfunktion P_{gg} usw. sind aus (5.5), (5.6) ersichtlich

Das zu (5.6) gehörige Blockschaltbild ist in Bild 49 gezeichnet. Während in (5.4) je eine Ausgangsgröße in Abhängigkeit von der entsprechenden Eingangsgröße und der zweiten Ausgangsgröße ausgedrückt ist, stellt (5.6) jede Ausgangsgröße als

Funktion der beiden Eingangsgrößen dar. Entsprechend unterscheiden sich die beiden Blockschaltbilder in Bild 48 und Bild 49.

Hierin kommt ein außerordentlich wichtiger Sachverhalt zum Ausdruck. Sind von einem multivariablen System nur die Zusammenhänge zwischen den Eingangs- und Ausgangsgrößen bekannt, so kann man diese durch verschieden strukturierte Übertragungssysteme interpretieren. Die von außen, also ohne Kenntnis der inneren Struktur des Systems, zu beobachtenden Zusammenhänge zwischen Eingangs- und Ausgangsgrößen werden als das K l e m m e n v e r h a l t e n des Systems bezeichnet. Man kann also sagen:

Aus dem Klemmenverhalten eines multivariablen Systems kann man nicht eindeutig auf die Struktur, die im Blockschaltbild ausgedrückt wird, schließen. Das Klemmenverhalten ist durch mehrere unterschiedliche Strukturen zu realisieren.

Man kann also aus dem Klemmenverhalten allein nicht entscheiden, welches von mehreren vorgeschlagenen Modellen mit unterschiedlichen Strukturen die tatsächlich gegebenen Verhältnisse am richtigsten beschreibt. Um zwischen verschiedenen Strukturen unterscheiden zu können, muß man vielmehr innere Parameter des Systems ändern und die dadurch entstehenden Änderungen im Klemmenverhalten beobachten. Ändert man z. B. in Bild 48 die Konstante a_{gg}, so wirkt sich dies auf die Verknüpfung zwischen X_g und Y_g aber wegen der Rückkopplungsleitung auch auf diejenige zwischen X_h und Y_g aus. In Bild 49 dagegen würde eine Änderung von P_{gg}, also der Hauptübertragungsstrecke, keinen Einfluß auf die übrigen Verknüpfungen zwischen Eingangs- und Ausgangsgrößen haben.

Mit Hilfe der Systemanalyse gewinnt man also eine Übersicht über die verschiedenen möglichen Systemstrukturen, mit denen ein beobachtetes Klemmenverhalten realisiert werden kann. Zugleich ergeben sich Hinweise auf Experimente, die zur Entscheidung zwischen verschiedenen Strukturen führen können. Die dazu notwendige Variation von Parametern einzelner Übertragungsstrecken kann häufig durch Änderung der physikalischen oder physiologischen Bedingungen, unter denen das System arbeitet, erreicht werden.

Die Struktur des Blockschaltbildes ist von großer Bedeutung für die physiologische Interpretation des Systems. In Bild 49 z. B. bedeutet die Vorwärtskopplung von X_h nach Y_g, daß eine vermehrte Zufuhr von Hormon (Ausschüttung durch endokrine Drüsen oder u. U. medikamentöse Zufuhr von außen) direkt — also nicht erst auf dem Weg über eine allgemeine Erhöhung der Konzentration im Blut — einen vermehrten Abbau der im Blut vorhandenen Glukose bewirkt. Im Gegensatz dazu führt nach Bild 48 eine Erhöhung der Hormon-Blutkonzentration zu einer Hemmung der Glukosezufuhr bzw. zu einer Erhöhung der Abbaurate. Es ist hier nicht der geeignete Ort, die physiologischen Gegebenheiten und die Berechtigung der Modelle genauer zu diskutieren. Der interessierte Leser muß auf die Spezialliteratur verwiesen werden [17].

Betrachtet man mehr als je zwei Eingangs- und Ausgangsgrößen, so werden die Gleichungssysteme, mit deren Hilfe das System beschrieben wird, sehr unübersichtlich, vor allem dann, wenn man außer dem System noch innere oder äußere Regler einbeziehen muß. Daher ist es vorteilhaft, sich eines anderen Kalküls zu bedienen, nämlich des im nächsten Abschnitt zu besprechenden Matrizen-Kalküls. Dem entspricht auch eine Verallgemeinerung der Darstellung im Blockschaltbild.

Übungsaufgabe 24. Man berechne die ÜF des Modells (5.3) für das Glukose-Regelsystem, vergleiche die Aussagen des Modells für den oralen Glukose-Toleranztest (impulsartige Zufuhr von Glukose) mit den experimentellen Daten von Bild 3 und passe die Konstanten in (5.3) an die Ergebnisse an. Dabei mache man folgende Annahmen: Die äußere Zufuhrrate $x_h(t)$ des Hormons H ist gleich Null. Die orale Zufuhrrate von Glukose kann als δ-Funktion angenommen werden. Um daraus die Glukose-Zufuhrrate $x_g(t)$ zu gewinnen, muß die Aufnahme der Glukose über den Darm in das Blut berücksichtigt werden, die durch ein Übertragungssystem erster Ordnung beschrieben werden soll. Die Zeitkonstante dieses Systems setze man gleich $1/a_{hh}$; durch diese willkürliche Annahme wird die Rechnung sehr vereinfacht, ohne daß das System entscheidend davon beeinflußt wird. Zur Anpassung der Konstanten benutze man die Ergebnisse von Übungsaufgabe 7.

5.2. Der Matrizen-Kalkül als Mittel zur Beschreibung multivariabler Systeme

In Verallgemeinerung des eben besprochenen Beispiels soll ein lineares multivariables Übertragungssystem mit m verschiedenen Eingangsgrößen

$$x_1(t), x_2(t), \ldots, x_m(t)$$

und n verschiedenen Ausgangsgrößen

$$y_1(t), y_2(t), \ldots, y_n(t)$$

betrachtet werden. In der Regel wird die Zahl der Eingangsgrößen nicht kleiner als die Zahl der Ausgangsgrößen sein ($m \geqslant n$), doch soll hierüber zunächst nichts vorausgesetzt werden.

Die Zeitfunktionen $x_i(t)$ ($i = 1, 2, \ldots, m$) und $y_k(t)$ ($k = 1, 2, \ldots, n$) sind durch ein System linearer Differential- bzw. Integralgleichungen verbunden. Man kann aber wie bei den einfachen Übertragungssystemen die Zeitfunktionen einer Laplace-Transformation unterwerfen und gelangt dann zu komplexen Funktionen $X_i(s)$ ($i = 1, 2, \ldots, m$), $Y_k(s)$ ($k = 1, 2, \ldots, n$), die durch ein System linearer algebraischer Gleichungen miteinander verknüpft sind:

$$\left.\begin{aligned}
Y_1(s) &= a_{11}\, X_1(s) + a_{12}\, X_2(s) + \cdots + a_{1m}\, X_m(s) \\
Y_2(s) &= a_{21}\, X_1(s) + a_{22}\, X_2(s) + \cdots + a_{2m}\, X_m(s) \\
&\qquad\cdots\cdots\cdots\cdots\cdots\cdots\cdots\cdots\cdots\cdots \\
Y_n(s) &= a_{n1}\, X_1(s) + a_{n2}\, X_2(s) + \cdots + a_{nm}\, X_m(s)
\end{aligned}\right\} \qquad (5.7)$$

Die Koeffizienten a_{ik} in diesem Schema sind in der Regel Funktionen von s.

Die weitere Betrachtung der Übertragungseigenschaften multivariabler Systeme und insbesondere ihres Verhaltens in Regelkreisen wird sehr viel übersichtlicher, wenn man sich der V e k t o r- und M a t r i x-Schreibweise bedient. Die Vereinfachung betrifft dabei durchaus nicht nur die Schreibweise, sondern auch die notwendigen Umrechnungen und Verknüpfungen. Der M a t r i z e n - K a l k ü l ist nämlich für die Bearbeitung linearer Gleichungssysteme außerordentlich gut geeignet. Es würde den Rahmen dieses Buches weit überschreiten, an dieser Stelle eine gründliche Darstellung dieses Kalküls und seiner Anwendungen auf lineare Gleichungssysteme zu geben. Daher können im folgenden nur die allerwichtigsten Definitionen und Rechenoperationen aufgeführt werden. Die Lektüre dieses Abschnittes soll den Leser in den Stand setzen, die wichtigsten Problemstellungen und Anwendungsmöglichkeiten der Theorie der mehrfach geregelten Systeme zu erkennen und die in der Literatur übliche Bezeichnungsweise zu verstehen. Für eine selbständige Bearbeitung derartiger biokybernetischer Fragestellungen ist das Studium eines ausführlicheren Werkes unbedingt erforderlich. Insbesondere soll hier auf das schon genannte Werk von H. S c h w a r z [15], vornehmlich den ersten Band, hingewiesen werden. In den folgenden Ausführungen wird vielfach auf die Darstellung und die Bezeichnungsweise dieses Buches zurückgegriffen.

Man faßt die Eingangsgrößen $X_i(s)$ und die Ausgangsgrößen $Y_k(s)$ aus (5.7) als Komponenten eines m- bzw. n-dimensionalen Vektors auf und schreibt (5.7) in der Form

$$\mathbf{Y}(s) = \mathbf{A}\,\mathbf{X}(s) \tag{5.8}$$

Dabei sind

$$\mathbf{Y}(s) = \begin{pmatrix} Y_1(s) \\ Y_2(s) \\ \cdot \\ \cdot \\ \cdot \\ Y_n(s) \end{pmatrix}, \qquad \mathbf{X}(s) = \begin{pmatrix} X_1(s) \\ X_2(s) \\ \cdot \\ \cdot \\ \cdot \\ X_m(s) \end{pmatrix} \tag{5.9}$$

durch Fettdruck (handschriftlich in der Regel durch Unterstreichen kenntlich gemacht) bezeichnete S p a l t e n v e k t o r e n, und $\mathbf{A}$ ist eine M a t r i x mit n Zeilen und m Spalten

$$\mathbf{A} = \begin{pmatrix} a_{11} & a_{12} & \cdots & a_{1m} \\ a_{21} & a_{22} & \cdots & a_{2m} \\ \cdot & \cdot & \cdots & \cdot \\ a_{n1} & a_{n2} & \cdots & a_{nm} \end{pmatrix} = (a_{ik}) \tag{5.10}$$

Die Spaltenvektoren (5.9) können als Matrizen mit n bzw. m Zeilen und einer Spalte aufgefaßt werden.

Die Elemente einer Matrix können reelle oder komplexe Zahlen, aber auch Funktionen wie in (5.9) sein. Die Matrix beinhaltet eine bestimmte Anordnung ihrer Elemente, die durch die Schreibweise oder die Indizierung gekennzeichnet wird. Die einzelne Matrix beschreibt aber keine mathematischen Verknüpfungsoperationen ihrer Elemente.

Die Multiplikation zweier Matrizen, wie sie in (5.8) vorkommt, ist folgendermaßen erklärt. Man kann nur zwei Matrizen miteinander multiplizieren, wenn die Anzahl der Spalten in der ersten Matrix gleich der Anzahl der Zeilen in der zweiten Matrix ist. Sei B eine Matrix mit m Zeilen und ℓ Spalten

$$B = \begin{pmatrix} b_{11} & b_{12} & \ldots & b_{1\ell} \\ b_{21} & b_{22} & \ldots & b_{2\ell} \\ \cdot & \cdot & \cdots & \cdot \\ b_{m1} & b_{m2} & \cdots & b_{m\ell} \end{pmatrix} = (b_{kj}) \qquad (k = 1, 2, \ldots, m), \qquad (j = 1, 2, \ldots, \ell)$$

so ist die Produktmatrix von A (nach (5.10)) und B

$$C = A\,B$$

eine Matrix mit n Zeilen und ℓ Spalten. Das Element c_{ij}, das in der i-ten Zeile und in der j-ten Spalte steht, berechnet man aus

$$c_{ij} = \sum_{k=1}^{m} a_{ik}\, b_{kj} \tag{5.11}$$

so daß mit dieser Definition

$$A\,B = C = (c_{ij}) = (\sum_{k} a_{ik}\, b_{kj}) \tag{5.12}$$

geschrieben werden kann.

Man prüft leicht nach, daß mit dieser Matrixmultiplikation die Verknüpfung (5.8) ausführbar ist und dem System (5.7) entspricht.

Die Reihenfolge der Faktoren in einem Matrixprodukt ist nicht vertauschbar. Selbst wenn sich also z. B. das Produkt $B\,A$ ausführen läßt, wenn also $n = \ell$ ist, ist im allgemeinen

$$A\,B \neq B\,A. \tag{5.13}$$

Das Kommutativgesetz der Multiplikation hat keine Gültigkeit, man unterscheidet daher die Multiplikation von rechts und von links.

Es gilt jedoch wie in der normalen Zahlenmultiplikation das A s s o z i a t i v g e s e t z:

$$A\,(B\,C) = (A\,B)\,C. \tag{5.14}$$

Es ist also gleichgültig, ob in einem Produkt dreier (oder mehrerer) Matrizen zuerst das Produkt $A\,B$ ausgeführt und das Ergebnis von rechts mit C multipliziert wird, oder ob zuerst $B\,C$ ausgeführt und das Ergebnis von links mit A multipliziert wird.

Da die Anzahlen der Zeilen und Spalten einer Matrix von großer Bedeutung für ihre Verknüpfbarkeit sind, sollen sie im folgenden durch Indizes außerhalb der Klammer gekennzeichnet werden, sofern Zweifel bestehen können, also wird z. B. durch

$$A = (A)_{nm} = (a_{ik})_{nm} \tag{5.15}$$

eine Matrix mit n Zeilen und m Spalten gekennzeichnet.

Zwei Matrizen mit den gleichen Zeilen- und Spaltenzahlen können addiert werden. Die Addition ist kommutativ.

Es gilt also

$$\begin{pmatrix} a_{11}, a_{12}, \ldots, a_{1m} \\ a_{21}, a_{22}, \ldots, a_{2m} \\ \cdots\cdots\cdots\cdots \\ a_{n1}, a_{n2}, \ldots, a_{nm} \end{pmatrix} + \begin{pmatrix} b_{11}, b_{12}, \ldots, b_{1m} \\ b_{21}, b_{22}, \ldots, b_{2m} \\ \cdots\cdots\cdots\cdots \\ b_{n1}, b_{n2}, \ldots, b_{nm} \end{pmatrix}$$

$$\begin{pmatrix} a_{11}+b_{11}, a_{12}+b_{12}, \ldots, a_{1m}+b_{1m} \\ a_{21}+b_{21}, a_{22}+b_{22}, \ldots, a_{2m}+b_{2m} \\ \cdots\cdots\cdots\cdots\cdots\cdots\cdots \\ a_{n1}+b_{n1}, a_{n2}+b_{n2}, \ldots, a_{nm}+b_{nm} \end{pmatrix} \tag{5.16}$$

was man entsprechend der obigen Verabredung auch schreiben kann

$$(A)_{nm} + (B)_{nm} = (a_{ik})_{nm} + (b_{ik})_{nm} = (a_{ik}+b_{ik})_{nm} = (A+B)_{nm}$$

und es gilt

$$(A)_{nm} + (B)_{nm} = (B)_{nm} + (A)_{nm} \tag{5.17}$$

Die N u l l m a t r i x **0** ist eine Matrix, bei der alle Elemente gleich Null sind. Es gilt

$$(0)_{nm} + (A)_{nm} = (A)_{nm}, \qquad (0)_{nm} \cdot (B)_{m\varrho} = (0)_{n\varrho} \tag{5.18}$$

Man darf aber aus der Gleichung

$$AB = 0$$

nicht schließen, daß

$$A = 0 \qquad \text{oder} \qquad B = 0$$

gilt.

Matrizen befolgen das D i s t r i b u t i v g e s e t z

$$\big((A)_{nm} + (B)_{nm}\big) \cdot (C)_{m\varrho} = (A)_{nm} \cdot (C)_{m\varrho} + (B)_{nm} \cdot (C)_{m\varrho} \tag{5.19}$$

Eine ausgezeichnete Stellung nehmen die q u a d r a t i s c h e n M a t r i z e n ein, bei denen die Zahl der Zeilen gleich der der Spalten ist. Diese Zahl nennt man die O r d n u n g der Matrix.

Matrizen gleicher Ordnung kann man miteinander multiplizieren und zueinander addieren.

Besonders ausgezeichnet unter den quadratischen Matrizen sind die D i a g o n a l - m a t r i z e n, bei denen nur die in der H a u p t d i a g o n a l e stehenden Elemente von Null verschieden sind:

$$(D)_{nn} = \begin{pmatrix} d_{11} & 0 & 0 \ldots 0 \\ 0 & d_{22} & 0 \ldots 0 \\ \cdots & \cdots & \cdots \\ 0 & 0 & 0 \ldots d_{nn} \end{pmatrix} \tag{5.20}$$

Unter den Diagonalmatrizen wiederum ist die E i n h e i t s m a t r i x ausgezeichnet bei der alle Elemente in der Hauptdiagonale gleich eins sind:

$$1 = \begin{pmatrix} 1, 0, 0, \ldots, 0 \\ 0, 1, 0, \ldots, 0 \\ 0, 0, 1, \ldots, 0 \\ \cdots\cdots\cdots \\ 0, 0, 0, \ldots, 1 \end{pmatrix} \tag{5.21}$$

Es gilt

$$(A)_{nm}\,(1)_{mm} = (A)_{nm}, \qquad (1)_{nn}\,(A)_{nm} = (A)_{nm} \tag{5.22}$$

Sind in einer Diagonalmatrix alle Elemente in der Hauptdiagonale gleich c, so bewirkt die Multiplikation einer Matrix A mit dieser Matrix die Multiplikation aller Elemente a_{ik} mit c.

Vertauscht man in einer Matrix die Zeilen mit den Spalten, so gelangt man zur t r a n s p o n i e r t e n Matrix A^T:

$$\begin{pmatrix} a_{11}, a_{12}, \ldots, a_{1m} \\ a_{21}, a_{22}, \ldots, a_{2m} \\ \cdots\cdots\cdots\cdots \\ a_{n1}, a_{n2}, \ldots, a_{nm} \end{pmatrix}^T = \begin{pmatrix} a_{11}, a_{21}, \ldots, a_{n1} \\ a_{12}, a_{22}, \ldots, a_{n2} \\ \cdots\cdots\cdots\cdots \\ a_{1m}, a_{2m}, \ldots, a_{nm} \end{pmatrix} \tag{5.23}$$

Es gilt

$$(A^T)^T = A \tag{5.24}$$

$$(ABC \ldots K)^T = K^T \ldots C^T\,B^T\,A^T \tag{5.25}$$

Quadratische Matrizen besitzen eine D e t e r m i n a n t e. Die Determinante der Matrix $(A)_{nn}$ bezeichnet man durch

$$\begin{vmatrix} a_{11} & a_{12} & \cdots & a_{1n} \\ a_{21} & a_{22} & \cdots & a_{2n} \\ \cdots & \cdots & \cdots & \cdots \\ a_{n1} & a_{n2} & \cdots & a_{nn} \end{vmatrix} = |A| = |(a_{ik})_{nn}| \tag{5.26}$$

Sie wird berechnet, indem man alle moglichen Produkte von Matrixelementen bildet, in denen aus jeder Zeile und jeder Spalte genau ein Element vorkommt. Jedes dieser Produkte enthält dann n Matrixelemente als Faktoren. Insgesamt gibt es $n!$[1]) verschiedene Produkte dieser Art, die die Gestalt

$$a_{1k_1}\,a_{2k_2}\cdots a_{nk_n} \tag{5.27}$$

haben. Hierin ist

$$k_1, k_2, \ldots, k_n \tag{5.28}$$

eine Permutation der Zahlenfolge

$$1, 2, \ldots, n \tag{5.29}$$

Jedem Produkt (5.27) ordnet man ein Vorzeichen $(-1)^\nu$ zu, worin ν die Anzahl der paarweisen Vertauschungen ist, die man in der Zahlenfolge (5.29) vornehmen muß, um die Zahlenfolge (5.28) zu erzeugen[2]). Schließlich addiert man alle Produkte (5.27) unter Berücksichtigung dieses Vorzeichens und erhält so die Determinante.

---

[1]) n! (gelesen: n Fakultät) = $1 \cdot 2 \cdot 3 \cdot 4 \cdot \cdots \cdot n$.

[2]) Ist z. B. n = 4, so kann man die Permutation
$$4, 2, 1, 3$$
durch 2 Vertauschungen

$$1, 2, 3, 4 \longrightarrow 3, 2, 1, 4 \qquad \text{(3 mit 1 vertauscht)}$$
$$3, 2, 1, 4 \longrightarrow 4, 2, 1, 3 \qquad \text{(4 mit 3 vertauscht)}$$

erreichen.

Für Matrizen zweiter und dritter Ordnung vereinfacht sich diese verwickelte Rechenvorschrift erheblich. Es ist

$$\begin{vmatrix} a_{11} & a_{12} \\ a_{21} & a_{22} \end{vmatrix} = a_{11}\,a_{22} - a_{12}\,a_{21}$$

$$\begin{vmatrix} a_{11} & a_{12} & a_{13} \\ a_{21} & a_{22} & a_{23} \\ a_{31} & a_{32} & a_{33} \end{vmatrix} = a_{11}\,a_{22}\,a_{33} + a_{12}\,a_{23}\,a_{31} + a_{13}\,a_{21}\,a_{32} - a_{13}\,a_{22}\,a_{31} - a_{12}\,a_{21}\,a_{33} - a_{11}\,a_{23}\,a_{32}$$

Bei Matrizen 4. Ordnung erhält man bereits 24 Summanden.

Für die Determinanten gelten folgende Rechenregeln:

1. Vertauscht man in einer Determinante zwei Zeilen oder zwei Spalten miteinander, so ändert sie ihren Wert nicht.

2. Multipliziert man zwei Matrizen, so ist die Determinante der Produktmatrix gleich dem Produkt der Determinanten der Faktorenmatrizen, d. h.

$$|\mathbf{A} \cdot \mathbf{B}| = |\mathbf{A}| \cdot |\mathbf{B}| \tag{5.30}$$

Das Determinantenprodukt ist kommutativ, es gilt

$$|\mathbf{A} \cdot \mathbf{B}| = |\mathbf{A}||\mathbf{B}| = |\mathbf{B}||\mathbf{A}| = |\mathbf{B} \cdot \mathbf{A}| \tag{5.31}$$

3. Man multipliziert eine Determinante mit einem Faktor, indem man alle Elemente einer beliebigen Zeile oder einer beliebigen Spalte mit diesem Faktor multipliziert.

4. Unterscheiden sich zwei Matrizen nur in den Elementen einer Zeile oder einer Spalte, so kann man deren Determinanten nach folgender Vorschrift addieren:

$$\begin{vmatrix} a_{11}, a_{12}, \ldots, a_{1n} \\ a_{21}, a_{22}, \ldots, a_{2n} \\ \cdots \cdots \cdots \cdots \\ a_{n1}, a_{n2}, \ldots, a_{nn} \end{vmatrix} + \begin{vmatrix} b_1, b_2, \ldots, b_n \\ a_{21}, a_{22}, \ldots, a_{2n} \\ \cdots \cdots \cdots \cdots \\ a_{n1}, a_{n2}, \ldots, a_{nn} \end{vmatrix} = \begin{vmatrix} a_{11}+b_1, a_{12}+b_2, \ldots, a_{1n}+b_n \\ a_{21}, a_{22}, \ldots, a_{2n} \\ \cdots \cdots \cdots \cdots \\ a_{n1}, a_{n2}, \ldots, a_{nn} \end{vmatrix} \tag{5.32}$$

5. Multipliziert man die Elemente einer Zeile (Spalte) mit einem gemeinsamen Faktor und addiert sie dann zu den Elementen einer anderen Zeile (Spalte), so ändert sich der Wert der Determinante nicht:

$$\begin{vmatrix} a_{11}, a_{12}, \ldots, a_{1n} \\ a_{21}, a_{22}, \ldots, a_{2n} \\ \cdots \cdots \cdots \cdots \\ a_{n1}, a_{n2}, \ldots, a_{nn} \end{vmatrix} = \begin{vmatrix} a_{11}, a_{12}+c\,a_{1k}, a_{13}, \ldots, a_{1k}, \ldots, a_{1n} \\ a_{21}, a_{22}+c\,a_{2k}, a_{23}, \ldots, a_{2k}, \ldots, a_{2n} \\ \cdots \cdots \cdots \cdots \cdots \cdots \\ a_{n1}, a_{n2}+c\,a_{nk}, a_{n3}, \ldots, a_{nk}, \ldots, a_{nn} \end{vmatrix} \tag{5.33}$$

Zusammen mit (5.32) folgt daraus:

6. Unterscheiden sich in einer Determinante die Elemente zweier Zeilen (Spalten) nur durch einen gemeinsamen Faktor, so ist die Determinante gleich Null.

7. Die Determinante einer Diagonalmatrix ist gleich dem Produkt der Elemente in der Hauptdiagonale. Die Determinante der Einheitsmatrix ist gleich eins.

8. Durch die Transposition ändert sich die Determinante nicht.

$$|\mathbf{A}| = |\mathbf{A}^\mathrm{T}| \tag{5.34}$$

9. Streicht man in der Determinante $|\mathbf{A}|$ die i-te Zeile und die k-te Spalte, so erhält man eine sog. U n t e r d e t e r m i n a n t e, deren Ordnung um eins geringer ist als die Ordnung von $|\mathbf{A}|$. Versieht man die Unterdeterminante noch mit dem

Vorzeichen $(-1)^{i+k}$, so erhält man das a l g e b r a i s c h e K o m p l e m e n t A_{ik} zum Element a_{ik} aus **A**. Man kann eine Determinante mit Hilfe des algebraischen Komplements nach Elementen einer Zeile oder einer Spalte entwickeln:

$$(a_{ik})_{nn} = \sum_{i=1}^{n} a_{ik} A_{ik} = \sum_{k=1}^{n} a_{ik} A_{ik} \qquad (5.35)$$

Ist z. B. $|A|$ eine Determinante 3. Ordnung und entwickelt man nach den Elementen der 2. Zeile, so folgt

$$\begin{vmatrix} a_{11} & a_{12} & a_{13} \\ a_{21} & a_{22} & a_{23} \\ a_{31} & a_{32} & a_{33} \end{vmatrix} = -a_{21} \begin{vmatrix} a_{12} & a_{13} \\ a_{32} & a_{33} \end{vmatrix} + a_{22} \begin{vmatrix} a_{11} & a_{13} \\ a_{31} & a_{33} \end{vmatrix} - a_{23} \begin{vmatrix} a_{11} & a_{12} \\ a_{31} & a_{32} \end{vmatrix}$$

Diese Regel kann man benutzen, Determinanten höherer Ordnung numerisch zu berechnen. Dabei ist es zweckmäßig, vorher mit Hilfe von Regel 5 möglichst viele Elemente der Zeile (Spalte), nach denen entwickelt werden soll, in Nullen zu verwandeln.

Nach diesem kleinen Exkurs in die Theorie der Determinanten soll die Besprechung von Matrizenoperationen fortgesetzt werden. Eine Division von Matrizen gibt es nicht, sie wird durch die Bildung der i n v e r s e n M a t r i x ersetzt. Zu einer quadratischen Matrix **A** gibt es eine inverse Matrix A^{-1}, wenn die Determinante von **A** nicht gleich Null ist. Es gilt dann

$$\mathbf{A} \, \mathbf{A}^{-1} = \mathbf{1} \qquad (5.36)$$

Um A^{-1} bilden zu können, benötigt man die zu **A** a d j u n g i e r t e Matrix $\mathbf{A_{adj}}$. Die Elemente dieser Matrix sind die algebraischen Komplemente A_{ik} zu den Elementen a_{ik} der Matrix **A**, angeordnet in transponierter Stellung, d. h. gemäß (5.23)

$$\mathbf{A_{adj}} = \begin{pmatrix} A_{11} & A_{21} & \cdots & A_{n1} \\ A_{12} & A_{22} & \cdots & A_{n2} \\ \cdots & \cdots & \cdots & \cdots \\ A_{1n} & A_{2n} & \cdots & A_{nn} \end{pmatrix} \qquad (5.37)$$

Es gilt dann für die inverse Matrix

$$A^{-1} = \frac{\mathbf{A_{adj}}}{|A|} \qquad (5.38)$$

Wie man an den Definitionen (5.37), (5.38) erkennt, kann man die adjungierte Matrix zu jeder quadratischen Matrix bilden, während die inverse Matrix nur existiert, wenn die Determinante von Null verschieden ist. Matrizen, deren Determinante gleich Null ist, heißen s i n g u l ä r.

Die Multiplikation mit der inversen Matrix entspricht in gewissem Sinne einer Division. Gilt nämlich z. B.

$$\mathbf{A} \, \mathbf{B} = \mathbf{C}$$

und ist **A** nicht singulär, so folgt

$$\mathbf{A}^{-1} \, \mathbf{A} \, \mathbf{B} = \mathbf{B} = \mathbf{A}^{-1} \, \mathbf{C}$$

Besteht aber die Gleichung

$$\mathbf{C} \, \mathbf{A} \, \mathbf{B} = \mathbf{E}$$

und will man **A** auf der linken Seite entfernen, so muß man bilden:

$$C B = C A^{-1} C^{-1} E$$

Folgende Rechenregeln mit inversen Matrizen sind für die Anwendung wichtig:

$$(A B)^{-1} = B^{-1} A^{-1} \tag{5.39}$$
$$(A^T)^{-1} = (A^{-1})^T \tag{5.40}$$

Ähnlich wie die Diagonaldeterminanten sind auch die Diagonalmatrizen besonders einfach zu handhaben. Daher besteht häufig der Wunsch, eine beliebige Matrix **A** durch Matrizenoperationen in eine Diagonalmatrix **D** umzuwandeln. Dies ist immer möglich durch Multiplikation mit Transformationsmatrizen **S**, **T**

$$S A T = D \tag{5.41}$$

Die Multiplikation mit **S, T** bewirkt in **A** die Permutation von Zeilen bzw. Spalten und die Addition des Vielfachen einer Zeile (Spalte) zu einer anderen Zeile (Spalte).

Übungsaufgaben. 25. Wie lautet das Produkt **C = A B** der beiden folgenden Matrizen?

$$A = \begin{pmatrix} 3 & -7 & -1 \\ 1 & 0 & -3 \\ 0 & 4 & -2 \end{pmatrix} \qquad B = \begin{pmatrix} 1 & 0 & 7 \\ -4 & 3 & -3 \\ 9 & -1 & 0 \end{pmatrix}$$

Vergleiche hiermit das Produkt **B A**.

26. Man berechne die Determinante der Matrix

$$A = \begin{pmatrix} \dfrac{1}{s+1} & 1 & 1 & 0 \\[2ex] \dfrac{1}{s} & \dfrac{1}{s+2} & \dfrac{1}{s} & 1 \\[2ex] 1 & 0 & 1 & s+1 \\[2ex] \dfrac{1}{s+1} & \dfrac{1}{s} & 1 & \dfrac{1}{s+2} \end{pmatrix}$$

indem man mit Hilfe von (5.3) alle Glieder der dritten Zeile bis auf eines in Nullen verwandelt und dann (5.35) anwendet.

27. Wie lautet die zu

$$A = \begin{pmatrix} 3 & 4 & 2 \\ 1 & 7 & 2 \\ 5 & 6 & 3 \end{pmatrix}$$

inverse Matrix A^{-1}?

5.3. Die mathematische und graphische Beschreibung von mehrfach geregelten Systemen

Mit Hilfe des im vorigen Abschnitt beschriebenen Matrizen-Kalküls lassen sich viele Ergebnisse, die an einfachen Systemen gewonnen wurden, auf mehrfach geregelte Systeme formal übertragen.

Bereits in (5.8) kommt zum Ausdruck, daß der Zusammenhang zwischen Eingangs- und Ausgangsgrößen eines linearen multivariablen Systems als Matrizengleichung geschrieben werden kann. In Anlehnung an das Beispiel (5.4) bzw. Bild 49 bezeichnet man die Übertragungsmatrix des Systems (5.8) nach einer von M e s a r o v i č [14] eingeführten Bezeichnungsweise im allgemeinen mit $\mathbf{P}(s)$, schreibt also (5.8) in der Form

$$\mathbf{Y}(s) = \mathbf{P}(s)\,\mathbf{X}(s) \tag{5.42}$$

Die Bezeichnung $\mathbf{P}(s)$ soll die durch das Gleichungssystem (5.8) implizierte, besonders einfache innere Struktur des Übertragungssystems kennzeichnen, in der nur Vorwärtskopplungen von allen Eingängen auf alle Ausgänge, aber keine Rückwärtskopplungen von den Ausgängen zu den Eingängen — wie in Bild 48 — möglich sind. Eine solche Systemstruktur wird P - k a n o n i s c h genannt. Die Diskussion der kanonischen Strukturen muß aber noch etwas verschoben werden.

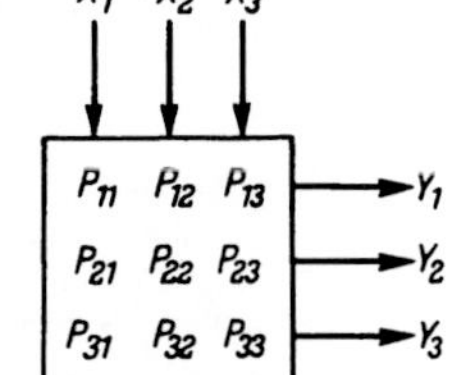

Bild 50
Schematische Darstellung der Verknüpfung zwischen Eingängen und Ausgängen eines P-kanonischen Systems.
Die Darstellung entspricht der Matrizengleichung (5.42)

Gl. (5.42) ist in Bild 50 noch einmal für ein System mit je drei Eingängen und Ausgängen veranschaulicht. Jede Eingangsgröße kann über ein entsprechendes Matrixelement mit jeder Ausgangsgröße verknüpft sein.

Da man, wie in Abschn. 5.1 betont wurde, aus dem Klemmenverhalten nicht auf die innere Struktur schließen kann, soll bis auf weiteres eine P-kanonische Struktur vorausgesetzt werden.

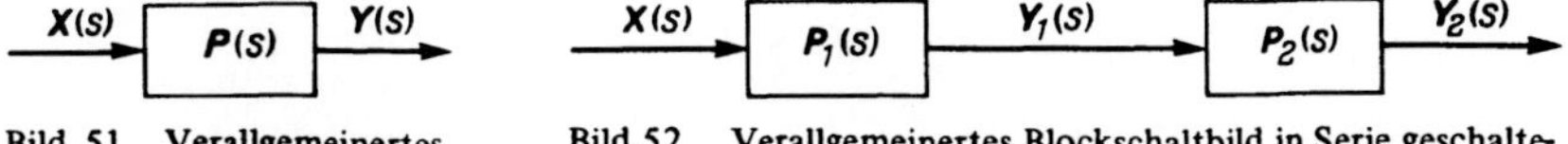

Bild 51   Verallgemeinertes Blockschaltbild eines linearen multivariablen Systems

Bild 52   Verallgemeinertes Blockschaltbild in Serie geschalteter multivariabler Systeme

Vereinfacht stellt man den von (5.42) oder Bild 50 beschriebenen Zusammenhang im verallgemeinerten Blockschaltbild (Bild 51) dar.

Werden zwei multivariable Systeme hintereinander geschaltet, wie es in Bild 52 angedeutet ist, so multiplizieren sich die Übertragungsmatrizen. Aus

$$Y_1(s) = P_1(s)\,X(s)$$

$$Y_2(s) = P_2(s)\,Y_1(s)$$

folgt $Y_2(s) = P_2(s)\,P_1(s)\,X(s)$ (5.43)

In (5.43) muß, wie in allen Matrizengleichungen, die Reihenfolge der Faktoren beachtet werden. Damit $P_1(s)$ und $P_2(s)$ miteinander multipliziert werden können, muß die Anzahl der Spalten von P_2 (Eingänge) gleich der Anzahl der Zeilen von P_1 (Ausgänge) sein — eine für die Übertragungssysteme selbstverständliche Bedingung.

Zwei parallele Übertragungssysteme sind in Bild 53 dargestellt. Die Übertragungsmatrix P des Gesamtsystems wird nach der Matrizenaddition (5.16) gebildet:

$$Y(s) = \{P_1(s) + P_2(s)\}\,X(s)$$ (5.44)

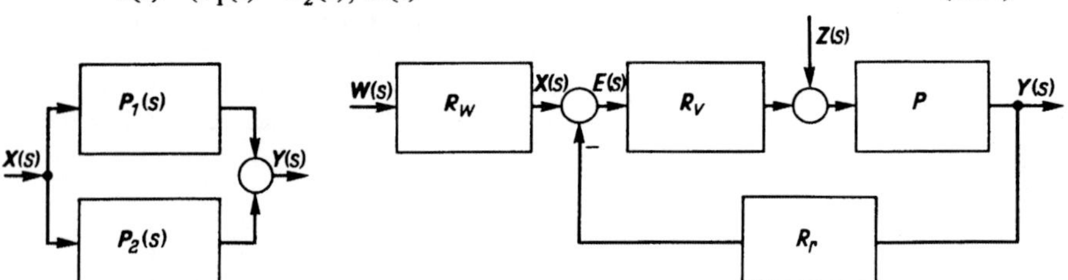

Bild 53   Verallgemeinertes Blockschaltbild parallel geschalteter multivariabler Systeme

Bild 54   Verallgemeinertes Blockschaltbild eines mehrfach geregelten Systems.
Die Bezeichnung der Abhängigkeit von s ist bei den Übertragungsmatrizen der Bequemlichkeit halber fortgelassen worden

Die Rechenregeln (5.43), (5.44) bewirken, daß man im Prinzip bei der Verknüpfung von multivariablen Systemen wie bei einfachen Systemen verfahren und beispielsweise die Übertragungsmatrix $G(s)$ eines geschlossenen Mehrfachregelkreises nach Bild 54 berechnen kann. Dabei wird das System R_w zunächst unberücksichtigt gelassen. Ferner wird vorausgesetzt, daß alle Matrizen quadratische Matrizen der Ordnung n sind, damit ihre Verknüpfbarkeit gewährleistet ist. Wie man dies erreicht, wenn die Bedingung nicht von selbst erfüllt ist, wird später erörtert. Es gilt

$$Y(s) = P\,\{Z(s) + R_v\,E(s)\}\qquad E(s) = X(s) - R_r\,Y(s)$$

Durch Einsetzen folgt

$$Y(s) + P\,R_v\,R_r\,Y(s) = P\,Z(s) + P\,R_v\,X(s)$$

$$\{1 + P\,R_v\,R_r\}\,Y(s) = P\,Z(s) + P\,R_v\,X(s)$$

Wenn die Matrix $\{1 + P\,R_v\,R_r\}$ nicht singulär ist (s. (5.38) und den darauf folgenden Absatz), kann man schreiben

$$Y(s) = G(s)\, X(s) + G_{st}(s)\, Z(s) \tag{5.45}$$

$$\text{mit}\qquad G = \{1 + P\,R_v\,R_r\}^{-1}\, P\,R_v \tag{5.46}$$

$$\text{und}\qquad G_{st} = \{1 + P\,R_v\,R_r\}^{-1}\, P \tag{5.47}$$

Diese Formeln entsprechen genau (2.1) für den einfachen Regelkreis. Auch hier kann man zwischen Führungsgrößen $X(s)$ und Störgrößen $Z(s)$ unterscheiden.

Diese formale Übereinstimmung darf aber nicht darüber hinwegtäuschen, daß (5.45) einen sehr viel komplizierteren Zusammenhang beschreibt als (2.1). Es handelt sich um zahlreiche, miteinander v e r m a s c h t e R e g e l k r e i s e, die sich gegenseitig beeinflussen. In Bild 54 ist innerhalb des Kreises außer dem geregelten System P ein V o r w ä r t s r e g l e r R_v und ein R ü c k w ä r t s r e g l e r R_r eingezeichnet. Der Rückwärtsregler hat bei den Einfachregelkreisen keine große Bedeutung. Lediglich die Empfindlichkeit des Systems gegen Änderungen der Systemparameter kann dadurch beeinflußt werden, wie dies in Abschn. 2.4 für die Verstärkung besprochen wurde.

Die Situation ist bei Mehrfachsystemen grundsätzlich anders, weil durch R_r die verschiedenen Systemausgänge miteinander verkoppelt werden können. Die möglichen Auswirkungen solcher Kopplungen auf das Verhalten des Gesamtsystems werden im nächsten Abschnitt besprochen.

In biologischen Systemen ist der Vorwärtsregler R_v normalerweise nicht wesentlich zu beeinflussen. Daher beschränken sich bei Einfachsystemen die Möglichkeiten der Systemtheorie im wesentlichen auf die Analyse des Systems, das Aufstellen von Modellen und evtl. eine dadurch geförderte quantitative Beschreibung. Bei Mehrfachsystemen bieten sich darüber hinaus Möglichkeiten des aktiven Eingreifens in den Systemzusammenhang, und zwar durch Modifizierung des Rückwärtsreglers R_r und vor allem durch das bisher noch nicht erwähnte S t e u e r n e t z w e r k R_w: Das aktive Eingreifen beinhaltet offensichtliche Möglichkeiten der Therapie, die zwar noch hypothetischer Natur sind, solange die Analyse mehrfach geregelter biologischer Systeme erst in den Anfängen steckt, denen aber bei fortschreitender Kenntnis der Zusammenhänge immer größere praktische Bedeutung zukommen wird. Der Rückwärtsregler kann dann mit Erfolg modifiziert werden, wenn auf der Grundlage von Messungen am Systemausgang die Eingangsgrößen beeinflußt werden. Ein einfaches Beispiel ist die Therapie von Diabetes durch Insulinzufuhr bei erhöhtem Glukosegehalt des Blutes, die man auf der Basis des in Abschn. 5.1 besprochenen Modells diskutieren kann.

Ein Steuerwerk R_w für die Führungsgrößen $X(s)$ ist für einfache Systeme ohne Bedeutung, weil jede Führungsfunktion, die über ein Steuerglied zugeführt wird, auch direkt zugeführt werden kann. Bei Mehrfachsystemen ist wiederum die Verkoppelung der verschiedenen Führungsgrößen miteinander von Bedeutung. Wie noch ausführlicher erörtert wird, ergibt sich dadurch die Möglichkeit, einer unerwünschten Kopplung verschiedener Ausgangsgrößen entgegenzuwirken. Dies betrifft z. B. das Gebiet der Nebenwirkungen von Medikamenten und der Wechselwirkung verschiedener Drogen.

Bei den bisherigen Anwendungen des Matrizen-Kalküls hat sich bereits gezeigt, daß quadratische Matrizen die Rechnungen und Überlegungen sehr vereinfachen. Es soll nun untersucht werden, was diese Bedingung für systemtheoretische Konsequenzen hat. Eng damit verbunden ist die Frage nach der Singularität einer Matrix.

Ausgangspunkt der Überlegungen zur Anwendung des Matrizen-Kalküls war das Gleichungssystem (5.7). Ist in diesem System die Zahl m der Eingänge gleich der Zahl n der Ausgänge, so ist die Systemmatrix $A = (a_{ik})$ quadratisch. Wenn darüber hinaus

$$|A| \neq 0 \tag{5.48}$$

gilt, gibt es eine zu A inverse Matrix und man kann (5.8) schreiben

$$A^{-1} Y(s) = X(s) \tag{5.49}$$

Dies bedeutet die Auflösung des Systems (5.7) nach den $X_i(s)$. Sind also die n Ausgänge $Y_k(s)$ und die Matrix A bekannt, so können die „unbekannten" Eingänge $X_i(s)$ berechnet werden. Insbesondere ist das für beliebige Werte der Eingänge und Ausgänge möglich.

Ist $m > n$, gibt es also mehr Eingänge als Ausgänge, so kann dies zwei Gründe haben. Entweder sind bereits die in das System hineinführenden Eingangskanäle nicht unabhängig voneinander, d. h. man kann aus den Signalen von n Kanälen die Signale der restlichen $m - n$ Kanäle berechnen. Diese restlichen Signale bringen dem System also keine zusätzliche Information und man kann sie ohne Schaden fortlassen. Der zweite mögliche Grund kann darin bestehen, daß dem System zwar über m Kanäle unabhängige Information zugeführt wird, daß diese aber nicht vollständig in den n Ausgängen verwertet wird. Dann kann man zumindest formal weitere Ausgänge hinzufügen, indem man z. B. setzt:

$$Y_{n+1}(s) = X_{n+1}(s), Y_{n+2}(s) = X_{n+2}(s), \ldots, Y_m(s) = X_m(s) \tag{5.50}$$

In beiden Fällen gewinnt man eine quadratische Koeffizientenmatrix.

Im ersten Fall, in dem man $m - n$ Eingangsgrößen fortläßt, ist es in der Regel nicht gleichgültig, welche Spalten man aus dem Schema (5.7) streicht. Bei der Auswahl kann man folgendermaßen verfahren: Man streicht willkürlich $m - n$ Spalten und prüft die Determinante der verbleibenden, quadratischen Koeffizientenmatrix. Ist sie ungleich Null, so ist gegen die Auswahl der gestrichenen Spalten nichts einzuwenden, anderenfalls muß man es mit einer anderen Auswahl probieren. Führt dieses Verfahren bei keiner der möglichen Kombinationen zu einer nicht verschwindenden Determinante, so ist dies ein Zeichen dafür, daß auch die n Ausgangsgrößen durch eine lineare Gleichung verknüpft sind, daß man also mindestens eine Zeile aus dem Schema streichen kann, ohne Information zu verlieren. Man prüft dann alle $n - 1$-reihigen Unterdeterminanten, ob sie die Bedingung (5.48) erfüllen. Durch Streichung geeigneter Zeilen und Spalten gelangt man so zu einer quadratischen Koeffizientenmatrix mit nicht verschwindender Determinante.

Der Fall $m < n$ bringt gegenüber dem eben erörterten nichts Neues. Er besagt, daß zu viele Ausgänge bzw. zu wenig Eingänge berücksichtigt wurden, und man kann wieder entsprechend dem obigen Schema verfahren und — wenigstens formal — zusätzliche Spalten einführen oder überflüssige Zeilen streichen.

Auch beim Fall m = n kann es vorkommen, daß (5.48) nicht erfüllt, daß A also singulär ist. Dies ist wiederum ein Zeichen dafür, daß zwischen Zeilen oder Spalten eine lineare Beziehung besteht. Man sucht auch dann nach einer geeigneten Unterdeterminante und streicht entsprechende Zeilen und Spalten.

Wie bereits früher bemerkt wurde, sind fast immer mehr Variable vorhanden, als man berücksichtigen kann, und es ist nicht immer einfach, eine geeignete Auswahl zu treffen. Die Prüfung der Bedingung (5.48) ist ein guter Test dafür, ob die Auswahl wenigstens sinnvoll und in sich widerspruchsfrei ist.

Bei der Prüfung von (5.48) muß noch berücksichtigt werden, daß die Koeffizienten a_{ik} in der Regel Funktionen von s sind, daß also auch die Determinante $A = A(s)$ eine Funktion von s ist. Daher gibt es möglicherweise einzelne Werte s_i, für die

$$|A(s_i)| = 0 \qquad (5.51)$$

gilt. Dies widerspricht der Bedingung (5.48) nicht. Diese Bedingung bedeutet, daß die Determinante nicht für alle Werte s verschwinden soll. Bei der praktischen Prüfung von (5.48) wählt man zweckmäßig einen beliebigen Wert s_0 aus. Verschwindet die Determinante für diesen Wert, so prüft man mit einem zweiten Wert s_1. Verschwindet die Determinante wiederum, so liegt der Verdacht nahe, daß (5.48) nicht erfüllt ist, da es sehr unwahrscheinlich ist, daß man bei willkürlicher Auswahl zwei diskrete Lösungen von (5.51) trifft.

Die Frage der Stabilität eines mehrfach geregelten Systems ist mit der Frage nach den Nullstellen der in (5.45) auftretenden Determinante der Matrix $(1 + P\,R_v\,R_r)$ verknüpft. Diese Matrix darf nicht singulär sein, damit die inverse Matrix existiert. Für die Stabilität des Systems ist dies jedoch nicht ausreichend. Man muß vielmehr verlangen, daß die Nullstellen der Determinante $|1 + P\,R_v\,R_r|$, d. h. die Lösungen s_i der sog. c h a r a k t e r i s t i s c h e n G l e i c h u n g

$$|1 + P(s)\,R_v\,(s)\,R_r(s)| = 0 \qquad (5.52)$$

alle in der linken s-Halbebene liegen. Die Matrix $P\,R_v\,R_r$ ist die Übertragungsmatrix des beim Ausgang Y(s) aufgeschnittenen Kreises in Bild 54. Man bestimmt sie, indem man ein Testsignal beim Ausgang des Systems in den Rückführungszweig einspeist. Dieses Signal durchläuft den Kreis einmal bis wiederum zum Ausgang und wird dort beobachtet. Insofern ist diese Stabilitätsbedingung die direkte Verallgemeinerung der in Abschn. 3 diskutierten Stabilitätsbedingungen für den einfachen Regelkreis. Man kann beim Mehrfachregelsystem der Übertragungsmatrix des aufgeschnittenen Systems ansehen, ob das geschlossene System stabil ist.

Es muß allerdings beachtet werden, daß in der Determinante (5.52) nicht alle Elemente der Übertragungsmatrix $P\,R_v\,R_r$ des aufgeschnittenen Kreises vorzukommen brauchen. Sind unter diesen Elementen Übertragungsglieder, die schon von sich aus instabil sind, so ist dies an der Determinante nicht zu erkennen. Solche Fälle erfordern eine getrennte Untersuchung.

Da das Matrizenprodukt nicht kommutativ ist, könnte man glauben, daß die Stabilitätsfrage noch davon abhängt, wo man den Kreis aufschneidet. Je nachdem, ob man in Bild 54 den geschlossenen Kreis bei $Y(s)$, an der Eintrittsstelle von $X(s)$ oder an derjenigen von $Z(s)$ aufschneidet, lauten die Übertragungsmatrizen $P\,R_v\,R_r$, $R_r\,P\,R_v$ oder $R_v\,R_r\,P$. Eine genauere Betrachtung zeigt aber, daß alle Fälle auf die gleiche charakteristische Gleichung (5.52) führen, weil das Produkt von Determinanten kommutativ ist.

Die charakteristische Gleichung kann wie im Falle des einfachen Regelkreises nach den Kriterien von Bode oder Nyquist auf die Lage ihrer Nullstellen hin untersucht werden.

Die beschriebenen Matrix- und Determinanten-Operationen sind oft sehr mühsam von der Hand auszuführen. Man ist daher meistens auf die Benutzung von Elektronenrechnern angewiesen, die für die Anwendung von Matrix-Methoden besonders geeignet sind.

Übungsaufgabe 28. a) Man modifiziere das System von Bild 49, indem man negative Rückkopplungen mit konstanter Verstärkung V gemäß Bild 71a, im Anhang Seite 156, einführt. Die Rückkopplungen können durch eine Matrix R_r ausgedrückt werden. Man untersuche an Hand der Bedingung (5.52), ob das System bei geeigneter Wahl von V instabil werden kann. Dabei verwende man die Übertragungsmatrix P aus den Gleichungen (5.5) und die Ergebnisse von Übungsaufgabe 24.

b) Die gleichen Überlegungen wie zu Übungsaufgabe 28a stelle man mit einem System an, bei dem die Rückkopplungen gemäß Bild 71b, im Anhang Seite 156, über Kreuz laufen.

5.4. Systemstruktur und Autonomie

In Abschn. 5.1 wurde bereits betont, daß die interne Struktur eines multivariablen Systems durch das Klemmenverhalten nicht eindeutig bestimmt ist. Bei der Aufstellung eines Modells geht man häufig vom Klemmenverhalten aus, da die Eingangs- und Ausgangsgrößen eines Systems in der Regel noch die am einfachsten beobachtbaren Größen sind. Man wird dann wenigstens bis zu den ersten Ansätzen für das Modell nicht alle Parametervariationen experimentell ausführen, die zur Festlegung der internen Struktur erforderlich sind. Manchmal kann man aus der Kenntnis der allgemeinen physiologischen Zusammenhänge, des Informationsflusses oder der Reaktionskinetik die Struktur ganz oder teilweise bestimmen. Solange eine solche Festlegung aber nicht erreichbar oder nicht zwingend erforderlich ist, ist es bequemer, unter den vielen Möglichkeiten willkürlich eine Systemstruktur auszuwählen, die die systemtheoretischen Überlegungen vereinfacht. Das wird normalerweise dadurch erreicht, daß die Übertragungsmatrizen einen durchsichtigen und leicht interpretierbaren Aufbau erhalten. Derartige Strukturen heißen k a n o n i s c h .

Zwei der wichtigsten kanonischen Strukturen sind bereits am Beispiel der Glukoseregelung in Abschn. 5.1 verwendet worden. Bild 49 und das zugehörige Gleichungssystem (5.6) beschreiben die sog. P - k a n o n i s c h e Struktur.

In dieser Struktur gibt es nur Koppelglieder von den Eingängen zu den Ausgängen. Genauer gesagt: Die Summationspunkte des Systems liegen unmittelbar an den Ausgängen des Systems. Allgemein, d. h. für m Eingänge und n Ausgänge wird diese Struktur von (5.7) bzw. (5.8) beschrieben. Ein Blockschaltbild für je drei Eingänge und Ausgänge zeigt Bild 55.

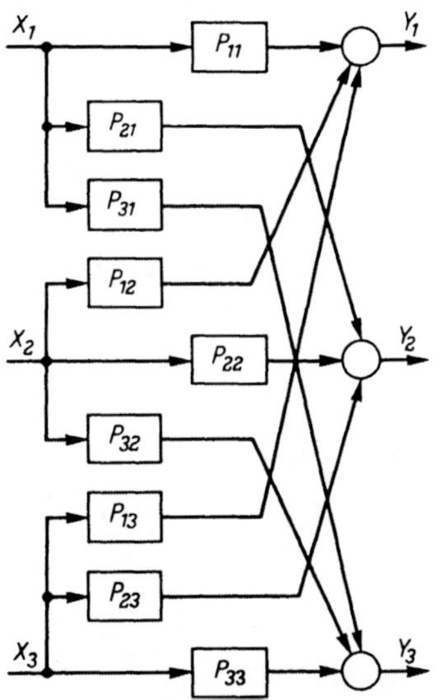

Bild 55   Detailliertes Blockschaltbild eines multivariablen Systems mit P-kanonischer Struktur und je drei Eingängen und Ausgängen

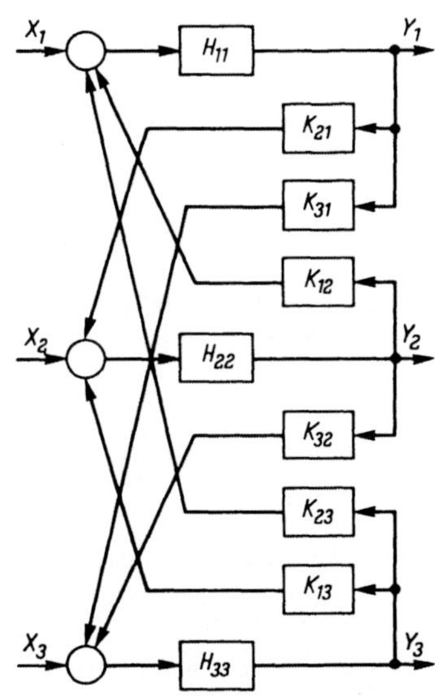

Bild 56   Detailliertes Blockschaltbild eines multivariablen Systems mit V-kanonischer Struktur und je drei Eingängen und Ausgängen

Die zweite, nämlich die sog. V-kanonische Struktur wird von Bild 48 und dem Gleichungssystem (5.4) beschrieben. Hier liegen alle Summationspunkte des Systems unmittelbar an den Eingängen. Es können also Signale von den Ausgängen des Systems auf die Eingänge der anderen Kanäle gekoppelt werden. Bild 56 zeigt ein Blockschaltbild für je drei Eingänge und Ausgänge. Das rückgekoppelte Ausgangssignal durchläuft außer dem Koppelglied K auch das Übertragungssystem H des Hauptübertragungskanals. Für je n Eingänge und Ausgänge wird das System durch die Matrizengleichung

$$\mathbf{Y}(s) = \mathbf{H} \left\{ \mathbf{X} + \mathbf{K}\,\mathbf{Y}(s) \right\} \tag{5.53}$$

beschrieben. Hierin hat die Hauptübertragungsmatrix **H** Diagonalgestalt, da über sie jeweils nur ein Eingang mit einem Ausgang verknüpft ist. Dagegen hat die Koppelmatrix **K** gerade in der Hauptdiagonale Nullen, weil ein Ausgang in diesem System nicht auf den zugehörigen Eingang koppelt. Das verallgemeinerte Blockschaltbild, das (5.53) entspricht, ist in Bild 57 dargestellt.

Bei der P-kanonischen Struktur wirkt sich die Änderung eines Parameters in einem Teilsystem nur auf e i n e n Ausgang aus. Demgegenüber wirkt sich in der V-kanonischen Struktur eine solche Änderung auf a l l e Ausgänge aus (sofern überhaupt eine Kopplung zu allen Ausgängen besteht).

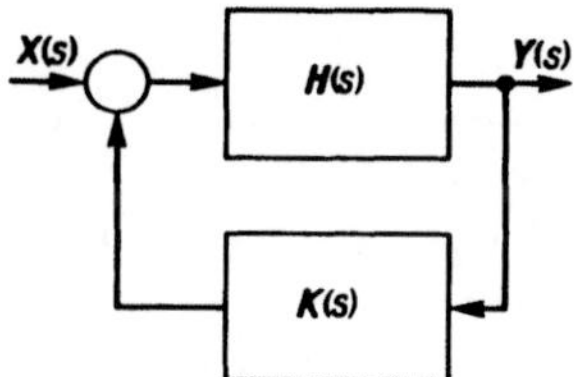

Bild 57
Verallgemeinertes Blockschaltbild eines multivariablen Systems, mit V-kanonischer Struktur

Die Umrechnung eines V-kanonischen in ein P-kanonisches System mit gleichem Klemmenverhalten läßt sich mit dem Matrizen-Kalkül leicht formulieren. Man löst dazu (5.53) nach **Y** auf, indem man schreibt

$$\mathbf{Y} - \mathbf{H}\,\mathbf{K}\,\mathbf{Y} = \mathbf{H}\,\mathbf{X}$$

oder unter der Voraussetzung, daß $(1 - \mathbf{H}\,\mathbf{K})$ nicht singulär ist,

$$\mathbf{Y} = (1 - \mathbf{H}\,\mathbf{K})^{-1}\,\mathbf{H}\,\mathbf{X} \tag{5.54}$$

Setzt man in dieser Gleichung

$$\mathbf{P} = (1 - \mathbf{H}\,\mathbf{K})^{-1}\,\mathbf{H} \tag{5.55}$$

so erhält man die Beschreibung eines P-kanonischen Systems mit

$$\mathbf{Y}(s) = \mathbf{P}\,\mathbf{X}(s) \tag{5.56}$$

Auch in umgekehrter Richtung ist diese Umformung auszuführen.
Aus (5.55) erhält man durch Inversion

$$\mathbf{P}^{-1} = \mathbf{H}^{-1}\,(1 - \mathbf{H}\,\mathbf{K}) = \mathbf{H}^{-1} - \mathbf{K} \tag{5.57}$$

Da **H** eine Diagonalmatrix ist, muß auch $\mathbf{H}^{-1}$ eine Diagonalmatrix sein, während **K** in der Hauptdiagonalen Nullen hat. Die Elemente von $\mathbf{H}^{-1}$ und damit von **H** und diejenigen von **K** sind also aus denen von **P** durch Inversion von **P** und (5.57) eindeutig zu bestimmen.

Man kann also, wenn ein System in P-Struktur (bzw. V-Struktur) vorliegt und die Umstände es wünschenswert erscheinen lassen, die Übertragungsglieder für die äquivalente V-Struktur (bzw. P-Struktur) berechnen.

Die Kopplungen zwischen den verschiedenen Hauptübertragungszweigen sind die hauptsächliche Ursache dafür, daß die Analyse biologischer Systeme oft so große Schwierigkeiten bietet, vor allem, weil die experimentelle Ermittlung der Koppelglieder nicht einfach ist. Die theoretisch einfachste Methode besteht darin, jeweils nur auf einen Eingang des Systems ein Signal zu geben und sämtliche Ausgänge zu beobachten. Oft gelingt es aber nicht, einzelne Eingänge zu isolieren und ihnen geeignete Testsignale zuzuführen. Dann kann man sich mit Vorteil der statistischen Methoden, die im Abschn. 4 besprochen wurden, bedienen. Wirken auf alle Eingänge des Systems gleichzeitig statistische Signale ein, so muß man die Kreuzkorrelationen zwischen allen Eingängen und allen Ausgängen beobachten und kann daraus die Übertragungsglieder, die zwischen je einem Eingang und einem Ausgang wirksam sind, ableiten.

Zusätzliche Rückwärtsregler oder Steuernetzwerke, wie sie in Bild 54 eingezeichnet sind, können dazu benutzt werden, das Übertragungsverhalten des Systems zu verändern, speziell z. B. die Kopplungen zwischen verschiedenen Kanälen zu ändern oder aufzuheben (siehe z. B. die weiter unten besprochene Autonomie). Diese Möglichkeit hat u. U. gerade für biologische Systeme eine große praktische Bedeutung. Sind nämlich die Eingangsgrößen eines multivariablen Systems im Sinne von Führungsgrößen frei zugänglich, so kann man diesen Größen ein Steuernetzwerk vorschalten. Kann man die Eingänge nicht frei wählen, ihnen aber z. B. ein additives Signal beifügen, so läßt sich ein äußerer Rückwärtsregler vorsehen, der von den gemessenen Ausgangsgrößen gesteuert wird. In beiden Fällen kann man die bestehenden Kopplungen gezielt verändern und dadurch das gesamte Systemverhalten beeinflussen.

Einer genaueren Diskussion dieser Möglichkeiten soll das Blockschaltbild in Bild 54 zugrunde gelegt werden. Dabei soll angenommen werden, daß das Übertragungssystem $P(s)$ und der vorgeschaltete Regler $R_v(s)$ durch den Organismus vorgegeben und nicht zu beeinflussen sind. Zwischen P und R_v wird unterschieden, weil die Eintrittstelle für die Störungen $Z(s)$ zwischen die beiden Systeme gelegt worden ist. Man unterscheidet bei offenem Regelkreis das Übertragungsverhalten für die Führungsgrößen

$$Y(s) = P\,R_v\,X(s) \qquad \text{(Führungsverhalten)} \qquad\qquad (5.58)$$

und dasjenige für die Störgrößen

$$Y(s) = P\,Z(s) \qquad \text{(Störverhalten)} \qquad\qquad (5.59)$$

Selbstverständlich können zwischen $Y(s)$ und $X(s)$ auch innere, d. h. zum biologischen System gehörige Rückkopplungen bestehen, wodurch sich das Führungs- und Störverhalten in schon besprochener Weise ändert. Der Übersichtlichkeit halber soll diese Möglichkeit hier nicht explizit ausgeführt werden. Sie kann gemäß (5.45) durch geeignete Änderungen von P und R_v berücksichtigt werden. Durch das Anbringen eines äußeren Rückwärtsreglers R_r, eines Steuernetzwerkes R_w oder beider Systeme können das Führungs- und Störverhalten des gesamten Systems geändert werden. Durch Berücksichtigung von (5.45), (5.46), (5.47) und Einbeziehung der Übertragungsmatrix R_w erhält man die Relation

$$Y(s) = G(s)\,R_w(s)\,W(s) + G_{st}(s)\,Z(s) \qquad\qquad (5.60)$$

Es erhebt sich jetzt die interessante Frage, ob und in welchem Ausmaß man bei vorgegebenem Führungs- und Störverhalten (5.58), (5.59) des vorgegebenen Systems das Führungs- und Störverhalten des modifizierten Systems, also die Übertragungsmatrizen $(G\,R_w)$ und G_{st} vorschreiben und die Regler R_r, R_w entsprechend auslegen kann. Diese Frage kann mit Hilfe des Matrizen-Kalküls untersucht werden. Bei Einhaltung einiger allgemeiner Bedingungen lassen sich geeignete Matrizen R_r, R_w angeben, die zu vorgegebenen Matrizen $(G\,R_w)$ und G_{st} führen. Allerdings muß dann noch geprüft werden, ob diesen Matrizen auch physikalisch realisierbare Übertragungssysteme entsprechen. Aus dieser Forderung ergeben sich Einschränkungen, die aus den jeweils gegebenen Umständen heraus formuliert werden müssen.

Von besonderem Interesse ist es oft, die zwischen den verschiedenen Hauptübertragungszweigen in einem multivariablen System bestehenden Kopplungen aufzuheben. Dazu ist es erforderlich, für die Übertragungsmatrizen in (5.60) eine Diagonalgestalt vorzuschreiben. Schreibt man nämlich (5.60) in der Form

$$Y(s) = F(s)\,W(s) + S(s)\,Z(s) \tag{5.61}$$

wobei $F(s)$ und $S(s)$ die Übertragungsmatrizen für das Führungs- bzw. Störverhalten sind und Diagonalgestalt haben, so ergibt sich aus den Regeln der Matrizenmultiplikation

$$\begin{pmatrix} Y_1 \\ Y_2 \\ \cdot\cdot \\ Y_n \end{pmatrix} = \begin{pmatrix} F_{11} & 0 & \ldots & 0 \\ 0 & F_{22} & \ldots & 0 \\ \multicolumn{4}{c}{\cdot\cdot\cdot\cdot\cdot\cdot\cdot\cdot\cdot} \\ 0 & 0 & \ldots & F_{nn} \end{pmatrix} \begin{pmatrix} W_1 \\ W_2 \\ \cdot\cdot \\ W_n \end{pmatrix} + \begin{pmatrix} S_{11} & 0 & \ldots & 0 \\ 0 & S_{22} & \ldots & 0 \\ \multicolumn{4}{c}{\cdot\cdot\cdot\cdot\cdot\cdot\cdot\cdot\cdot} \\ 0 & 0 & \ldots & S_{nn} \end{pmatrix} \begin{pmatrix} Z_1 \\ Z_2 \\ \cdot\cdot \\ Z_n \end{pmatrix}$$

also

$$Y_i = F_{ii}\,W_i + S_{ii}\,Z_i, \qquad i = 1, 2, \ldots, n \tag{5.62}$$

Dies bedeutet, daß jede einzelne Ausgangsgröße Y_i nur von einer Eingangsgröße W_i und einer Störgröße Z_i abhängt. Ein solches System nennt man a u t o n o m, und zwar in diesem Falle f ü h r u n g s a u t o n o m und s t ö r a u t o n o m.

Neben diesen beiden Formen der Autonomie gibt es noch eine weitere, die sog. E i g e n a u t o n o m i e. Diese Form der Autonomie bedeutet, daß sich innerhalb des Systems die Regelvorgänge in den einzelnen Regelkreisen, die normalerweise miteinander vermascht sind, nicht gegenseitig beeinflussen, sondern getrennt voneinander, wie in einer Vielzahl einfacher Regelkreise ablaufen. Die Eigenautonomie wird erreicht, wenn die charakteristische Determinante, die im Nenner der Übertragungsmatrizen vorkommt (s. (5.52)), Diagonalgestalt hat. Die verschiedenen Formen der Autonomie bedingen sich nicht gegenseitig. Insbesondere ist durch die Eigenautonomie, die oft leichter zu realisieren ist als die anderen Formen, nicht auch die Führungs- oder Störautonomie erreicht.

Ob man eine oder mehrere Formen der Autonomie mit Hilfe äußerer Regler R_r, R_w realisieren kann, hängt im einzelnen sehr von den Eigenschaften des jeweils gegebenen Systems ab. Eine wichtige Frage dabei ist es, ob die Elemente der Übertragungsmatrizen P, R_v Minimalphasensysteme beschreiben oder nicht. Da diese Matrizen bei der Bildung der Reglermatrizen R_r, R_w invertiert werden müssen, verwandeln sich u. U. Nullstellen in Pole, was im Falle von Nicht-Minimalphasensystemen zu Instabilitäten führt.

Es würde den Rahmen dieser Einführung überschreiten, die Möglichkeiten der Autonomisierung im einzelnen zu untersuchen. In diesem Zusammenhang muß wiederum nachdrücklich auf das ausführliche Werk von S c h w a r z [15] hingewiesen werden. Im übrigen steht, wie bereits mehrfach betont, die Anwendung der Theorie mehrfach geregelter Systeme in der Biokybernetik erst am Anfang einer vielversprechenden Entwicklung, so daß es dem Verfasser wichtig schien, in dieser Einführung wenigstens andeutungsweise auf die Problematik und die Möglichkeiten dieses Gebietes hinzuweisen.

Übungsaufgabe 29. Gibt es ein Steuernetzwerk mit der Übertragungsmatrix R_w, das dem System P von Bild 49 vorgeschaltet werden kann und das eine Führungsautonomie bewirkt? Es muß dann gelten

$$\begin{pmatrix} Y_g \\ Y_h \end{pmatrix} = \begin{pmatrix} P_{gg} & -P_{hg} \\ P_{gh} & P_{hh} \end{pmatrix} \begin{pmatrix} R_{g1} & R_{g2} \\ R_{h1} & R_{h2} \end{pmatrix} \begin{pmatrix} W_1 \\ W_2 \end{pmatrix}$$

und W_1 soll nur auf Y_g, W_2 nur auf Y_h wirken. Man beachte dabei, daß aus systembedingten Gründen X_g^2 nicht negativ werden kann.

Ergänzende und weiterführende Literatur

M i s h k i n, E.; B r a u n, L.: [29]
N e i ß, F.: Determinanten und Matrizen. 7. Aufl. Berlin-Heidelberg-New York 1967
S c h w a r z, H.: [15]
W e b e r, W.: [21]
Z u r m ü h l, R.: Matrizen und ihre technischen Anwendungen. 4. Aufl. Berlin-Göttingen-Heidelberg 1964

6. Nichtlineare Systeme

In den vorangehenden Abschnitten sind die Eigenschaften linearer Übertragungssysteme beschrieben worden. Eine der Eigentümlichkeiten, die die Analyse solcher Systeme so sehr erleichtert, ist der Umstand, daß man ihre Eigenschaften im Prinzip aus der Beobachtung der Übertragung eines einzigen Testsignals ableiten kann. Die Übertragung aller denkbaren Eingangssignale kann daraus rechnerisch erschlossen werden.

Bei nichtlinearen Systemen ist die Situation grundlegend anders. Kennt man die Reaktion auf ein bestimmtes Testsignal, so kann man daraus zunächst sehr wenig über die Reaktion auf andere Signale vorhersagen. Erst eine gründliche Untersuchung kann Auskunft über die Art der Nichtlinearität und damit eine Übersicht über das Übertragungsverhalten geben.

In diesem Abschnitt sollen die bei nichtlinearen Systemen auftretenden Probleme an einigen typischen Fällen aufgezeigt werden. Eine geschlossene Theorie der nichtlinearen Übertragung existiert bisher nicht.

6.1. Nichtlinearität ohne Gedächtnis

Linearität ist eine Idealisierung, die reale biologische und technische Systeme nur mehr oder weniger angenähert erfüllen. Durch die Linearitätsbedingung (1.5) wird z. B. gefordert, daß bei der Multiplikation eines Eingangssignales x(t) mit einem beliebig großen Faktor α sich auch das zugehörige Ausgangssignal y(t) mit dem gleichen Faktor multipliziert. Das bedeutet, daß man durch geeignete Eingangssignale Ausgangssignale beliebiger Größe erzeugen kann. Insbesondere sollte man aus der Schwellenantwort eines Systems, d. h. aus der Beobachtung kleiner, gerade eben meßbarer Reaktionen, auf die überschwelligen Reaktionen des Systems schließen können. Im Gegensatz zu dieser Forderung beobachtet man bei realen Systemen zumindest ab einer bestimmten Signalgröße die Erscheinung der S ä t t i g u n g. Das Ausgangssignal steigt dann bei einer weiteren Vergrößerung des Eingangssignals nicht mehr im gleichen Maße an und erreicht evtl. einen Maximalwert, der nicht mehr überschritten werden kann. Reale Systeme befolgen also bestenfalls die Linearitätsbedingungen innerhalb eines begrenzten Bereiches der Signalgröße. Die Abweichung von der Linearität bei Eintreten der Sättigung kann als Schutzmaßnahme des Organismus aufgefaßt werden, denn durch zu große Signalenergien werden die biologischen Systeme — ebenso wie die technischen -- geschädigt.

Systeme ohne Gedächtnis lassen sich, wie bereits in Abschn. 1.1 erläutert wurde, durch die Beziehung (1.1) kennzeichnen, also durch eine Gleichung zwischen den Momentanwerten von Eingangs- und Ausgangssignal. Eine solche Beziehung wird auch als K e n n l i n i e bezeichnet. Die Sättigung kann schematisch durch die in

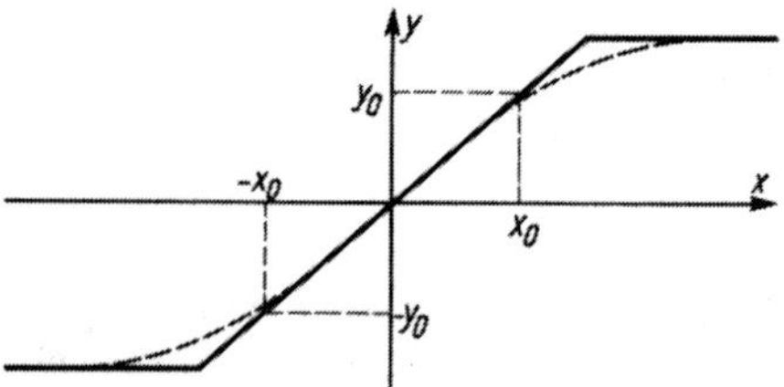

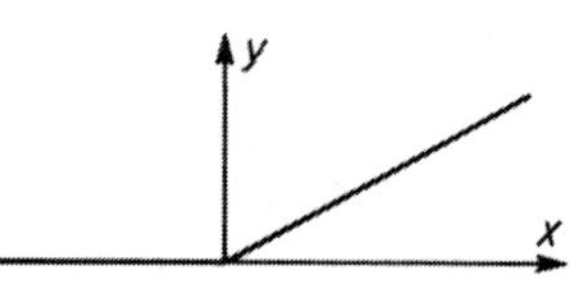

Bild 58   Kennlinie eines Systems ohne Gedächtnis mit Sättigung.
Die ausgezogene Kurve gibt den idealisierten, die gestrichelte den realen Zusammenhang zwischen Eingangssignal x und Ausgangssignal y an. Die Grenze x_0, y_0, bis zu der man die Relation als linear ansehen darf, hängt von den Anforderungen an die Genauigkeit ab

Bild 59   Kennlinie eines Gleichrichters.
In dem System erzeugen nur positive Eingangssignale beobachtbare Ausgangssignale

Bild 58 gezeichnete Kennlinie dargestellt werden. Der Übergang zwischen dem linearen Bereich und der Sättigung vollzieht sich in der Regel nicht plötzlich, wie es in der ausgezogenen Kurve dargestellt wurde, sondern allmählich, entsprechend der gestrichelten Kurve. Der Linearitätsbereich für das Eingangs- bzw. Ausgangssignal ist

durch
$$-x_0 \leqslant x \leqslant x_0 \atop -y_0 \leqslant y \leqslant y_0 \Bigg\} \qquad (6.1)$$

gekennzeichnet, wobei die Grenzen x_0, y_0 entsprechend den Anforderungen an die Genauigkeit der Approximation festgelegt werden müssen.

Häufig kann ein biologisches System nur Signale eines Vorzeichens (also nur positive oder nur negative Signale) übertragen. Positive und negative Eingangssignale werden dann meistens über unterschiedliche Systeme geleitet. Dies betrifft die schon erwähnte antagonistische Organisation. Ein Beispiel dafür ist die Pupillenreaktion, bei der Öffnen und Schließen der Pupille durch verschiedene Muskeln und zugehörige Nervenleitungen bewirkt werden. Auch bei der im vorigen Kapitel besprochenen Blutzuckerregulation wird die Erniedrigung des Blutzuckerspiegels über andere Hormone bewirkt als die Erhöhung.

Ein System, das nur Signale eines Vorzeichens überträgt, wird als G l e i c h r i c h t e r bezeichnet. Die Kennlinie eines — im übrigen linearen — Gleichrichters zeigt Bild 59; der Linearitätsbereich ist durch

$$x \geqslant 0, \qquad y \geqslant 0 \qquad (6.2)$$

anzugeben.

Durch Parallelschaltung zweier Gleichrichter, von denen der eine nur positive, der andere nur negative Signale passieren läßt, erhält man das Modell eines antagonistischen Systems (s. Bild 60). Da die Verstärkungen in beiden Zweigen im allgemeinen

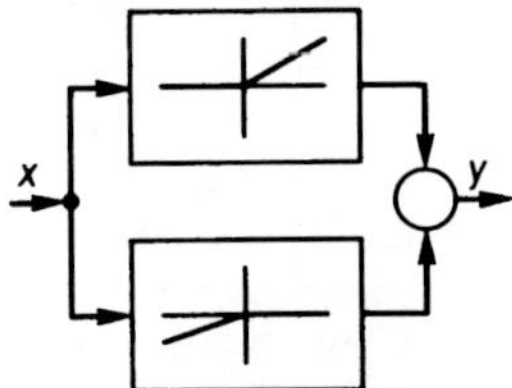

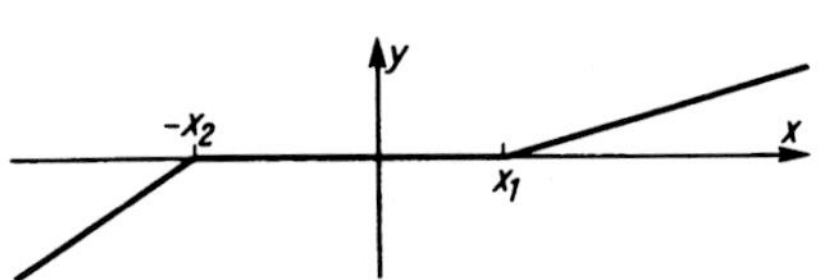

Bild 60   Antagonistisches System mit zwei Gleichrichtern.
Das Eingangssignal wirkt auf zwei parallele Kanäle, von denen der eine nur positive, der andere nur negative Signale überträgt. Die Verstärkung ist in beiden Zweigen unterschiedlich

Bild 61   Kennlinie der Erregungsschwelle. Erst ab einem bestimmten Wert x_1, $(-x_2)$ erregt das Eingangssignal ein proportionales Ausgangssignal. Die Schwellen sowie die Verstärkungen für positive und negative Signale sind im allgemeinen unterschiedlich

verschieden sind, kann man für dieses System zwei getrennte Linearitätsbereiche angeben:

$$\begin{matrix} 1. & x \geqslant 0, y \geqslant 0 \\ 2. & x \leqslant 0, y \leqslant 0 \end{matrix} \Bigg\} \qquad (6.3)$$

Dieses System ist eine Verallgemeinerung des Systems in Bild 41. Dort findet eine lineare Überlagerung der Signale aus zwei Übertragungszweigen statt. Positive und negative Signale werden gleichartig übertragen. Im hier dargestellten System werden positive und negative Signale, also beispielsweise Erregung und Hemmung, Beugung und Streckung usw., auf verschiedene Übertragungswege geleitet. In weiterer Verallgemeinerung können in den getrennten Übertragungswegen Systeme mit Gedächtnis und unterschiedlichem dynamischen Verhalten wirksam werden (s. Abschn. 6.4), wodurch die Unterschiede in der Übertragung positiver und negativer Signale noch größer werden.

Eine andere, ebenfalls sehr häufig zu beobachtende, den Bereich der Linearität einschränkende Erscheinung ist die sog. S c h w e l l e. Ein sehr kleines Eingangssignal erzeugt in einem Übertragungssystem, das eine Schwelle besitzt, kein beobachtbares Ausgangssignal. Ein Ausgangssignal tritt erst auf, wenn das Eingangssignal einen bestimmten S c h w e l l e n w e r t x_1 überschreitet (bzw. einen Wert $-x_2$ unterschreitet). Die entsprechende Kennlinie ist in Bild 61 dargestellt, wobei der scharfe Knick im allgemeinen die Schematisierung eines allmählichen Übergangs darstellt. In technischen Systemen entspricht der Schwelle z. B. der tote Gang eines Gewindes.

Auch bei diesem System kann man zwei getrennte Linearitätsbereiche unterscheiden. Sie haben im allgemeinen nicht nur unterschiedliche Verstärkung, sondern vor allem auch unterschiedliche Gleichgewichtswerte x_1, $-x_2$.

Die aufgeführten Beispiele zeigen, wie man einige der am häufigsten vorkommenden Abweichungen von der Linearität durch stückweise lineare Kennlinien beschreiben kann. Dabei handelt es sich, wie schon angedeutet wurde, um Approximationen. Tatsächlich wird der Zusammenhang zwischen Eingangs- und Ausgangssignal — wenn man auch weiterhin nur Systeme ohne Gedächtnis betrachtet — durch eine krummlinige Kennlinie zu beschreiben sein. Die rechnerische bzw. modellmäßige Behandlung solcher nichtlinearen Übertragungsglieder macht keine grundsätzlichen Schwierigkeiten, weil man bei bekannter Kennlinie zu jedem Eingangssignal das zugehörige Ausgangssignal punktweise berechnen kann. Treten solche nichtlinearen Übertragungsglieder innerhalb eines größeren Systems mit überwiegend linearen Komponenten auf, so entstehen dadurch zwar keine grundsätzlichen Schwierigkeiten, jedoch vergrößert sich der Rechenaufwand u. U. erheblich. Bei der Verfolgung eines Signals auf dem Wege durch das System muß man nämlich von der sonst bequemen Frequenzdarstellung vor dem nichtlinearen System zur Zeitfunktion übergehen.

Tritt die nichtlineare Komponente innerhalb eines Regelkreises auf, der beim Anstoß eines Regelvorganges viele Male vom Signal durchlaufen wird, so führt dies naturgemäß zu größeren Schwierigkeiten, die im Abschnitt 6.4 besprochen werden.

Häufig macht man sich den Umstand zunutze, daß man krummlinige Kurven über kleine Bereiche durch Geraden annähern kann. Beschränkt man sich auf genügend kleine Signale, so sollte sich jedes nichtlineare System durch ein lineares approximieren lassen. Hierbei muß man aber mit der Wahl des Gleichgewichtswertes, also des stationären Signalwertes, von dem aus kleine Abweichungen gerechnet werden,

vorsichtig sein. Dies erkennt man deutlich am Beispiel des Schwellenwertes. Kleine
Signale mit dem Nullpunkt als Gleichgewichtswert führen bei einem System mit
Schwellenwert zu keinem Ausgangssignal, sind also ungeeignet zur Analyse des
Systems. Andererseits kann ein Gleichgewichtswert außerhalb des Nullpunktes von
den Regelaufgaben des Systems her gesehen unrealistisch sein. Daraus folgt, daß
man durch die Beschränkung auf kleine Signale den Schwierigkeiten der nichtlinearen Systeme nicht in jedem Falle entgehen kann.

6.2. Adaptive Systeme

Die Fähigkeit biologischer Systeme zu adaptieren kann vielfach nur durch nichtlineare Übertragungsglieder quantitativ beschrieben werden. Am deutlichsten kann
man den nichtlinearen Zusammenhang an vielen Rezeptoren beobachten, die Reize
sehr verschiedener Größe aufnehmen und graduiert übertragen können. Möglich
wird dies dadurch, daß sie sich an verschiedene Größenbereiche adaptieren, wie
es wohl am eindrucksvollsten am visuellen System zu beobachten ist.
Eine einfache Möglichkeit, das Übertragungsverhalten derartiger Rezeptorsysteme
zu beschreiben, ist eine nichtlineare Kennlinie. Logarithmische und Potenzfunktionen
sind in diesem Zusammenhang häufig diskutiert worden. Oft hält diese Art der
Beschreibung aber einer genaueren Analyse nicht stand. Beispielsweise wird die
Empfindlichkeit der Stäbchen der menschlichen Netzhaut in der Nähe der absoluten
Schwelle nicht nur dann vermindert, wenn sie selbst von Lichtquanten getroffen
werden, sondern auch dann, wenn nur mehr oder weniger benachbarte Rezeptoren
getroffen werden [20]. Es müssen also Querverbindungen zwischen den Übertragungs-
kanälen existieren, über die die Verstärkung in den Kanälen beeinflußt wird.

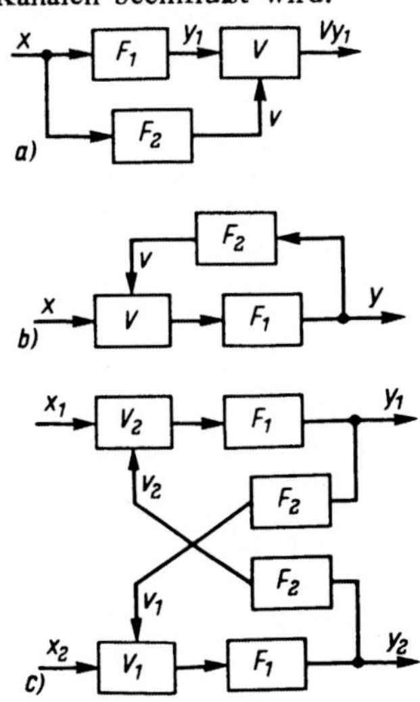

Bild 62
Signaladaptive Systeme mit Multiplikatoren.
Die mit V gekennzeichneten Übertragungssysteme sind
linear mit zeitveränderlicher Verstärkung, so daß das
Signal, das dieses System durchläuft, mit V multipliziert
wird. Die Verstärkung V wird vom Eingangs- bzw. Ausgangssignal über ein weiteres Übertragungssystem bestimmt.
a) Vorwärtskopplung
b) Rückwärtskopplung
c) Kreuzweise Kopplung zwischen parallelen Kanälen

Betrachtungen dieser und ähnlicher Art führen auf Modelle mit zeitveränderlichen Parametern. In Bild 62 ist an einigen schematischen Beispielen dargestellt, wie die Verstärkung V in einem Übertragungskanal durch einen M u l t i p l i k a t o r verändert werden kann. Dieser Multiplikator ist ein Übertragungsglied nullter Ordnung, dessen Verstärkungsfaktor V jedoch durch ein von außen zugeführtes Signal bestimmt wird. Der Verstärkungsfaktor V wird in diesen Modellen vom Signal selbst bestimmt. Solche Systeme heißen s i g n a l a d a p t i v [21]. Der Zusammenhang zwischen Eingangs- und Ausgangssignal ist dann nichtlinear. Man kann aber in vielen Fällen beobachten, daß die Adaptation relativ langsam verläuft, daß sich also V langsam im Vergleich zum Eingangs- und Ausgangssignal ändert. Dies kann im Modell durch eine sehr große Zeitkonstante im System F_2 erreicht werden. In solchen Fällen kann man die Übertragungssysteme häufig als lineare Systeme behandeln, bei denen sich aber die Systemparameter langsam mit der Zeit ändern können. Man spricht dann von l i n e a r e n S y s t e m e n m i t z e i t a b h ä n g i g e n P a r a m e t e r n. Als Parameter kommen nicht nur die Verstärkungen, sondern auch z. B. die Lage von Polen und Nullstellen, also Zeitkonstanten, Dämpfungen usw. in Frage. Dies ist eine Form der Nichtlinearität, die mathematisch ähnlich wie die echten linearen Systeme behandelt werden kann.

Neben den signaladaptiven Systemen, in denen die Parameter vom Signal im Übertragungskanal beeinflußt werden, gibt es auch Systeme, bei denen die Veränderung der Parameter auf dem Wege über die Kopplung mit anderen Systemen erfolgt. Häufig hat der Organismus z. B. die Möglichkeit, in antagonistischen Übertragungszweigen (s. Bild 41) die Verstärkung unterschiedlich zu beeinflussen und auf diese Weise das Gleichgewicht zwischen Erregung und Hemmung zu verstellen.

Ein B e i s p i e l für die gezielte Modifikation der Wechselwirkung zweier Übertragungssysteme ist die Beeinflussung der Empfindungsschwelle für akustische Reize durch Atemgeräusche [22]. Die Atemgeräusche stören die Empfindung schwacher Töne. Daher reduzieren oder unterdrücken Menschen und höhere Tiere die Atmung kurzfristig, wenn sie äußere akustische Reize in der Nähe der Empfindungsschwelle hören. Die Atmung wird durch den Sauerstoff- bzw. Kohlendioxydgehalt des Blutes über einen Regelkreis kontrolliert, der zunächst nicht mit dem Gehörsinn in Zusammenhang zu stehen scheint. Offensichtlich wird aber, wie das erwähnte Phänomen zeigt, von einem höheren Nervenzentrum in diesen Kreis eingegriffen, wenn es für den Organismus wichtiger erscheint, schwache Geräusche deutlich zu hören als den Sauerstoff-Partialdruck des Blutes konstant zu halten. Die damit verbundene Verstellung der Regelparameter geschieht reflektorisch, also unbewußt, so daß dieses Phänomen zu einer objektiven Methode der Audiometrie entwickelt werden konnte.

Dieses Beispiel zeigt, daß die verschiedenen Regel- und Übertragungssysteme innerhalb eines Organismus nicht nur direkt miteinander vermascht sind, sondern daß auch die Sollwerte einiger Regelkreise vorübergehend verändert werden können, wenn dies für andere Interessen des Organismus erforderlich ist. Dies wird sehr anschaulich durch das bereits erwähnte (s. S. 43) hierarchische Modell für die Regelung der physiologischen Parameter des inneren Milieus [6] beschrieben. Nach diesem Modell gibt es im Organismus drei Funktionsebenen. In der untersten vollzieht sich die Homöostase, also die Regelung bestimmter physiologischer Größen auf feste Sollwerte, die gegenüber äußeren Störungen aufrechterhalten werden. Diese Sollwerte werden von der zweiten Ebene so aufeinander abgestimmt, daß sich insgesamt für den Organismus ein optimales inneres Milieu ergibt. Optimalität kann jedoch nur mit Bezug auf ein bestimmtes Kriterium definiert werden. Daher ist es erforderlich, daß von der dritten und höchsten Ebene der Hierarchie die Optimalitätskriterien festgesetzt werden. Da diese Kriterien den sich verändernden Bedürfnissen des Organismus angepaßt werden müssen, ändern sich die Sollwerte des inneren Milieus entsprechend.

Die Anpassung an veränderte Optimalitätskriterien ist aber u. U. nicht allein durch Veränderung der Sollwerte zu erreichen, sondern die notwendigen Veränderungen können auch die Dynamik des Regelkreises, also Verstärkung, Zeitkonstanten usw. betreffen. Letzteres wird erforderlich, wenn der zulässige Regelfehler, die Stabilitätsgrenzen oder die Toleranzgrenzen für zufällige Schwankungen dieser Größen verändert werden müssen.

Die Ursachen für notwendige Veränderungen der Parameter in den Regelkreisen können auch in einer Veränderung der äußeren Bedingungen des Organismus liegen. Beispielsweise führt der Aufenthalt in großen Höhen zu Veränderungen in der Atemregulation. Die Regulation der Körpertemperatur und des Blutdruckes sind weitere Beispiele. Auch pathologische Veränderungen im Organismus werden häufig durch entsprechende Veränderungen der Regelfunktionen innerhalb gewisser Grenzen kompensiert.

Die quantitative Analyse und modellmäßige Nachbildung adaptiver Systeme verläuft weitgehend nach den gleichen Prinzipien, die bei den linearen Systemen besprochen worden sind. Hinzu kommt der Einsatz von Computern, die die Optimierung der einzelnen zeitvariablen Parameter entsprechend vorgegebenen Kriterien übernehmen. Leider ist es hier nicht möglich, auf einzelne Beispiele einzugehen, da die Einzelheiten im allgemeinen verwickelt sind und in der Darstellung einen zu breiten Raum einnehmen würden.

6.3. Stabile und instabile Zustände, Oszillationen

Bei nichtlinearen Systemen ist die Frage nach der Stabilität nicht so eindeutig zu entscheiden wie bei linearen Systemen. Ein lineares System ist, wie in Abschn. 3 ausführlich erörtert wurde, entweder stabil oder instabil. Ändern sich die Parameter des Systems nicht, so ist das System hinsichtlich dieser Eigenschaft eindeutig festgelegt. Auch der Gleichgewichtszustand eines linearen Systems, d. h. der Zustand, in dem ein stabiles System verharrt, wenn von außen keine Signale bzw. Störungen einwirken, und in den es nach einer Störung zurückkehrt, liegt fest.

Dies ist bei nichtlinearen Systemen nicht der Fall; sie können vielmehr mehrere Gleichgewichtszustände besitzen, von denen einige stabil, andere instabil sein können. Durch entsprechend starke Störungen können außerdem Übergänge zwischen zwei stabilen Zuständen ausgelöst werden. Das bedeutet, daß ein solches System nach Abklingen einer Störung evtl. nicht wieder in die Ausgangssituation zurückkehrt. Diese Eigenschaften sind für das Verhalten biologischer Systeme charakteristisch. Sie sollen zunächst an einer Erweiterung des hydromechanischen Modells von Bild 38 erläutert werden, bevor ihre Bedeutung für das Verständnis biologischer Systeme diskutiert wird [23].

Beispiel. Die Standhöhe $y(t)$ in dem Flüssigkeitsbehälter (s. Bild 63) soll über eine geeignete Vorrichtung (Schwimmer und elektrische Registrierung der Stellung der Standmarke) gemessen werden. Eine nichtlineare Funktion $f(y)$ der Standhöhe soll die Zuflußrate $x(t)$ über eine Rückkopplungsleitung und einen Multiplikator beeinflussen. Das Funktionsmodell dieser Anordnung entspricht Bild 62 b, es wird also die Verstärkung des Eingangssignals vom Ausgangssignal gesteuert, wobei aber das Übertragungsglied F_2 in diesem Fall ein nichtlineares System ohne Gedächtnis sein soll. Als Funktion $f(y)$ soll gewählt werden

$$f(y) = \left(a + \frac{c\,y^2}{b + y^2} \right) \tag{6.4}$$

so daß die Zuflußrate $x(t)$ durch

$$x(t) = x_0\, f(y) = x_0 \left\{ a + \frac{c\,y^2}{b + y^2} \right\}$$

gegeben ist. x_0 ist ein konstanter, von außen als Eingangssignal des Gesamtsystems wirkender hydrostatischer Druck, dessen Wert im folgenden durch $x_0 = 1$ festgelegt werden soll. a, b, c sind positive Konstanten.

Damit erhält die Differentialgleichung (3.60), die die Dynamik des Systems beschreibt, die Form

$$\frac{dy}{dt} = f(y) - \beta\,y = a + \frac{c\,y^2}{b + y^2} - \beta\,y \tag{6.5}$$

Es handelt sich also um eine nichtlineare Differentialgleichung. Die Gleichgewichtszustände des Systems erhält man, indem man

$$\frac{dy}{dt} = 0 \tag{6.6}$$

setzt, denn diese Bedingung bedeutet, daß sich y nicht mit der Zeit ändern, also konstant bleiben soll. Die zugehörigen Werte für y findet man aus der Gleichung

$$a + \frac{c\,y^2}{b + y^2} - \beta\,y = 0$$

oder $$\beta\,y^3 - (a + c)\,y^2 + b\,\beta\,y - a\,b = 0 \tag{6.7}$$

Da dies eine Gleichung dritten Grades ist, besitzt sie im allgemeinen drei Lösungen y_1, y_2, y_3, also drei Gleichgewichtszustände. Davon sind aber nur zwei Zustände stabil, wie man aus folgender Betrachtung sieht. Bild 64 zeigt eine schematische Darstellung der Funktion

$$f(y) - \beta y \tag{6.8}$$

mit den drei Nullstellen y_1, y_2, y_3. Da (6.8) für $y = 0$ positiv ist (gemäß (6.4)), muß die Kurve (6.8) bei der ersten Nullstelle eine negative Steigung haben, d. h. es gilt

$$\frac{d(f(y) - \beta y)}{dy} < 0 \quad \text{für} \quad y = y_1 \tag{6.9}$$

Das gleiche gilt für $y = y_3$, während bei $y = y_2$ die Steigung positiv ist. Nimmt man jetzt an, daß zu einer bestimmten Zeit infolge einer Störung y einen Wert $y_0 < y_1$ hat, so ist gemäß (6.5) und Bild 64 die zeitliche Änderung von y positiv:

$$\frac{dy}{dt} > 0$$

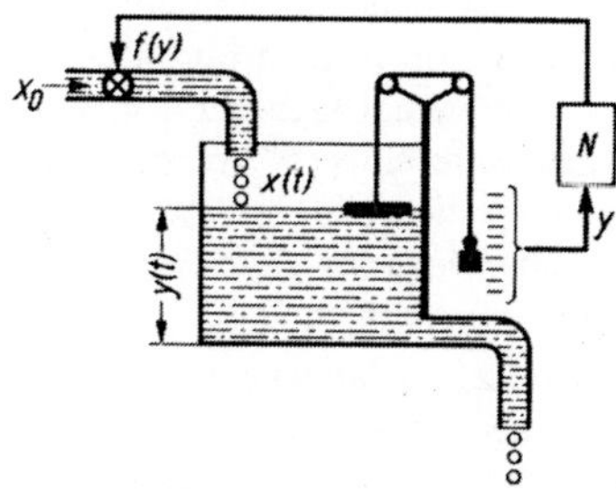

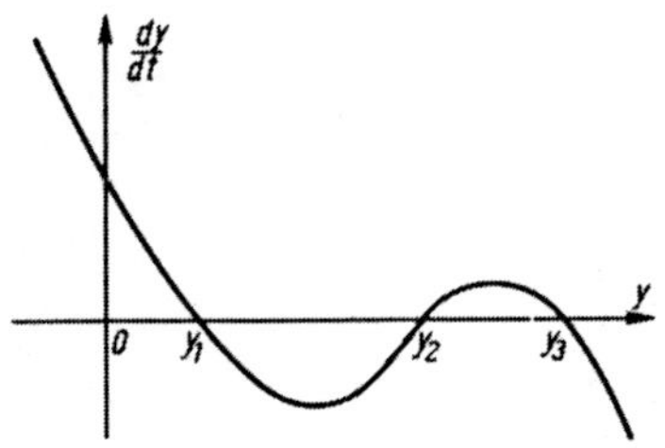

Bild 63 Hydromechanisches Modell mit nichtlinearer multiplikativer Rückkopplung. Die Standhöhe y(t) der Flüssigkeit wird mit Hilfe eines Schwimmers automatisch registriert und in ein elektrisches Signal verwandelt, das in einem nichtlinearen Übertragungssystem N ohne Gedächtnis in ein Signal f(y) umgeformt wird. Dieses beeinflußt seinerseits multiplikativ die Zuflußrate x(t). Von außen wirkt ein hydrostatischer Druck x_0, der als konstant angenommen wird.

Bild 64 Stabile und instabile Gleichgewichtszustände eines nichtlinearen Systems. Die Nullstellen y_1, y_2, y_3 der Kurve dy/dt geben die Gleichgewichtswerte an, bei denen sich y mit der Zeit nicht ändert. Die Nullstellen y_1, y_3, bei denen die Neigung von dy/dt negativ ist, kennzeichnen stabile Gleichgewichtszustände, die Nullstelle y_2, bei der die Neigung von dy/dt positiv ist, kennzeichnet einen instabilen Gleichgewichtszustand

d. h. y steigt allmählich von y_0 nach y_1. Ist zu einer anderen Zeit y etwas größer als y_1, so ist dy/dt negativ, y fällt also langsam in Richtung y_1.

Aus dieser Betrachtung folgt also, daß y_1 ein s t a b i l e r S y s t e m z u s t a n d ist. Nach kleinen Störungen kehrt y in die Gleichgewichtslage y_1 zurück.

Die gleiche Betrachtung läßt sich für y_3 anstellen, so daß auch y_3 ein stabiler Gleichgewichtszustand ist. Bei y_2 liegen die Verhältnisse jedoch gerade umgekehrt. Ist nach einer Störung des Gleichgewichtes y etwas kleiner als y_2, so fällt y mit der Zeit weiter, weil dy/dt negativ ist, und erreicht y_1. Ist dagegen y etwas größer als y_2, so steigt es weiter an und erreicht y_3. y_2 ist also ein instabiler Gleichgewichtszustand.

Ein nichtlineares Übertragungssystem kann mehrere Gleichgewichtszustände (bei konstantem Eingangssignal) besitzen. Die Stabilitätsbedingung ist durch (6.9) gegeben. Im allgemeinen liegt zwischen zwei stabilen Zuständen ein instabiler Zustand.

Durch eine große Störung kann das System aus einem stabilen Gleichgewichtszustand in einen anderen umschlagen. Bemerkenswert ist dabei, daß dieses Umschlagen plötzlich erfolgt, wenn die Störung einen kritischen Wert überschreitet (im Beispiel die instabile Gleichgewichtslage y_2). Während also der Systemzustand bei Störungen bis zu einem gewissen Ausmaß stabil bleibt, kann u. U. eine kleine weitere Zunahme der Störung ein Umklappen in einen völlig anderen Zustand hervorrufen. Die Annäherung an den kritischen Wert ist dabei dem System im allgemeinen nicht ohne weiteres anzumerken. Ein derartiges Verhalten beobachtet man bei zahlreichen biologischen Systemen. Es kann sich dabei um einen plötzlichen, scheinbar unvorhersehbaren Übergang von einem physiologischen in einen pathologischen Zustand handeln, aber auch diskontinuierliche Übergänge im physiologischen Bereich sind auf der Basis solcher nichtlinearen Modelle diskutiert worden.

Ein interessantes B e i s p i e l für die letztere Möglichkeit liefern Modelle für die Differenzierung von Zellen. Die Zelldifferenzierung wird auf eine plötzliche Änderung in der Synthese von Proteinen zurückgeführt, welche ihrerseits durch Repressorbzw. Operatorgene hervorgerufen wird. Der Wechsel zwischen Repression und Freigabe der Transskription eines Gens kann möglicherweise als Übergang zwischen zwei stabilen Zuständen eines nichtlinearen Systems interpretiert werden [23], [24], [25].

Es ist jedoch auch möglich, daß nichtlineare Systeme keinen stabilen Zustand besitzen, sondern daß eine ständige Oszillation stattfindet. Die Erscheinung der Oszillation tritt auch bei linearen Systemen auf, jedoch ist bei diesen Systemen die Amplitude nicht stabil. Schwingt ein lineares System nämlich mit einer konstanten Amplitude, so bedeutet dies, daß die Pole der Übertragungsfunktion genau auf der imaginären Achse liegen. Schon eine winzige Änderung der Systemparameter führt dann entweder zu einem exponentiellen Anwachsen oder Abklingen der Amplitude (vgl. hierzu Bild 18c).

Bei nichtlinearen Systemen ist eine permanente Oszillation nicht an die exakte Einhaltung bestimmter Werte der Systemparameter geknüpft. Schon frühzeitig wurde bemerkt, daß oszillierende Systeme in der Natur vorkommen. Nach neuerer Ansicht spielen sie sogar eine weit größere Rolle, als ursprünglich vermutet wurde, weil sie geeignet sind, eine Taktfrequenz zu erzeugen und damit verschiedene sonst voneinander unabhängige Funktionsabläufe zu synchronisieren.

Als **Beispiel** für ein oszillierendes nichtlineares System soll die Wechselwirkung zwischen Raub- und Beutetieren hinsichtlich der Populationsdichte näher beschrieben werden. Dies System wurde von Volterra studiert [26], der damit sowohl auf die biologische als auch auf die mathematische Wissenschaft anregend gewirkt hat [27, 28]. Es betrifft die Vermehrung zweier Arten von Organismen, von denen die Art B die Art A frißt. (Die Art A soll in ihrer Ernährung nicht beschränkt sein.) Zur Beschreibung des Systems dienen die Anzahl x von Individuen der Art A und die Anzahl y von Individuen der Art B, beide bezogen auf einen begrenzten Raum. x und y sind Zeitfunktionen. Wenn x groß ist, gedeiht die Art B und y wächst, denn es ist viel Futter verfügbar. Durch Anwachsen von y wird jedoch die Vermehrung von x immer mehr gehemmt, und es kommt schließlich zu einer Abnahme von x. Dies wiederum führt zu einer Hungersnot für die Art B, so daß auch y abnimmt. Hierauf kann sich A wieder entwickeln, und es beginnt ein neuer Zyklus. Mathematisch werden die Verhältnisse durch die beiden nichtlinearen Differentialgleichungen

$$\frac{dx}{dt} = a\,x - b\,x\,y$$
$$\frac{dy}{dt} = -\,c\,y + d\,x\,y \qquad , \qquad a, b, c, d > 0 \qquad\qquad (6.10)$$

beschrieben. Das ist folgendermaßen einzusehen. Die Zahl der Begegnungen von Individuen der beiden Arten auf einem begrenzten Raum ist proportional zu xy. Bei jeder

Bild 65
Oszillierende Lösungen eines gekoppelten
nichtlinearen Systems.
Die Lösungen x(t) und y(t) der
V o l t e r r a schen Differentialgleichungen
(6.10) führen periodische Oszillationen aus.
Sie beschreiben die Schwankungen der Populationsdichte von Raubtieren $\{y(t)\}$ und
Beutetieren $\{x(t)\}$. Die Konstanten aus
(6.10) haben die Werte a = b = 2, c = d =
1, wobei aber die Wahl von b und d nur
den Maßstab der Ordinate beeinflußt. Bei
der Wahl der Konstanten ist die Zeiteinheit noch offen, so daß die Abszisse in
willkürliche Zeiteinheiten eingeteilt ist
(nach H. T. D a v i s [27])

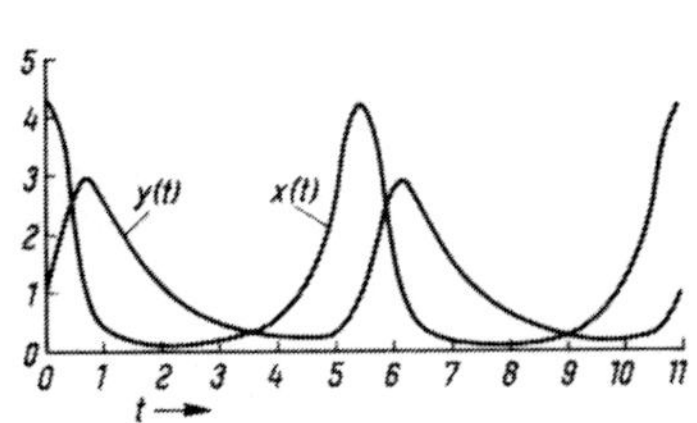

Begegnung erfährt im statistischen Mittel x eine bestimmte Verminderung und y eine bestimmte Vermehrung (ausgedrückt durch die Konstanten b bzw. d). a und c sind die Wachstumskoeffizienten der Arten A und B, wenn sie allein existieren, d. h. x nimmt zu und y nimmt ab.

Die Lösung des Differentialgleichungssystems ist in Bild 65 dargestellt. Man bemerkt die periodischen Oszillationen, und zwar ist y gegenüber x verzögert, was schon der qualitativen Beschreibung zu entnehmen ist. Schwankungen der Populationsdichte entsprechend diesem Modell werden tatsächlich beobachtet [28]. Die Erweiterung des Modells, z. B. durch Einbeziehen von Vererbung und Anpassung führt auf verhältnismäßig schwierige mathematische Betrachtungen [27].

Übungsaufgabe 30. In der Diskussion des hydromechanischen Modells von Bild 63 ist $x_0 = 1$ angenommen worden. Man hebe diese Voraussetzung auf und diskutiere die Veränderungen der Gleichgewichtszustände $dy/dt = 0$, die durch eine Variation von x_0 entstehen. Insbesondere untersuche man die Bedingungen, unter denen ein stabiler Gleichgewichtszustand bei einer Variation von x_0 plötzlich instabil werden kann. Dabei vereinfache man die Rechnung dadurch, daß man in (6.4) $a = 0$ setzt.

6.4. Nichtlinearitäten mit Gedächtnis

Ein Übertragungssystem mit Gedächtnis liegt vor, wenn das Ausgangssignal zu einem beliebig gewählten Zeitpunkt t_0 nicht nur vom Wert des Eingangssignals zum gleichen Zeitpunkt, sondern auch vom Verlauf des Eingangssignals während der vorhergehenden Zeit $t < t_0$ abhängt. Die Nichtlinearität bedeutet, daß diese Abhängigkeit nicht in der Form des Faltungsintegrals (1.3) dargestellt werden kann. Eine Nichtlinearität mit Gedächtnis kann beispielsweise entstehen, wenn ein lineares System mit Gedächtnis und ein nichtlineares System ohne Gedächtnis in der in Bild 66 veranschaulichten Weise kombiniert werden. Dieses Bild zeigt das Zwischensignal $y_1(t)$ und das Ausgangssignal $y(t)$, die von einem Eingangssignal ausgelöst werden, das aus zwei δ-Impulsen besteht. y_1 ist als Reaktion eines linearen Systems eine lineare Superposition der beiden Impulsreaktionen, die zu den Zeiten $t = 0$ und $t = T$ einsetzen. $y(t)$ ist gegenüber $y_1(t)$ nichtlinear deformiert, indem die Ordinatenwerte von $y_1(t)$ einer nichtlinearen – in diesem Falle quadratischen – Transformation unterworfen wurden. Es gilt also in diesem Beispiel

$$y(t) = \{ y_1(t) \}^2 \tag{6.11}$$

Man kann $y(t)$ nicht mehr als lineare Superposition zweier Impulsreaktionsfunktionen interpretieren, und der Verlauf von $y(t)$ hängt z. B. in nichtlinearer Weise vom zeitlichen Abstand der beiden Eingangsimpulse ab.

Zur Formulierung des Zusammenhanges zwischen Eingangs- und Ausgangssignal bei nichtlinearen Systemen mit Gedächtnis gibt es verschiedene Möglichkeiten. In der Technik geht man dabei meistens von einer den Zusammenhang beschreibenden nichtlinearen Differentialgleichung aus. Diese Methode ist für biologische Systeme oft weniger gut geeignet, nämlich immer dann, wenn man keine detaillierte Kenntnis über das innere Wirkungsgefüge des Systems besitzt. Daher sollen die Lösungsmethoden für nichtlineare Differentialgleichungen hier nicht erwähnt werden, ganz abgesehen davon, daß eine auch nur qualitative Beschreibung dieser Methoden den Rahmen dieses Büchleins sprengen würde. Dagegen ist es möglich, wenigstens in den Grundzügen eine Methode vorzustellen, die auf der Analyse der von bestimmten Testsignalen ausgelösten Ausgangssignale beruht, also eine rein experimentelle Grundlage besitzt.

Der Ansatz (1.3) für lineare Systeme läßt sich folgendermaßen auf nichtlineare Systeme erweitern:

$$y(\tau) = \int_0^T h_1(t)\, x(\tau - t)\, dt + \int_0^T \int_0^T h_2(t_1, t_2)\, x(\tau - t_1)\, x(\tau - t_2)\, dt_1\, dt_2 +$$

$$(6.12)$$

$$+ \int_0^T \int_0^T \int_0^T h_3(t_1, t_2, t_3)\, x(\tau - t_1)\, x(\tau - t_2)\, x(\tau - t_3)\, dt_1\, dt_2\, dt_3 + \cdots$$

Im ersten Glied dieser Entwicklung erkennt man das Faltungsintegral (1.3) wieder. Die folgenden Glieder beschreiben quadratische, kubische und höhere Nichtlinearitäten.

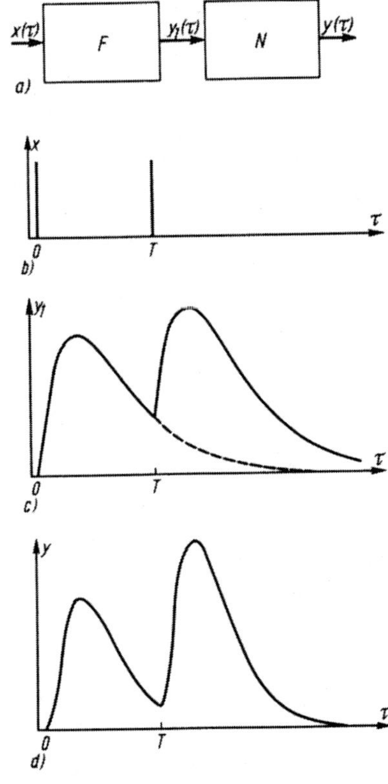

Bild 66
Kombination eines linearen Systems und eines nichtlinearen Systems ohne Gedächtnis zu einem nichtlinearen System mit Gedächtnis.
a) Blockschaltbild: F lineares System; N nichtlineares System ohne Gedächtnis
b) Eingangssignale $x(\tau)$: δ-Impulse zu den Zeiten $\tau = 0$ und $\tau = T$
c) Zwischensignal $y_1(\tau)$: Lineare Überlagerung zweier Impulsreaktionsfunktionen
d) Ausgangssignal $y(\tau)$: Quadratische Deformation des Zwischensignals

Die Aufgabe der Systemanalyse besteht nun darin, aus experimentell beobachteten Ausgangssignalen $y(\tau)$ die sog. K e r n e   d e r   I n t e g r a l e $h_1(t)$, $h_2(t_1, t_2)$, $\cdots$ zu bestimmen.

Mit dieser auf V o l t e r r a zurückgehenden Entwicklung kann man nahezu beliebige nichtlineare Systeme beschreiben. Die Reihe hat im allgemeinen Fall theoretisch unendlich viele Glieder, doch kann man ein experimentell vorgegebenes System mit endlich vielen und in der Regel wenigen Gliedern hinreichend genau beschreiben. Ein Nachteil dieser Entwicklung ist, daß man vor der Bestimmung der Kerne entscheiden muß, wieviel Glieder der Entwicklung man berücksichtigen will. Zeigt sich hinterher, daß die Genauigkeit nicht ausreicht, und will man ein weiteres Glied hinzunehmen, so hat man nicht nur den zusätzlichen Kern, sondern auch die vorhergehenden Kerne wieder neu zu berechnen. (Diese Schwierigkeit läßt sich allerdings mit einer auf N. Wiener zurückgehenden Entwicklung nach orthogonalen Polynomen vermeiden [29].)

Beschränkt man sich bei der Beschreibung eines Systems auf die ersten beiden Glieder der Entwicklung, so sind Einfach- und Doppelimpulse als Testsignale zur Bestimmung der Kerne sehr geeignet [3]. Mit einem einfachen Eingangsimpuls

$$x^{(1)} = A\,\delta(\tau) \tag{6.13}$$

erhält man

$$y^{(1)}(\tau) = A \int_0^T h_1(t)\,\delta(\tau - t)\,dt + A^2 \int_0^T\!\!\int_0^T h_2(t_1, t_2)\,\delta(\tau - t_1)\,\delta(\tau - t_2)\,dt_1\,dt_2$$

$$= A\,h_1(\tau) + A^2\,h_2(\tau, \tau) \tag{6.14}$$

Läßt man einen Einheitsimpuls nicht zur Zeit $\tau = 0$, sondern zur Zeit $\tau = T$ einwirken, so erhält man entsprechend (6.14) die Reaktion

$$y^{(2)}(\tau) = A\,h_1(\tau - T) + A^2\,h_2(\tau - T, \tau - T) \tag{6.15}$$

Ein Doppelimpuls

$$x^{(3)}(\tau) = A\,\delta(\tau) + A\,\delta(\tau - T)$$

ergibt die Reaktion

$$y^{(3)}(\tau) = A\,h_1(\tau) + A\,h_1(\tau - T) + A^2\,h_2(\tau, \tau) +$$

$$A^2\,h_2(\tau - T, \tau - T) + 2\,A^2\,h_2(\tau, \tau - T) \tag{6.16}$$

Hierbei ist noch ausgenutzt, daß aus Kausalitätsgründen $h_2(t_1, t_2) = h_2(t_2, t_1)$ gelten muß. Durch Kombination von (6.14), (6.15), (6.16) findet man

$$h_2(\tau, \tau - T) = \frac{1}{2\,A^2}\left\{ y^{(3)} - y^{(1)} - y^{(2)} \right\} \tag{6.17}$$

$$h_1(\tau) = \frac{1}{2\,A}\left\{ 4\,y^{(1)} - [y^{(3)}]_{T=0} \right\} \tag{6.18}$$

Diese letzten beiden Gleichungen erlauben es, aus der beobachteten Reaktion, die von den Einfach- bzw. Doppelimpulsen hervorgerufen wird, die beiden Kerne zu berechnen. Mit Hilfe dieser Kerne und (6.12) kann man dann auch die Reaktion des Systems auf beliebige Eingangssignale berechnen.

Die Methode läßt sich zwar auf höhere Kerne erweitern, man muß jedoch bedenken, daß man dabei die Reaktion des Systems auf eine sehr spezielle Klasse von Eingangssignalen zugrunde legt. Die Approximation kann daher für andere Signalformen unbefriedigend sein.

Eine u. U. für höhere Kerne besser geeignete Methode ist die Verwendung von weißem Rauschen als Testsignal. Es gibt verschiedene mathematische Methoden, die hierbei auftretenden Probleme mit Hilfe von Analog- und Digitalrechnern zu bewältigen [29], doch kann an dieser Stelle nicht näher darauf eingegangen werden.

Auch bei der Beschränkung auf zwei Kerne eröffnet sich bereits ein weites Feld zur Beschreibung nichtlinearer Systeme. Insbesondere kann man an der Gestalt von $h_2(t_1, t_2)$ sehen, ob es sich um eine Nichtlinearität mit oder ohne Gedächtnis handelt. Im letzteren Fall muß $h_2(t_1, t_2) = 0$ für $t_1 \neq t_2$ gelten. Im ersteren Fall zeigt der Bereich $|t_1 - t_2|$, in dem $h_2(t_1, t_2) \neq 0$ ist, an, wie groß die nichtlineare Gedächtniszeit ist.

Kombiniert man nichtlineare Systeme mit linearen oder anderen nichtlinearen Systemen, wie es bei der Analyse oder modellmäßigen Beschreibung von komplexen biologischen Regelkreisen erforderlich ist, so treten im Einzelfall meistens recht komplizierte mathematische Probleme auf, deren Bearbeitung wohl in der Regel einem Mathematiker oder Physiker mit entsprechender Erfahrung überlassen bleibt. Trotzdem ist es für den Biologen oder Physiologen wichtig, sich wenigstens mit den grundlegenden Ansätzen bei der Beschreibung nichtlinearer Systeme vertraut zu machen, denn nur er kann die biologische Problemstellung genau erfassen, und ihm obliegt es zu überprüfen, ob ein mathematisches Modell das Wesentliche des biologischen Systems wiedergibt oder ob es am Zentrum des Problems vorbeigeht. Eine wirkungsvolle Bearbeitung der hier entstehenden Fragen ist nur in der Zusammenarbeit verschiedener Wissenschaftsgebiete möglich, und dies setzt voraus, daß jeder die Sprache und die Methoden des Nachbargebietes wenigstens in den Grundzügen verstehen und beurteilen kann.

Übungsaufgabe 31. Man beschreibe das System von Bild 66 mit Hilfe der Volterraschen Entwicklung (6.12). Zu diesem Zweck betrachte man gemäß (6.13) ff. die Übertragung von Doppelimpulsen. Das lineare Glied von Bild 66a möge durch die Impulsreaktion h(t), das nichtlineare durch (6.11) beschrieben werden.

Ergänzende und weiterführende Literatur

B o l t j a n s k i, W. G.: Mathematische Methoden der optimalen Steuerung. München 1972

C a i a n i e l l o, F. R.: Neural networks. Berlin 1968

D a v i s, H. T.: [27]

L e f s c h e t z, S.: Stability of nonlinear control systems. New York 1965

P e r v o z v a n s k i i, A. A.: Random processes in nonlinear control systems. New York 1965

S a g e, A. P.; M e l s a, J. L.: System identification. New York 1971

T o u, J. C.: Optimum design of digital control systems. New York 1968

Anhang

Bilder zu den Übungsaufgaben

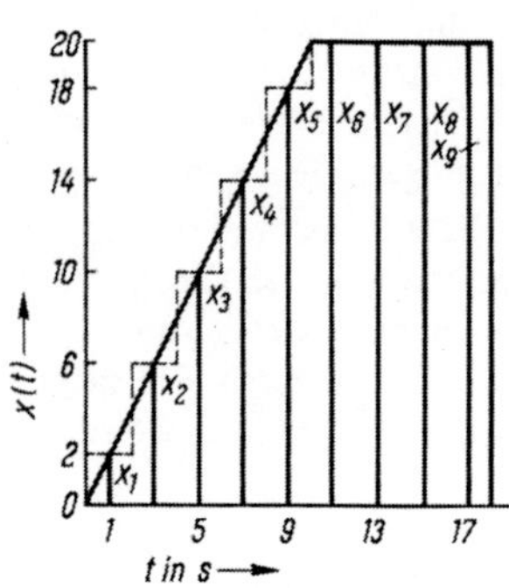

Bild 67 Zu Übungsaufgabe 3, Seite 20

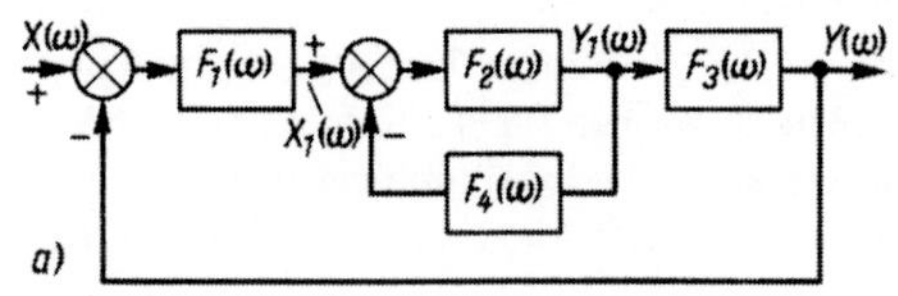

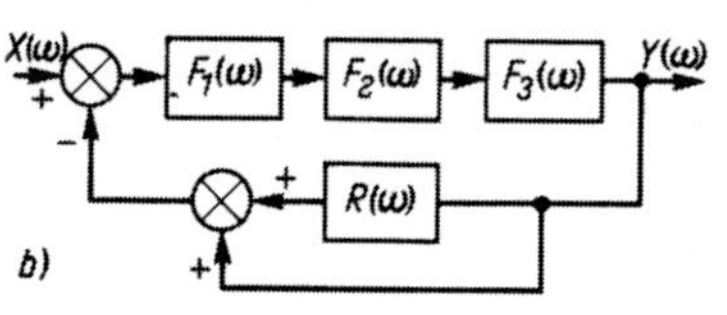

Bild 68 Zu Übungsaufgabe 11 a und b, Seite 45

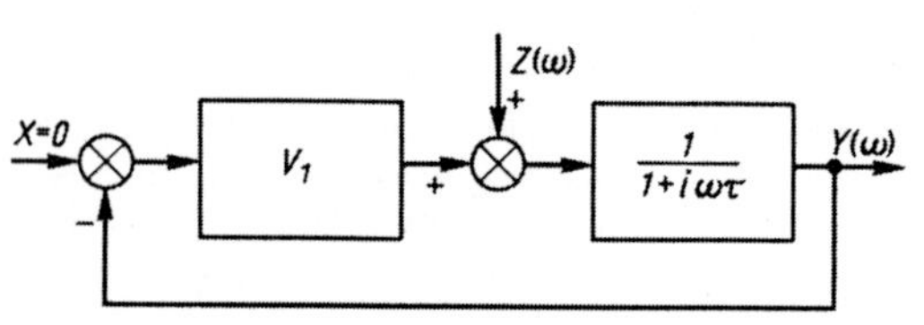

Bild 69 Zu Übungsaufgabe 14, Seite 56

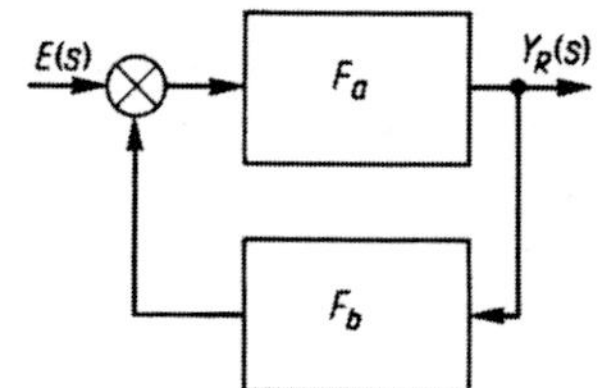

Bild 70 Zu Übungsaufgabe 20, Seite 78

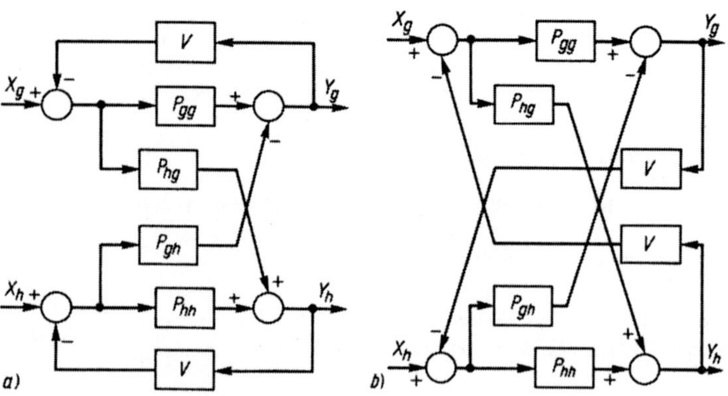

Bild 71 Zu Übungsaufgabe 28 a und b, Seite 136

Anleitung zur Lösung der Übungsaufgaben

1. a) Mit Hilfe eines über die Abbildung gelegten transparenten Millimeterpapiers bestimmt man zu einem ausgewählten Abszissenwert den zugehörigen Ordinatenwert (bzw. umgekehrt), so daß dieses Paar von Werten einen Punkt der Geraden beschreibt. Beispielsweise findet man zum Abszissenwert 300 mg/100 ml den Ordinatenwert 85 μE/ml. Daraus berechnet man

$$V = \frac{85}{300} \; \frac{\mu E}{ml} \; \frac{100 \; ml}{mg} = 28 \, \frac{\mu E}{mg}$$

Unter Berücksichtigung der aus der Streuung der Meßwerte ersichtlichen Meßgenauigkeit ist es nicht gerechtfertigt, den Zahlenwert mit mehr als zwei signifikanten Stellen anzugeben. Die physikalische Dimension von V ist: Insulinmenge/Glukosemenge.

b) Die Werte x_i, y_i und $y_{ap,i}$ werden aus dem Bild mit Hilfe eines transparenten Millimeterpapiers für die einzelnen Meßpunkte abgelesen. Viele dicht benachbarte Punkte (zu Beginn der Kurve) kann man durch den geschätzten Schwerpunkt der Punktwolke ersetzen, muß aber dessen Werte bei der Berechnung von K entsprechend oft zählen.

Der optimale Wert von V macht K zu einem Minimum. Eine Bedingung dafür stellt die Gleichung

$$\frac{dK}{dV} = 0$$

dar. Man findet

$$\frac{dK}{dV} = \frac{-2}{n-1} \; \sum_{i=1}^{n} \left\{ y_i - V \, x_i \right\} x_i$$

und daraus

$$V_{optim} = \frac{\displaystyle\sum_{i=1}^{n} x_i \, y_i}{\displaystyle\sum_{i=1}^{n} x_i^2}$$

Hieraus findet man den unter a) angegebenen Wert.

2. Bezeichnet man die experimentell gegebene Kurve mit f(t), so ermittelt man den Gleichgewichtswert f(0) = 75 mg/100 ml und zeichnet die Kurve

$$h(t) = f(t) - f(0)$$

Man liest aus der Kurve die Schwingungsdauer

$$T = 1/\nu = 5{,}2 \; h$$

ab und berechnet daraus die Kreisfrequenz

$$\omega = 2 \, \pi \, \nu = 2 \, \pi \, \frac{1}{T} = 1{,}14 \; h^{-1}$$

Die Größe von α ermittelt man aus der Lage des Maximums. Dieses liegt etwa bei $t_0 = 0{,}9$ h. Am Maximum hat die erste Ableitung von $h_{ap}(t)$ eine Nullstelle:

$$h'_{ap}(t_0) = A \, e^{-\alpha t_0} \cdot \omega \cdot \cos \omega \, t_0 - A \, \alpha \, e^{-\alpha t_0} \sin \omega \, t_0 = 0$$

Daraus folgt

$$\tan \omega \, t_0 = \frac{\omega}{\alpha}, \qquad \alpha = \frac{\omega}{\tan \omega \, t_0} = 0{,}7 \; h^{-1}$$

Den Wert von A findet man durch optimale Anpassung der Werte für das Maximum und das Minimum. Für α sind wegen der beschränkten Genauigkeit der Approximation Werte von 0,6 bis 0,8 h^{-1} möglich; bei $\alpha = 0{,}6$ findet man A = 80, bei $\alpha = 0{,}8$ ist A = 108.

3. Die Eingangsfunktion x(t) wird durch die Impulse $x_1 = 2$, $x_2 = 6$, $x_3 = 10$, $x_4 = 14$, $x_5 = 18$, $x_6 = x_7 = x_8 = x_9 = 20$ approximiert, die zu den Zeiten $t_1 = 1$, $t_2 = 3$, $t_3 = 5$, usw. auftreten (Bild 72). Damit kann man das Faltungsintegral schreiben:

$$y(\tau) = \frac{2}{2}\left[e^{-\frac{\tau-1}{2}}\right] + \frac{6}{2}\left[e^{-\frac{\tau-3}{2}}\right] + \frac{10}{2}\left[e^{-\frac{\tau-5}{2}}\right] + \frac{14}{2}\left[e^{-\frac{\tau-7}{2}}\right] + \frac{18}{2}\left[e^{-\frac{\tau-9}{2}}\right]$$

$$+ \frac{20}{2}\left[e^{-\frac{\tau-11}{2}}\right] + \frac{20}{2}\left[e^{-\frac{\tau-13}{2}}\right] + \frac{20}{2}\left[e^{-\frac{\tau-15}{2}}\right] + \frac{20}{2}\left[e^{-\frac{\tau-17}{2}}\right]$$

Die Klammern um die Exponentialfunktionen sollen daran erinnern, daß $h(\tau - t) = 0$ für $\tau - t < 0$ gilt.

Das bedeutet, daß z. B. $\left[e^{-\frac{\tau-3}{2}}\right]$ im Zeitraum $0 < \tau < 3$ gleich Null ist (und nicht nach $e^{+\frac{3-\tau}{2}}$ berechnet werden darf). Der Verlauf von y(t) ist in Bild 72 gezeigt. Zusätzlich ist eingezeichnet, wie y(t) verlaufen würde, wenn die folgenden Eingangsimpulse nicht aufträten. Daraus erkennt man den Einfluß, den die vergangenen Impulse auf y(t) haben. Beispielsweise ist y(t) zur Zeit t = 10,9 s, also kurz bevor der 6. Impuls erscheint, auf den Wert 4,7 abgeklungen. Das weitere Abklingen dieses Anteils (gestrichelte Kurve) ist noch bis t = 18 s zu verfolgen und beeinflußt entsprechend den weiteren Verlauf von y(t).

4. Nach Voraussetzung (Faltungsintegral (1.3)) gilt:

$$y_1(\tau) = \int_0^\tau x_1(t)\, h(\tau - t)\, dt$$

$$y_2(\tau) = \int_0^\tau x_2(t)\, h(\tau - t)\, dt$$

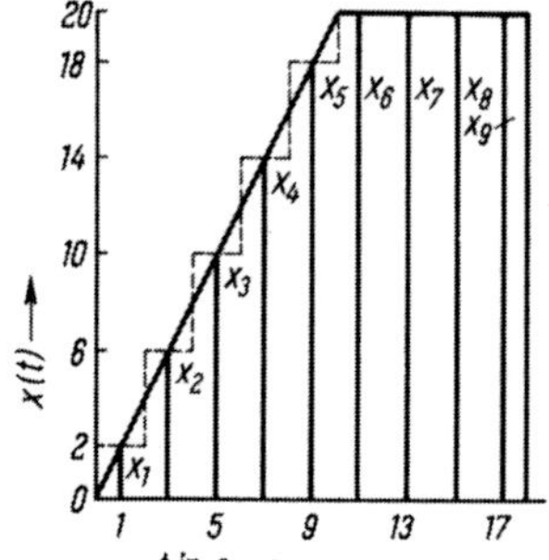

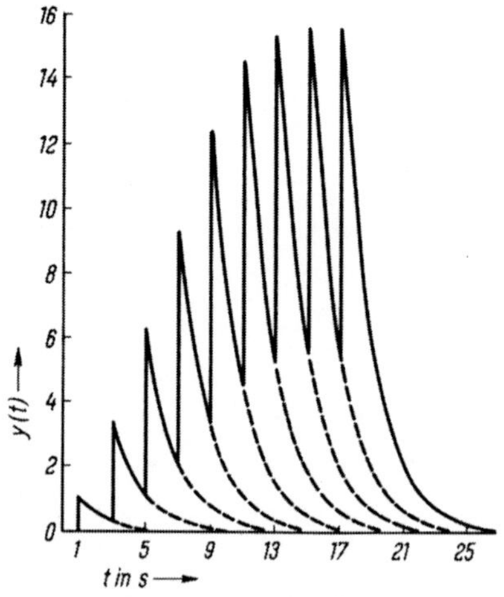

Bild 72 Zur Lösung der Übungsaufgabe 3

für zwei beliebige Eingangsfunktionen $x_1(t)$, $x_2(t)$. Multipliziert man die Gleichungen mit reellen Zahlen α bzw. β und addiert, so folgt

$$\alpha\, y_1(\tau) + \beta\, y_2(\tau) = \alpha \int_0^\tau x_1(t)\, h(\tau - t)\, dt + \beta \int_0^\tau x_2(t)\, h(\tau - t)\, dt$$

Da die Integrale sich über die gleiche Variable und den gleichen Integrationsbereich erstrecken, kann man schreiben:

$$\alpha\, y_1(\tau) + \beta\, y_2(\tau) = \int_0^\tau \left\{ \alpha\, x_1(t) + \beta\, x_2(t) \right\}\, h(\tau - t)\, dt$$

Diese Gleichung stellt die Zuordnung (1.5) her, beweist also die Behauptung.

5. Ja; man beweist dies ähnlich wie in Übungsaufgabe 4. Gilt nämlich nach Voraussetzung

$$y_1(t) = \frac{dx_1(t)}{dt}\,, \qquad y_2(t) = \frac{dx_2(t)}{dt}$$

so folgt

$$\alpha\, y_1(t) + \beta\, y_2(t) = \frac{d}{dt}\left\{ \alpha\, x_1(t) + \beta\, x_2(t) \right\}$$

womit die Behauptung bewiesen ist. Der Beweis für die Integration verläuft analog.

6. a) Den Betrag M einer komplexen Zahl z berechnet man aus

$$M = \sqrt{z\, z^*} = \sqrt{(a + ib)\,(a - ib)} = \sqrt{a^2 + b^2}$$

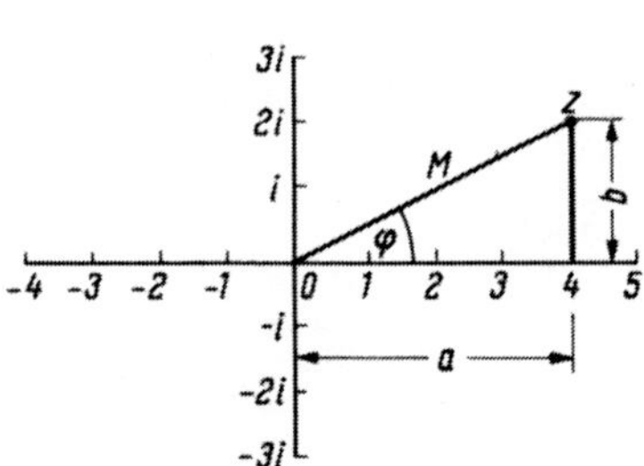

Dabei ist $z^* = a - ib$ die zu z konjugiert-komplexe Zahl. In der Gaußschen Zahlenebene (Bild 73) wird der Realteil a von z als Abszisse, der Imaginärteil b als Ordinate aufgetragen. M ist der Abstand des derart entstehenden Punktes z vom Nullpunkt. φ ist der Winkel zwischen der positiven Abszissenachse und der Verbindungsgeraden vom Nullpunkt nach z. Es gilt

$$a = M \cos \varphi, \qquad b = M \sin \varphi$$

$$\tan \varphi = \frac{b}{a}\,, \qquad \varphi = \arctan \frac{b}{a}$$

Bild 73 Gaußsche Zahlenebene
(Zur Lösung der Übungsaufgabe 6)

b) Man hat

$$z = \frac{a + ib}{c + id}$$

auf die Form

$$z = a' + ib'$$

zu bringen, indem man den Bruch mit dem Konjugiertkomplexen des Nenners erweitert:

$$z = \frac{(a+ib)(c-id)}{(c+id)(c-id)} = \frac{ac+bd}{c^2+d^2} + i\frac{bc-ad}{c^2+d^2}$$

Mit $\qquad a' = \dfrac{ac+bd}{c^2+d^2}, \qquad b' = \dfrac{bc-ad}{c^2+d^2}$

verfährt man wie in Übungsaufgabe 6a).

7. a) Man wählt von den verschiedenen möglichen Approximationen z. B.

$$h_{ap}(t) = 80\, e^{-0,6\,t} \sin 1,14\, t$$

und schreibt mit Hilfe von

$$\sin \omega t = \frac{1}{2i}\left\{e^{i\omega t} - e^{-i\omega t}\right\} \qquad \text{(Eulersche Formel)}$$

$$h_{ap}(t) = 40\, i\left\{e^{-(0,6+1,14\,i)t} - e^{-(0,6-1,14\,i)t}\right\}$$

Mit (1.9b) folgt hieraus

$$u(t) = \int\limits_0^t h_{ap}(\tau)\, d\tau$$

$$= 54\left\{1 - e^{-0,6\,t}\cos 1,14\,t - 0,53\, e^{0,6\,t}\sin 1,14\,t\right\}$$

$$u(t) = 54\left\{1 - 1,14\, e^{-0,6\,t}\cos(1,14\,t - 0,49)\right\}$$

b) Die in a) gefundene Funktion u(t) steigt von Null beginnend, mit wachsender Zeit an und nähert sich dem Wert 54. Unter Berücksichtigung von Bild 3 bedeutet dies folgendes: Nähme ein gesunder Mensch mehrere Stunden lang 100 g Glukose pro Stunde zu sich, so würde der Glukosegehalt seines Blutes um 54 mg/100 ml ansteigen. Ausgehend vom Gleichgewichtswert 75 mg/100 ml würde dies einen Gehalt von 129 mg/100 ml bedeuten, was schon im Bereich der Hyperglykämie liegt. Da die angenommene Linearität des Modells nicht gewährleistet ist, ist diese Aussage hypothetisch, aber zumindest im Tierversuch experimentell prüfbar.

c) Nach (1.22a) ist

$$F(\omega) = \int\limits_0^\infty h(t)\, e^{-i\omega t}\, dt = 40\, i\int\limits_0^\infty \left\{e^{-\alpha t} - e^{-\alpha^* t}\right\} e^{-i\omega t}\, dt$$

$$(\alpha = 0,6 + 1,14\, i, \qquad \alpha^* = 0,6 - 1,14\, i)$$

Das ergibt

$$F(\omega) = 40\, i\int\limits_0^\infty \left\{e^{(-\alpha - i\omega)t} - e^{(-\alpha^* - i\omega)t}\right\} dt$$

$$F(\omega) = \left[\frac{40\, i}{-\alpha - i\omega}\, e^{(-\alpha - i\omega)t} - \frac{40\, i}{-\alpha^* - i\omega}\, e^{(-\alpha^* - i\omega)t}\right]_0^\infty$$

und schließlich

$$F(\omega) = \frac{40\,i}{i\,\omega + \alpha} - \frac{40\,i}{i\,\omega + \alpha^*}$$

8. Aus der Gleichung

$$y(t) = \int_0^t x(\tau)\,d\tau = \int_0^t x(\tau)\,h(t - \tau)\,d\tau$$

ist $h(t - \tau)$ zu bestimmen. Da die Gleichung für beliebige Funktionen $x(\tau)$ gelten soll, muß $h(t - \tau) = 1$ für $t - \tau > 0$ gelten. Ferner kann man setzen: $h(t - \tau) = 0$ für $(t - \tau) < 0$, so daß $h(t) = u_0(t) = $ S t u f e n f u n k t i o n gilt.

9.a) Nach Voraussetzung gilt

$$F(\omega) = \int_0^\infty f(t)\,e^{-i\omega t}\,dt$$

Man hat zu berechnen

$$\int_0^\infty f(t - t_0)\,e^{-i\omega t}\,dt$$

Zu dem Zweck führt man eine neue Variable $t' = t - t_0$ ein und erhält

$$\int_0^\infty f(t')\,e^{-i\omega(t'+t_0)}\,dt = e^{-i\omega t_0} \int_0^\infty f(t')\,e^{-i\omega t'}\,dt = e^{-i\omega t_0} \cdot F(\omega)$$

Die Fourier-Transformierte von $f(t - t_0)$ unterscheidet sich von $F(\omega)$ nur durch einen Phasenfaktor.

b) Man hat zu berechnen:

$$\int_0^{t_0} e^{-i\omega t}\,dt = \frac{1}{i\omega} - \frac{1}{i\omega}\,e^{-i\omega t_0}$$

Durch Vergleich dieser Formel mit dem Ergebnis von Übungsaufgabe 9a) wird man auf die Annahme geführt, daß $1/i\omega$ als Fourier-Transformierte von $u_0(t)$ anzusehen ist. Die Berechtigung zu dieser Annahme ergibt sich erst aus der in Abschn. 3 erklärten Laplace-Transformation (Formel (3.15)).

10. Ist die Eingangsfunktion eines linearen Systems eine δ-Funktion, so ist die Ausgangsfunktion die Impulsreaktion $h(t)$. Deren Fourier-Transformierte ist nach (1.22a) die Frequenzcharakteristik $F(\omega)$, so daß (1.21) für diesen Fall lautet

$$F(\omega) = F(\omega)\,X(\omega)$$

Diese Gleichung kann nur erfüllt sein, wenn

$$X(\omega) = 1$$

gilt. Man kann dies auch durch unmittelbare Fourier-Transformation von $\delta(t)$ zeigen. Zu dem Zweck approximiert man $\delta(t)$ zunächst durch einen Rechteckimpuls der Breite ϵ und der Höhe $1/\epsilon$, berechnet dessen Fourier-Transformation und vollzieht dann den Grenzübergang $\epsilon \to 0$. Man erhält dann als Fourier-Transformierte $X(\omega)$:

$$X(\omega) = \lim_{\epsilon \to 0} \int_0^\epsilon \frac{1}{\epsilon} e^{-i\omega t}\, dt = \lim_{\epsilon \to 0} \frac{1}{i\omega\epsilon} \{1 - e^{-i\omega\epsilon}\}$$

$$= \lim_{\epsilon \to 0} \frac{1}{i\omega\epsilon} \{1 - (\cos\omega\epsilon - i\sin\omega\epsilon)\}$$

Beim Grenzübergang $\epsilon \to 0$ gilt

$$\cos\omega\epsilon \to 1, \qquad \sin\omega\epsilon \to \omega\epsilon$$

so daß $X(\omega) = 1$ folgt. Die Fourier-Transformierte der δ-Funktion ist konstant, d. h. unabhängig von der Frequenz.

11.a) Es gilt

$$Y_1(\omega) = \frac{F_2(\omega)}{1 + F_2(\omega)\, F_4(\omega)}\, X_1(\omega)$$

und damit erhält man

$$G(\omega) = \frac{Y(\omega)}{X(\omega)} = \frac{F_1(\omega)\, F_2(\omega)\, F_3(\omega)}{1 + F_2(\omega)\, F_4(\omega) + F_1(\omega)\, F_2(\omega)\, F_3(\omega)}$$

als gesuchte FC.

b) Die FC der Rückführung ist

$$H(\omega) = 1 + R(\omega)$$

Nach (2.6) hat man zu setzen:

$$F_2(\omega)\, F_4(\omega) + F_1(\omega)\, F_2(\omega)\, F_3(\omega) = F_1(\omega)\, F_2(\omega)\, F_3(\omega)\, H(\omega)$$

also folgt

$$H(\omega) = 1 + \frac{F_2(\omega)\, F_4(\omega)}{F_1(\omega)\, F_2(\omega)\, F_3(\omega)} \quad , \qquad R(\omega) = \frac{F_2(\omega)\, F_4(\omega)}{F_1(\omega)\, F_2(\omega)\, F_3(\omega)}$$

12.a) Es soll gelten $\beta_1 = \beta_2 = \beta$. Dann kann man unter Anwendung der Eulerschen Formeln schreiben:

$$h(t) = \left(\frac{b}{2} - i\,\frac{a}{2}\right) e^{(-\beta + i\omega_0)t} + \left(\frac{b}{2} + i\,\frac{a}{2}\right) e^{(-\beta - i\omega_0)t}$$

Es handelt sich also um ein System 2. Ordnung, da zwei verschiedene Exponentialfunktionen in der Darstellung auftreten.

b) Ist $\beta_1 \neq \beta_2$, so ist eine Zusammenfassung der aus der Aufspaltung von $\sin\omega_0 t$ und $\cos\omega_0 t$ entstehenden Exponentialfunktionen nicht möglich. Das System hat die Ordnung 4.

13. Gemäß (2.18) ist

$$V = \frac{V_1}{1 + V_1\, V_2}$$

Daraus folgt

$$dV = \frac{1}{(1 + V_1\, V_2)^2}\, dV_1$$

Das Verhältnis der relativen Änderungen wird damit

$$\frac{dV/V}{dV_1/V_1} = \frac{1}{(1 + V_1\,V_2)^2}\,\frac{V_1}{V}$$

Mit $V_1 = 1000$, $V_2 = 0,009$ wird

$$V = 100,\qquad \frac{dV/V}{dV_1/V_1} = 0,1$$

Durch eine Rückführung von nur ca. 1 % wird die Anfälligkeit der Gesamtverstärkung gegenüber Schwankungen auf 10 % herabgesetzt.

14. Nach (2.3) gilt für den Regelkreis

$$Y(\omega) = \frac{\dfrac{1}{1 + i\,\omega\,\tau}}{1 + \dfrac{V_1}{1 + i\,\omega\,\tau}}\,Z(\omega)$$

$$= \frac{V}{1 + i\,\omega\,\tau'}\,Z(\omega)$$

mit $\qquad V = \dfrac{1}{1 + V_1},\qquad \tau' = \dfrac{\tau}{1 + V_1}$

15. Für $F_1(\omega)$ findet man (vgl. Bild 74)

$$\left[M_1(\omega)\right] = 20\,\lg V_1 - 10\,\lg\left(1 + \frac{\omega^2}{\omega_0^2}\right) - 10\,\lg\left(1 + \frac{\alpha^2\,\omega^2}{\omega_0^2}\right)$$

$$\Phi_1(\omega) = -\arctan\frac{\omega}{\omega_0} - \arctan\frac{\alpha\,\omega}{\omega_0}$$

wobei $\qquad \dfrac{1}{\tau_1} = \omega_0,\qquad \dfrac{1}{\tau_2} = \dfrac{\omega_0}{\alpha} = 80\,\omega_0$

gesetzt ist.

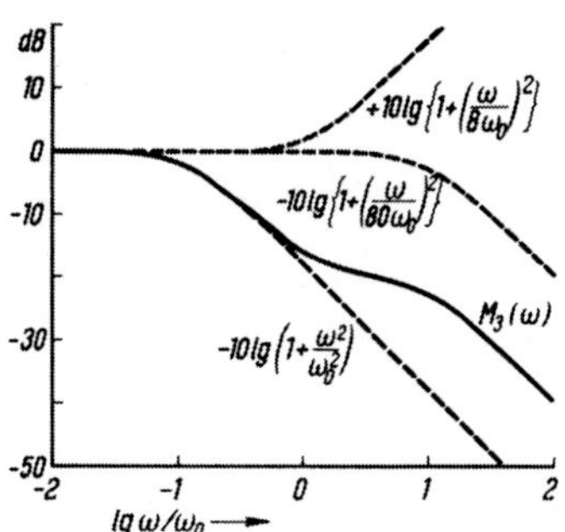

Bild 74 Zur Lösung der Übungsaufgabe 15

Da $[M_1(\omega)]$ gegen $\lg\omega$ aufgetragen wird, zeichnet man für die beiden von ω abhängigen Glieder je eine Kurve nach Bild 16, wobei die zweite Kurve um $\lg\alpha$ gegen die erste horizontal verschoben ist, und subtrahiert die Werte, die von den Kurven angenommen werden, von $\lg V_1$. Analog verfährt man für $\Phi_1(\omega)$.

Bei $F_2(\omega)$ entfällt die Verschiebung um $\lg\alpha$.

Bei $F_3(\omega)$ kommt eine dritte Kurve für das Glied $(1 + i\,\omega\,\tau_3)$ hinzu, die mit wachsendem ω ansteigt und deren Werte zu den übrigen Kurven addiert werden müssen. Dieser Anteil lautet

$$+10\,\lg(1 + \omega^2\,\tau_3^2)$$

und der Beitrag zur Phase beträgt

$$+\arctan\omega\,\tau_3$$

Man vergleiche auch Abschn. 3.3.

16. Aus Übungsaufgabe 7c) entnimmt man

$$\beta = 0{,}6\ \mathrm{h}^{-1},\ \gamma = 1{,}14\ \mathrm{h}^{-1}$$

Daraus folgt mit (2.48)

$$\omega_0 = 1{,}29\ \mathrm{h}^{-1}\qquad \zeta \simeq 0{,}5$$

Aus (2.52) erhält man damit

$$|M(\omega)|^2 = \frac{A^2\cdot 1{,}66\cdot 0{,}75}{(1{,}66 - \omega^2)^2 + 4\cdot 0{,}25\cdot 1{,}66\ \omega^2}$$

Bei ω_m muß der Nenner von $|M(\omega)|^2$ ein Minimum werden. Den Wert ω_m erhält man, wenn man den Nenner nach ω differenziert und das Ergebnis gleich Null setzt:

$$2(-2\,\omega)(1{,}66 - \omega^2) + 2\,\omega\cdot 1{,}66 = 0$$

$$\omega_m = 0{,}29$$

Mit diesem Wert findet man die Überhöhung

$$\frac{|F(\omega_m)|}{|F(0)|} \simeq 1{,}16$$

17. Es soll gesetzt werden

$$x(t) = \begin{cases} 0 & \text{für} & t < 0 \\[2mm] \sin\omega\,t = \dfrac{1}{2\,i}\left\{e^{i\omega t} - e^{-i\omega t}\right\} & \text{für} & t \geqslant 0. \end{cases}$$

Die Laplace-Transformierte ist nach (3.17)

$$X(s) = \frac{1}{2\,i(s - i\,\omega)} - \frac{1}{2\,i(s + i\,\omega)} = \frac{\omega}{s^2 - \omega^2}$$

Dann folgt

$$Y(s) = \frac{\omega}{(s^2 + \omega^2)(s - \alpha)}$$

welches sich als Partialbruch schreiben läßt:

$$Y(s) = \frac{K_1}{(s - \alpha)} + \frac{K_2}{(s + i\,\omega)} + \frac{K_3}{(s - i\,\omega)}$$

mit

$$K_1 = \frac{\omega}{\alpha^2 + \omega^2}, \qquad K_2 = \frac{1}{-2\,\omega + 2\,i\,\alpha}, \qquad K_3 = \frac{1}{-2\,\omega - 2\,i\,\alpha}$$

Durch umgekehrte Anwendung von (3.16) (3.17) ergibt sich:

$$y(t) = K_1\,e^{\alpha t} + K_2\,e^{-i\omega t} + K_3\,e^{i\omega t}$$

Hieraus erhält man

$$y(t) = \frac{\omega}{\omega^2 + \alpha^2}\,e^{\alpha t} - \frac{\omega}{\omega^2 + \alpha^2}\,\cos\omega\,t - \frac{\alpha}{\omega^2 + \alpha^2}\,\sin\omega\,t$$

Das erste Glied stellt eine mit der Zeit abklingende Störung, das zweite und dritte Glied eine stationäre Schwingung dar.

18. Unter Benutzung von (2.32), (2.33) berechnet man aus

$$F_1(\omega) = \frac{1}{i\omega}, \qquad F_2(\omega) = i\,\omega:$$

$$M_1(\omega) = 1/\omega, \qquad \Phi_1(\omega) = -90°$$
$$M_2(\omega) = \omega, \qquad \Phi_2(\omega) = 90°$$

Die Bode-Diagramme sind in Bild 75 dargestellt. $\left[M_1(\omega)\right]$ fällt um 6,02 dB pro Oktave, $\left[M_2(\omega)\right]$ steigt um den gleichen Betrag an.

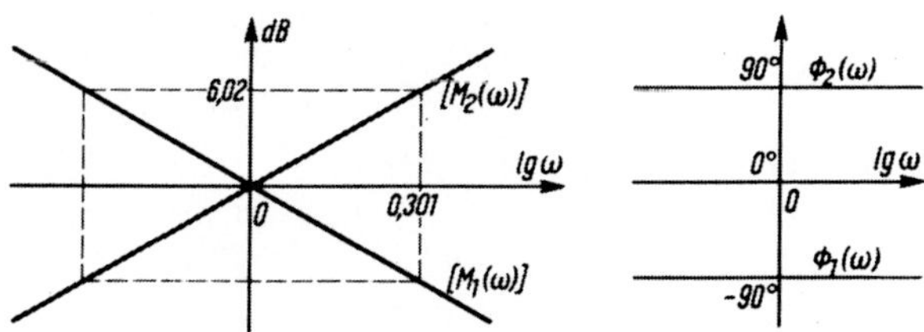

Bild 75
Zur Lösung der
Übungsaufgabe 18

19. a) Die ÜF des geschlossenen Regelkreises ist gemäß (3.30)

$$G(s) = \frac{r_0}{s^2\,\tau + s + r_0}$$

Damit man den Nenner in zwei Linearfaktoren zerlegen kann, benötigt man die Lösungen der quadratischen Gleichung

$$s^2 + \frac{1}{\tau}\,s + \frac{r_0}{\tau} = 0$$

Sie lauten

$$s_{1,2} = -\frac{1}{2\,\tau} \pm \sqrt{1 - 4\,\tau\,r_0}$$

Dann kann man schreiben

$$G(s) = \frac{r_0}{\tau} \frac{1}{(s - s_1)(s - s_2)} = \frac{r_0}{\tau(s_1 - s_2)} \frac{1}{s - s_1} - \frac{r_0}{\tau(s_1 - s_2)} \frac{1}{s - s_2}$$

Da die Laplace-Transformation eines δ-Impulses gleich eins ist, ist $G(s)$ gleich $Y(s)$, und es gilt

$$y(t) = \frac{r_0}{\tau(s_1 - s_2)} e^{s_1 t} - \frac{r_0}{\tau(s_1 - s_2)} e^{s_2 t}$$

Ist $4\,\tau\,r_0 > 1$, so sind s_1, s_2 konjugiertkomplexe Werte, und $y(t)$ ist eine gedämpfte Schwingung (s. Bild 18c)). Der Exponent der Einhüllenden ist gleich $1/2\,\tau$, die gedämpfte Schwingung klingt also mit der Zeitkonstante $2\,\tau$ ab.

Ist $4\,\tau\,r_0 < 1$, so sind $-s_1$, $-s_2$ reelle Zahlen, von denen eine kleiner, die andere größer als $1/2\,\tau$ ist. Der Abfall von $y(t)$ ist daher jedenfalls bei größeren Zeiten langsamer, als der Zeitkonstanten $2\,\tau$ entspricht.

Bei $4\,\tau\,r_0 = 1$ erhält man den Grenzfall (2.44), (2.45). Es gilt

$$Y(s) = \frac{r_0}{\tau} \frac{1}{\left(s + \dfrac{1}{2\,\tau}\right)^2}$$

und $\qquad y(t) = \dfrac{r_0}{\tau}\, t\, e^{-t/2\,\tau}$

Die Impulsreaktion fällt also nach einem anfänglichen Anstieg mit der Zeitkonstante $2\,\tau$ ab. Insgesamt wird die Reaktion des Systems durch den I-Regler verlangsamt.

b) Gemäß (3.36) und (3.21) ist

$$Y(s) = \frac{V_1 - p_0 s}{s\left\{s(\tau - p_0) + (V_1 + 1)\right\}}$$

Als Partialbruchzerlegung erhält man

$$Y(s) = \frac{V_1}{1 + V_1} \left\{ \frac{1}{s} - \frac{1}{\tau - p_0} \frac{\tau + \dfrac{p_0}{V_1}}{s + \dfrac{V_1 + 1}{\tau - p_0}} \right\}$$

Setzt man

$$V = \frac{V_1}{1 + V_1}, \qquad a = \frac{V_1 + 1}{\tau - p_0}, \qquad b = \frac{\tau + \dfrac{p_0}{V_1}}{\tau - p_0}$$

so kann man schreiben

$$Y(s) = V\left\{ \frac{1}{s} - b\, \frac{1}{s + a} \right\}$$

Die entsprechende Zeitfunktion ist

$$y(t) = V\, u_0(t) - V\, b\, e^{-at}$$

Der neue Gleichgewichtswert

$$y(\infty) = V$$

wird mit der Zeitkonstanten $1/a$ erreicht. Die Zeitkonstante ist um so kleiner, der Regelungsvorgang ist also um so schneller beendet, je kleiner $\tau - p_0$ ist. Die Anfangsstörung Vb ist aber um so größer, je kleiner $\tau - p_0$ ist.

Bei Verwendung eines Differentialreglers bezahlt man also den schnellen Regelerfolg mit einer großen Anfangsstörung.

20. Man findet analog zu (2.6)

$$Y_R(s) = F_R(s)\, E(s)$$

wobei
$$F_R = \frac{F_a}{1 + F_a\, F_b} = \frac{1}{\dfrac{1}{F_a} + F_b} = \frac{V_a(1 + s\,\tau)}{1 + s\,\tau + V_a\, V_b}$$

ist. Mit
$$V' = \frac{V_a}{1 + V_a\, V_b}, \qquad \tau' = \frac{\tau}{1 + V_a\, V_b}$$

wird daraus

$$F_R = V'\,\frac{1 + \tau\, s}{1 + \tau'\, s}$$

Es handelt sich, wie man am Vergleich mit (3.36) erkennt, um ein mit einem P-D-Regler verknüpftes System 1. Ordnung. Wird V_a sehr groß, so folgt

$$F_R \approx \frac{1}{V_b}\,(1 + \tau\, s)$$

was einen echten P-D-Regler darstellt. Das Differentiationsglied ist hier durch ein in die Rückführung geschaltetes System 1. Ordnung erzeugt. Diese Möglichkeit muß bei der Analyse biologischer Systeme stets beachtet werden.

21. Man hat die ÜF

$$F(s) = \frac{s - s_1}{s + s_1}$$

zu betrachten. Gemäß (3.40), (3.41) erhält man

$$M(\omega) = \sqrt{\frac{\omega^2 + s_1^2}{\omega^2 + s_1^2}} = 1, \qquad \Phi(\omega) = e^{-2i\arctan \omega/s_1}$$

Während also die Verstärkung konstant ist, da sich die Einflüsse von Pol und Nullstelle genau aufheben, fällt die Phase mit wachsendem ω von 0 bis $-180°$ ab. Ein solches System muß also in einem Regelkreis zur Instabilität führen, wenn nicht andere Maßnahmen zur Stabilisierung ergriffen werden. Ein Beispiel für ein solches System gibt Übungsaufgabe 19b) im Falle $\tau = p_0$.

22. Man zerlegt (vgl. Bild 76)

$$F(\omega) = \frac{1}{(1 + i\,\omega\,\tau)^3\,(1 + i\,\omega\,\eta\,\tau)}$$

in Real- und Imaginärteil, indem man $F(\omega)$ mit dem Konjugiertkomplexen des Nenners erweitert:

$$F(\omega) = \frac{\omega^4\,\tau^4\,\eta - 3\,\omega^2\,\tau^2 - 3\,\omega^2\,\tau^2\,\eta + 1}{(1 + \omega^2\,\tau^2)^3\,(1 + \omega^2\,\tau^2\,\eta^2)} + i\,\frac{\omega^3\,\tau^3 + 3\,\omega^3\,\tau^3\,\eta - 3\,\omega\tau - \omega\tau\,\eta}{(1 + \omega^2\,\tau^2)^3\,(1 + \omega^2\,\tau^2\,\eta^2)}$$

Hieraus berechnet man den Schnittpunkt der Nyquist-Kurve mit der reellen Achse.
Dieser Punkt wird bei einem Wert ω_I erreicht, bei dem der Imaginärteil von $F(\omega)$
verschwindet. Letzteres ist der Fall, wenn

$$3\,\omega_I^3\,\tau^3\,\eta + \omega_I^3\,\tau^3 = 3\,\omega_I\,\tau + \omega_I\,\tau\eta$$

gilt, d. h. bei

$$\omega_I^2\,\tau^2 = \frac{\eta + 3}{3\,\eta + 1}$$

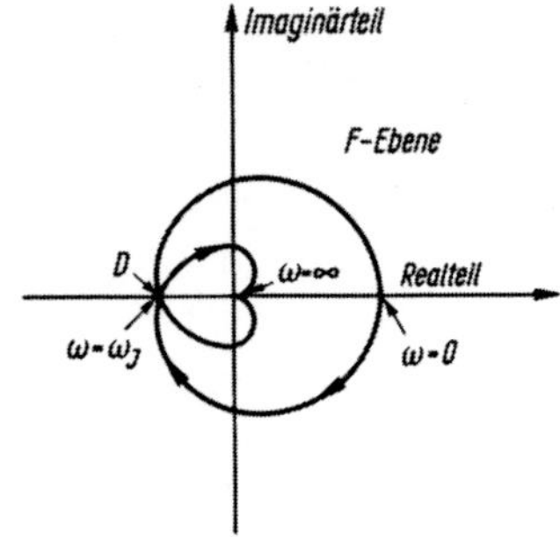

Bild 76   Zur Lösung der Übungsaufgabe 22

Dieser Wert wird in den Realteil eingesetzt. Man erhält

$$F(\omega_I) = \frac{1 + \dfrac{\eta + 3}{3\eta + 1}\left(\eta\dfrac{\eta + 3}{3\eta + 1} - 3\,\eta - 3\right)}{\left(1 + \dfrac{\eta + 3}{3\,\eta + 1}\right)^3 \left(1 + \dfrac{\eta^2(\eta + 1)}{3\,\eta + 1}\right)}$$

Dies entspricht dem Punkt D in Bild 33. Ist η groß gegen eins, so kann man näherungsweise schreiben:

$$F(\omega_I) \approx \frac{-\dfrac{8}{9}\,\eta}{\left(1 + \dfrac{1}{3}\right)^3 \dfrac{\eta^2}{3}} = -\frac{1{,}14}{\eta}$$

Mit wachsendem η wandert der Schnittpunkt auf der negativen reellen Achse gegen
den Nullpunkt.
Der allgemeine Trend der Kurve ist folgendermaßen zu erkennen. Bei $\omega = 0$ ist
$F(0) = 1$. Mit wachsendem ω nimmt der Betrag $|F(\omega)|$ ab, die Phase wandert von 0
über $-\pi/2$, $-\pi$, $-3\pi/2$ nach -2π. Damit kann man das Nyquist-Diagramm entsprechend der Abbildung zeichnen. Die Bedingung für Stabilität ist

$$\frac{1}{V} > +\frac{1{,}14}{\eta} \qquad \text{oder} \qquad V < \frac{\eta}{1{,}14}$$

Durch geeignete Wahl von η ist diese Bedingung für jedes V zu erfüllen, d. h. der
Regelkreis bleibt bei entsprechend guter Annäherung an die Integration stabil.
Dagegen wird die Bedingung (3.48) mit Hilfe von (3.47) für $\tau_1 = \tau_2 = \tau_3 = \tau$

$$\frac{1}{V} > \frac{1}{8} \qquad \text{oder} \qquad V < 8$$

23. Die ÜF des Systems lautet

$$F(s) = (A - B) \frac{(s + \sigma)}{(s + s_0)(s + s_1)}$$

mit $\qquad \sigma = \dfrac{A\,s_1 - B\,s_0}{A - B}$

Seit $A > B$; dann ist $\sigma > 0$, d. h. die Nullstelle liegt in der linken Halbebene, wenn $A\,s_1 - B\,s_0 > 0$ gilt. Die Impulsreaktion lautet

$$h(t) = A\,e^{-s_0\,t} - B\,e^{-s_1\,t}$$

Die statischen Verstärkungsfaktoren der beiden Zweige sind A/s_0 bzw. B/s_1. Die Bedingungen

$$\frac{A}{s_0} > \frac{B}{s_1} \qquad \text{und} \qquad A\,s_1 - B\,s_0 > 0$$

sind äquivalent. Nach den Ausführungen zu (2.24) bedeutet dies folgendes. Wegen $A > B$ ist $h(t)$ zunächst positiv (erregend). Liegt σ in der linken Halbebene, so dominiert im Gesamtablauf von $h(t)$ die erregende Wirkung, d. h.

$$\int\limits_0^\infty h(t)\,dt$$

ist positiv. Liegt σ in der rechten Halbebene, so dominiert trotz der anfänglichen Erregung insgesamt die Hemmung. Ist $A < B$, so kehren die Verhältnisse sich um.

24. Indem man die zweite Gleichung (5.3) in die erste einsetzt, erhält man

$$Y_g(s) = \frac{s + a_{hh}}{(s + a_{gg})(s + a_{hh}) + a_{gh}\,a_{hg}}\,X_g(s)$$

Nach Voraussetzung soll

$$X_g(s) = \frac{V}{s + a_{hh}}$$

gesetzt werden, so daß

$$Y_g(s) = \frac{V}{(s + a_{gg})(s + a_{hh}) + a_{gh}\,a_{hg}}$$

ist, ein System 2. Ordnung mit den Polen

$$s_{1,2} = \frac{1}{2}\left\{-(a_{hh} + a_{gg}) \pm \sqrt{D}\right\}$$

und $\qquad D = (a_{hh} - a_{gg})^2 - 4\,a_{gh}\,a_{hg}$

Damit die Pole $s_{1,2}$ mit den Polen α, α^* aus Übungsaufgabe 7c) übereinstimmen, muß gelten

$$0{,}6 = \frac{a_{hh} + a_{gg}}{2}, \qquad 1{,}14 = \frac{1}{2}\sqrt{4\,a_{gh}\,a_{hg} - (a_{hh} - a_{gg})^2}$$

Im einzelnen können die vier Konstanten aus den zwei Gleichungen nicht bestimmt werden.

25. Gemäß (5.11) ist zur Berechnung des Elementes c_{ik} die i-te Zeile von **A** mit der k-ten Spalte von **B** gliedweise zu multiplizieren, und die Produkte sind zu summieren.

$$\mathbf{AB} = \begin{pmatrix} 3\cdot 1+7\cdot 4-1\cdot 9, & 3\cdot 0-7\cdot 3+1\cdot 1, & 3\cdot 7+7\cdot 3-1\cdot 0 \\ 1\cdot 1-0\cdot 4-3\cdot 9, & 1\cdot 0+0\cdot 3+3\cdot 1, & 1\cdot 7-0\cdot 3-3\cdot 0 \\ 9\cdot 1-4\cdot 4-2\cdot 9, & 9\cdot 0+4\cdot 3+2\cdot 1, & 9\cdot 7-4\cdot 3-2\cdot 0 \end{pmatrix}$$

$$= \begin{pmatrix} 22 & -20 & 42 \\ -26 & 3 & 7 \\ -25 & 14 & 51 \end{pmatrix}$$

Ebenso findet man

$$\mathbf{BA} = \begin{pmatrix} 66 & 21 & -15 \\ -36 & 16 & 1 \\ 26 & -63 & -6 \end{pmatrix}$$

26. Subtrahiert man das $(s+1)$fache der dritten Spalte von der vierten und die erste Spalte von der dritten, so wird

$$|\mathbf{A}| = \begin{vmatrix} \dfrac{1}{s+1} & 1 & 1-\dfrac{1}{s+1} & -(s+1) \\[2ex] \dfrac{1}{s} & \dfrac{1}{s+2} & 0 & 1-\dfrac{s+1}{s} \\[2ex] 1 & 0 & 0 & 0 \\[2ex] \dfrac{1}{s+1} & \dfrac{1}{s} & 1-\dfrac{1}{s+1} & \dfrac{1}{s+2}-s+1 \end{vmatrix}$$

oder nach (5.35)

$$|\mathbf{A}| = -\begin{vmatrix} 1 & \dfrac{s}{s+1} & -(s+1) \\[2ex] \dfrac{1}{s+2} & 0 & -\dfrac{1}{s} \\[2ex] \dfrac{1}{s} & \dfrac{s}{s+1} & -\dfrac{s^2+3s+1}{s+2} \end{vmatrix} = \frac{-s^3-2s^2+4}{s(s+1)(s+2)^2}$$

27. Die algebraischen Komplemente zu den Elementen a_{ik} von **A** sind

$$\begin{pmatrix} 9 & 7 & -29 \\ 0 & -1 & 2 \\ -6 & -4 & 17 \end{pmatrix}$$

Durch Transposition erhält man die adjungierte Matrix

$$A_{adj} = \begin{pmatrix} 9 & 0 & -6 \\ 7 & -1 & -4 \\ -29 & 2 & 17 \end{pmatrix}$$

und durch Division mit der Determinante $|A| = -3$ die inverse Matrix

$$A^{-1} = \begin{pmatrix} -3 & 0 & 2 \\ -7/3 & 1/3 & 4/3 \\ 29/3 & -2/3 & -17/3 \end{pmatrix}$$

28.a) Die Rückkopplungsmatrix lautet

$$R_r = \begin{pmatrix} V & 0 \\ 0 & V \end{pmatrix}$$

Zusammen mit der Systemmatrix

$$P = \begin{pmatrix} \dfrac{s + a_{hh}}{Q} & -\dfrac{a_{gh}}{Q} \\[2ex] \dfrac{a_{hg}}{Q} & \dfrac{s + a_{gg}}{Q} \end{pmatrix}$$

mit $\quad Q = (s + a_{gg})(s + a_{hh}) + a_{gh}\, a_{hg}$

erhält man nach (5.52) die charakteristische Gleichung

$$|1 + P R_r| = \begin{vmatrix} 1 + \dfrac{V(s + a_{hh})}{Q} & -\dfrac{V\, a_{gh}}{Q} \\[2ex] \dfrac{V\, a_{hg}}{Q} & 1 + \dfrac{V(s + a_{gg})}{Q} \end{vmatrix} = \dfrac{Q + V^2 + V(2s + a_{gg} + a_{hh})}{Q} = 0$$

Die Nullstellen des Zählers findet man aus

$$(s + a_{hh})(s + a_{gg}) + a_{gh}\, a_{hg} + V^2 + V(2s + a_{gg} + a_{hh}) = 0$$

zu $\quad s_{1,2} = -\dfrac{a_{hh} + a_{gg} + 2V}{2} \pm \dfrac{1}{2}\sqrt{(a_{hh} - a_{gg})^2 - 4\,a_{gh}\, a_{hg} + 4V^2}$

Ist $V = 0$, so ergeben sich hier die Pole von Übungsaufgabe 24, die in der linken Halbebene liegen und konjugiert-komplex sind. Wird V genügend groß, so wird die Wurzel reell, $s_{1,2}$ bleiben aber immer negativ. Das System bleibt also stabil bei beliebigen V-Werten.

b) Die Rückkopplungsmatrix lautet hier

$$R_r = \begin{pmatrix} 0 & V \\ V & 0 \end{pmatrix}$$

und man erhält die charakteristische Gleichung

$$|1 + PR_r| = \begin{vmatrix} 1 - \dfrac{V\,a_{gh}}{Q} & \dfrac{V(s + a_{hh})}{Q} \\[3mm] \dfrac{V(s + a_{gg})}{Q} & 1 + \dfrac{V\,a_{hg}}{Q} \end{vmatrix} = \dfrac{Q + V(a_{hg} - a_{gh}) - V^2}{Q} = 0$$

Daraus folgt für den Zähler $Q + V(a_{hg} - a_{gh}) - V^2 = 0$ oder

$$s^2 + s(a_{gg} + a_{hh}) + a_{gh}\,a_{hg} + a_{gg}\,a_{hh} + V(a_{hg} - a_{gh}) - V^2 = 0$$

Die Lösungen dieser Gleichung sind

$$s_{1,2} = -\frac{a_{gg} + a_{hh}}{2} \pm \frac{1}{2}\sqrt{(a_{gg} - a_{hh})^2 - 4\,a_{gh}\,a_{hg} - 4\,V(a_{hg} - a_{gh}) + 4\,V^2}$$

Da Ausdrücke mit V nur unter der Wurzel vorkommen, wird bei hinreichend großem V eine Nullstelle positiv. Dann ist das System instabil.

29. Zur Erreichung der Führungsautonomie ist eine Steuermatrix R_w gesucht, mit der das Produkt

$$P\,R_w = D$$

eine Diagonalmatrix wird, d. h.

$$\begin{pmatrix} P_{gg} & -P_{gh} \\ P_{hg} & P_{hh} \end{pmatrix} \begin{pmatrix} R_{g1} & R_{g2} \\ R_{h1} & R_{h2} \end{pmatrix} = \begin{pmatrix} D_{11} & 0 \\ 0 & D_{22} \end{pmatrix}$$

Daraus ergeben sich die Bedingungen

$$R_{g2}(s + a_{hh}) - R_{h2}\,a_{gh} = 0$$

$$R_{g1}\,a_{hg} + R_{h1}(s + a_{gg}) = 0$$

die durch

$$R_{g1} = \frac{1}{a_{hg}}, \qquad R_{g2} = \frac{1}{s + a_{hh}}$$

$$R_{h1} = -\frac{1}{s + a_{gg}}, \qquad R_{h2} = \frac{1}{a_{gh}}$$

erfüllt werden.

30. Man hat die Gleichgewichtszustände der Differentialgleichung

$$\frac{dy}{dt} = x_0\,\frac{c\,y^2}{b + y^2} - \beta\,y$$

zu untersuchen. Die Gleichgewichtswerte ergeben sich als Lösungen der Gleichung

$$y^3 - \frac{x_0\,c}{\beta}\,y^2 + b\,y = 0$$

Eine Lösung der Gleichung ist $y_1 = 0$, die übrigen beiden sind

$$y_2 = \frac{x_0\,c}{2\,\beta} + \frac{1}{2}\sqrt{\left(\frac{x_0\,c}{\beta}\right)^2 - 4\,b}\,, \qquad y_3 = \frac{x_0\,c}{2\,\beta} - \frac{1}{2}\sqrt{\left(\frac{x_0\,c}{\beta}\right)^2 - 4\,b}$$

vorausgesetzt, daß

$$\left(\frac{x_0\,c}{\beta}\right)^2 > 4\,b$$

die Wurzel also reell ist. Hiervon sind y_1, y_3 stabil, y_2 ist instabil. Wird x_0 so klein, daß

$$\left(\frac{x_0\,c}{\beta}\right)^2 = 4\,b$$

ist, so fallen y_2 und y_3 zusammen. Der stabile Zustand y_3 wird dann plötzlich instabil, und das System geht spontan in den trivialen Zustand $y_1 = 0$ über.

31. Die Reaktion des linearen Gliedes in Bild 66a) auf einen Doppelimpuls $x^{(3)}$ ist

$$y_1^{(3)}(t) = A\,h(t) + A\,h(t - T),$$

die Reaktion des Gesamtsystems ist nach (6.11)

$$y^{(3)}(t) = \left\{ y_1^{(3)}(t) \right\}^2 = \left\{ A\,h(t) + A\,h(t - T) \right\}^2$$

bzw. nach (6.16)

$$y^{(3)}(t) = A\,h_1(t) + A\,h_1(t - T) + A^2\,h_2(t, t) +$$

$$+ A^2\,h_2(t - T, t - T) + 2\,A^2\,h_2(t, t - T)$$

Durch Gleichsetzen der beiden Ausdrücke findet man

$$h_1(t) = 0, \qquad h_2(t, t - T) = h(t)\,h(t - T)$$

In diesem Fall ist der quadratische Kern $h_2(t_1, t_2)$ als Produkt $h(t_1)\,h(t_2)$ darzustellen. Die nichtlineare Gedächtniszeit ist gleich der Zeitkonstanten des linearen Systems.

Literatur

[1] C a h i l l Jr., G. F.; S o e l d n e r, J. S.: Glucose homeostasis: A brief review. In: Mathematical Biosciences, Suppl. 1 (Hormonal control systems), New York 1969

[2] W i e n e r, N.: The extrapolation, interpolation, and smoothing of stationary time series. New York 1949

[3] S t a r k, L.: Neurological control systems, studies in bioengineering. New York 1968

[4] O b e r h e t t i n g e r, S. F.: Tabellen zur Fourier-Transformation. Berlin-Göttingen-Heidelberg 1957

[5] W i e n e r, N.: Cybernetics. New York 1948

[6] B r a j n e s, S. N.; S v e č i n s k i j, V. B.: Probleme der Neurokybernetik und Neurobionik. 2. Aufl. Stuttgart 1971

[7] D o e t s c h, G.: Anleitung zum praktischen Gebrauch der Laplace-Transformation. 3. Aufl. München 1967

[8] M u r p h y, G. J.: Basic automatic control theory. Princeton, N. J. 1957

[9] M e n d e l s o n, M.; L o e w e n s t e i n, W. R.: Mechanismus of receptor adaptation. Science **144** (1964) 554 bis 555

[10] K a t z, B.: Depolarization of sensory terminals and the initiation of impulses in the muscle spindle. J. Physiol. **111** (1950) 261 bis 282

[11] S o l o d o w n i k o w, W. W.: Einführung in die statistische Dynamik linearer Regelungssysteme. München 1963

[12] W o l t e r, H.: Zum Sampling-Theorem 2. Art. Arch. elektr. Übertr. **13** (1959) 477

[13] S t r a s c h i l l, M.: Aktivität von Neuronen im Tractus opticus und Corpus geniculatum laterale bei langdauernden Lichtreizen verschiedener Intensität. Kybernetik **3** (1966) 1 bis 8

[14] M e s a r o v i č, M. D.: The control of multivariable systems. New York 1960

[15] S c h w a r z, H.: Mehrfachregelungen. 2. Bde. Berlin-Heidelberg-New York 1967/1971

[16] A c k e r m a n, E.; G a t e w o o d, L. C., et al.: Model studies of blood-glucose regulation. Bull. Math. Biophys. **27** (1965) Spec. Issue, 21 bis 37

[17] C h a r e t t e, W. F.; K a d i s h, A. H.; S r i d h a r, R.: Modelling and control aspects of glucose homeostasis. In: Mathematical Biosciences. Suppl. 1 (Hormonal control systems) New York 1969

[18] S t a r k, L.; S h e r m a n, P. M.: A servoanalytical study of consensual pupil reflex to light. J. Neurophysiol. **20** (1957) 17 bis 26

[19] B l e i c h e r t, A.; W a g n e r, R.: Versuche zur Erfassung des Pupillenspiels als Regelungs-Vorgang. Z. Biol. **109** (1956) 70 bis 80
S t e g e m a n n, J.: Über den Einfluß sinusförmiger Leuchtdichteänderungen auf die Pupillenweite. Pflügers Arch. **264** (1957) 113 bis 122

[20] R u s h t o n, W. A. H.: Bleached rhodopsin and visual adaptation. J. Physiol. **181** (1965) 645 bis 655

[21] W e b e r, W.: Adaptive Regelungssysteme. 2 Bde. München 1971

[22] K u m p f, W.: Veränderungen des Atemgeräusches als Indikator für Hören. Fortschr. Medizin **30** (1972) 74 bis 76

[23] N o a k, D.: Die regelungstheoretische und molokularbiologische Basis für die Existenz mehrerer stationärer Zustände in geregelten biologischen Systemen. Studia biophysica **14** (1969) 43 bis 62

[24] M o n o d, J.; J a c o b, F.: General conclusions: Teleonomic mechanisms in cellular metabolism, growth, and differentiation. Cold Spring Harbor Symp. **26** (1961) 389

[25] D e l b r ü c k, M.: In: Unités biologiques douées de continuité génétique. P. 33 − 34, edit du CNRS, Paris 1949

[26] V o l t e r r a, V.: Leçons sur la théorie mathématique de la lutte pour la vie. Paris 1931

[27] D a v i s, H. T.: Indroduction to nonlinear differential and integral equations. Washington (USA EC) 1960

[28] G a u s e, G. F.: The struggle for existence. 1934

[29] M i s h k i n, E.; B r a u n, L.: Adaptive control systems. New York 1961

[30] S t a r k, L.; B a k e r, F.: Stability and oscillations in a neurological servo-mechanism. J. Neurophysiol. **22** (1959) 156 bis 164

[31] R u c h / P a t t o n / W o o d b u r y / T o w e: Neurophysiology. Philadelphia-London 1965

Symbolverzeichnis

Im folgenden sind die häufiger verwendeten Formelzeichen mit ihren Bedeutungen aufgeführt. In Ausnahmefällen — bedingt durch Konvention oder Mangel an Buchstaben — sind im Text einige dieser Zeichen auch in anderer Bedeutung benutzt worden. Diese Bedeutungen sind dann im Text angegeben worden.

Im allgemeinen sind Zeitfunktionen durch Kleinbuchstaben, ihre Fourier- oder Laplace-Transformierten durch die entsprechenden Großbuchstaben gekennzeichnet. Halbfette Buchstaben bezeichnen Matrizen.

$e(t)$	Regelfehler
$E(\omega)$, $E(s)$	Fourier- bzw. Laplace-Transformierte des Regelfehlers
$F(\omega)$, $F(s)$	Frequenzcharakteristik bzw. Übertragungsfunktion eines linearen Systems, speziell eines aufgeschnittenen Regelkreises
$G(\omega)$, $G(s)$	Frequenzcharakteristik bzw. Übertragungsfunktion eines geschlossenen Regelkreises
$h(t)$	Impulsreaktion
$L[\ldots]$	Laplace-Transformierte der in der Klammer stehenden Zeitfunktion . . .
$M(\omega)$	Betrag der Frequenzcharakteristik
$[M]$	Betrag der Frequenzcharakteristik in Dezibel (dB)
p	statistische Häufigkeit über einer Grundgesamtheit
$\hat{p}$	statistische Häufigkeit über einer Stichprobe
$\mathbf{P}$	Übertragungsmatrix eines P-kanonischen Systems
$Q(\omega)$	Imaginärteil der Frequenzcharakteristik
$R(\omega)$	reeller Teil der Frequenzcharakteristik
$\mathbf{R}$	Übertragungsmatrix eines Reglers
s	verallgemeinerte komplexe Frequenzvariable (Laplace-Variable)
s_{Index}	Pol in der s-Ebene
t	Zeitvariable
$u(t)$	Stufenreaktion
$u_0(t)$	Stufenfunktion
V	statische Verstärkung
W	Bandbreite
$x(t)$	Eingangssignal
$X(\omega)$, $X(s)$	Fourier-bzw. Laplace-Transformierte des Eingangssignals
$y(t)$	Ausgangssignal
$Y(\omega)$, $Y(s)$	Fourier- bzw. Laplace-Transformierte des Ausgangssignals
$z(t)$	Störfunktion
$Z(\omega)$, $Z(s)$	Fourier- bzw. Laplace-Transformierte der Störfunktion
$\delta(t)$	Diracsche Deltafunktion
ζ	Dämpfung von Systemen zweiter Ordnung
η	reeller Teil der komplexen Frequenzvariablen s

μ	statistischer Mittelwert
ν	Frequenz
σ^2	statistisches Schwankungsquadrat
σ_{Index}	Nullstelle in der s-Ebene
τ	1. Zeitkonstante, 2. Zeitvariable in Faltungs- und Korrelationsintegralen
$\varphi_{g,g}(\tau)$	Autokorrelationsfunktion einer Zeitfunktion g(t)
$\varphi_{f,g}(\tau)$	Kreuzkorrelationsfunktion zweier Zeitfunktionen f(t), g(t)
ω	Kreisfrequenz
ω_0	1. Eckfrequenz, 2. Eigenfrequenz eines Systems zweiter Ordnung
*	Der konjugiert-komplexe Wert einer komplexen Zahl α ist durch α^* gekennzeichnet
—	Der statistische Mittelwert einer Wahrscheinlichkeitsvariablen ξ ist durch $\bar{\xi}$ gekennzeichnet

Namen- und Sachverzeichnis

Teubner Studienbücher Fortsetzung

Mathematik

Böhmer: **Spline-Funktionen**
Theorie und Anwendungen. 340 Seiten. DM 24,80

Clegg: **Variationsrechnung**
138 Seiten. DM 12,80

Collatz: **Differentialgleichungen**
Eine Einführung unter besonderer Berücksichtigung der Anwendungen. 5. Aufl. 226 Seiten. DM 18,80 (LAMM)

Collatz/Krabs: **Approximationstheorie**
Tschebyscheffsche Approximation mit Anwendungen. 208 Seiten. DM 26,80

Constantinescu: **Distributionen und ihre Anwendung in der Physik**
144 Seiten. DM 16,80

Grigorieff: **Numerik gewöhnlicher Differentialgleichungen**
Band 1: Einschrittverfahren. 202 Seiten DM 13,80
Band 2: Mehrschrittverfahren

Hainzl: **Mathematik für Naturwissenschaftler**
311 Seiten. DM 29,– (LAMM)

Hilbert: **Grundlagen der Geometrie**
11. Aufl. VII, 271 Seiten. DM 16,80

Jaeger/Wenke: **Lineare Wirtschaftsalgebra**
Eine Einführung
Band 1: XVI, 174 Seiten. DM 16,– (LAMM)
Band 2: IV, 160 Seiten. DM 16,– (LAMM)

Kochendörffer: **Determinanten und Matrizen**
IV, 148 Seiten, DM 14,80 (Vertrieb nur in der BRD und West-Berlin)

Stiefel: **Einführung in die numerische Mathematik**
Eine Darstellung unter Betonung des algorithmischen Standpunktes.
4. Aufl. 257 Seiten. DM 18,80 (LAMM)

Stummel/Hainer: **Praktische Mathematik**
299 Seiten. DM 26,80

Witting: **Mathematische Statistik**
Eine Einführung in Theorie und Methoden
2. Aufl. 223 Seiten. DM 24,– (LAMM)

Informatik

Hotz: **Informatik: Rechenanlagen**
Struktur und Entwurf. 136 Seiten. DM 14,80 (LAMM)

Kandzia/Langmaack: **Informatik: Programmierung**
234 Seiten. DM 18,80 (LAMM)

Wirth: **Systematisches Programmieren**
Eine Einführung. 160 Seiten. DM 14,80 (LAMM)

Preisänderungen vorbehalten